Kubernetes 建置與執行 第二版
邁向基礎設施的未來

Kubernetes: Up and Running
Dive into the Future of Infrastructure

Brendan Burns, Joe Beda, Kelsey Hightower,
and Lachlan Evenson 著
謝智浩(Scott) 譯

O'REILLY®

目錄

前言

Kubernetes 想要感謝每一位在清晨三點被叫起來重新啟動程式的系統管理員。以及感謝每一位單純為了測試程式是否跟自己筆電上運作相同，而把程式碼推到線上環境的開發者。還有不小心忘記改掉主機名稱，而把壓力測試流量導引到線上環境的系統架構師。這些奇怪的錯誤，詭異的上班時間所帶來的痛苦，成為了 Kubernetes 被開發的起點。簡單來說，Kubernetes 存在的目的是希望從根本簡化程式碼的建構、部署、以及分散式系統的維護。它的靈感來自於數十年來維護大型系統可靠度累積下來的實務經驗，並從底層開始設計，希望這個新的系統就算不能讓大家使用時感到興奮，至少能讓人用起來的感受是舒服的。希望你也能喜歡這本書。

誰應該閱讀這本書

無論是分散式系統的新手，或者是擁有多年雲端經驗的老手，容器與 Kubernetes 都能幫助你在速度、效率、靈活性和可靠性更上一層樓。本書介紹 Kubernetes 編排器（orchestrator）以及如何利用它的工具和 API 來改善分散式應用程式的開發、交付，以及提升安全性和維護性。儘管沒有 Kubernetes 的使用經驗也沒關係，但你至少還是需要對伺服器端的應用程式建構及部署有基本的理解，例如瞭解負載平衡器、網路儲存、Linux、Linux 容器以及 Docker 這類的技術會在閱讀這本書的時候非常有幫助。

為什麼我們寫這本書

我們在 Kubernetes 創建之初就參與這個計畫。看著這套系統從基於好奇心而開發的實驗品，一路走向生產環境中非常重要的基礎建設，乘載著不同領域的大型應用程式，例如機器學習及線上服務。基於這樣的轉變，我們認為撰寫一本同時收錄 Kubernetes 的基本概念及背後開發動機的書很重要，希望為雲端原生程式的開發之旅提供一些貢獻。我們希望在閱讀這本書的同時，你不只能學會如何在 Kubernetest 上建構可靠、可擴展的程式，同時也能理解分散式系統所帶來的挑戰以及導致我們開發 Kubernetes 的原因。

為什麼我們修訂這本書

在本書的第一版、第二版之後，Kubernetes 的生態系不斷的成長演進，隨著不斷推陳出新的 Kubernetes，越來越多的工具及使用模式成為 Kubernetes 的標準。在第三版中，我們針對利用程式存取 Kubernetes 的方式，Kubernetes 的安全性，以及跨叢集部署的應用程式這幾個日益興盛的題目做介紹，同時我們也更新過去所有章節的內容來對應近期 Kubernetes 版本更新所做出的調整。期待隨著 Kubernetes 不斷演進，我們可以在未來幾年後再度更新這本書。

今日雲端原生程式的演進

從最初的程式語言到物件導向程式開發，接著虛擬化技術的產生到雲端基礎建設服務，計算機科學的演進史總是試著把複雜的細節抽象化，來作為建造更複雜應用程式的基礎。但是建立一個可靠，可擴展的應用程式始終比想像中困難。直到近幾年，容器或 Kubernetes 這類的容器 API 被證實可以大幅降低分散式系統開發的複雜度，並成為提高可靠度且可擴充的重要工具。幾年前如同科幻小說般的情節，直到容器以及容器編排工具的出現，才真正地讓開發者可以快速、敏捷，且可靠的建構並部署程式。

本書導覽

本書的編排如下。第 1 章將簡單的介紹 Kubernetes 的好處，如果是第一次接觸 Kubernetes，你可以從這裡開始閱讀，並慢慢瞭解為何需要繼續讀這本書後續的章節。

第 2 章將介紹容器以及容器化應用程式的開發細節。如果你過去從來沒有使用過 Docker，這個章節將非常有幫助，如果你已經是 Docker 專家的話，可以利用這個章節回憶一下相關細節。

第 3 章將介紹如何部署 Kubernetes。雖然本書大部分重點都放在如何使用 Kubernetes，但你還是會需要在開始練習前先準備一個可以使用的 Kubernetes。安裝設定一個生產環境等級的 Kubernetes 叢集不在本書的範圍內，這個章節僅提供幾種簡單的方法來建立一個足以作為練習用的 Kubernetes 叢集。第 4 章涵蓋了與 Kubernetes 叢集互動的常見指令。

從第 5 章開始，我們將開始深入瞭解如何使用 Kubernetes 部署應用程式，我們將會提到 Pod（第 5 章），Label 和 Annotation（第 6 章），Services（第 7 章），Ingress（第 8 章），ReplicaSets（第 9 章），這些章節是在 Kubernetes 上建立服務的基本元件。接著我們將介紹 Deployment（第 10 章），同時介紹一個應用程式在 Kubernetes 上的生命週期。

後續章節我們將會探討一些特別的 Kubernetes 物件，例如 DaemonSet（第 11 章），Job（第 12 章），ConfigMap 及 Secret（第 13 章），儘管上面這些章節是構成一個生產環境應用程式必要的元素，但是如果你只是想學習 Kubernetes 的話可以暫時跳過這幾章，待逐漸累積經驗後再回頭閱讀這些內容。

再來我們將介紹角色權限控制（Role-based access control）（第 14 章），Service Mesh（第 15 章），整合儲存空間到 Kubernetes（第 16 章），擴充 Kubernetes 的功能（第 17 章），利用程式語言存取 Kubernetes（第 18 章），然後專注在 Pod 的安全性（第 19 章）以及利用 Kubernetes 的 Policy 來管理 Kubernetes 叢集（第 20 章）。

最後，我們將利用一些範例來總結如何在跨叢集環境中開發並部署應用程式（第 21 章），並討論該怎麼在原始碼管理環境中組織你的程式（第 22 章）

線上資源

你需要安裝 Docker（*https://docker.com*），如果你對 Docker 不熟的話，建議看看 Docker 的官方文件。

同時你也需要安裝 `kubectl` 命令列工具（*https://kubernetes.io*）。你可能也會想要加入 Kubernetes 的 Slack 頻道（*http://slack.kubernetes.io*），在這裡你可以找到很多 Kubernetes 社群的同好，在任何時間與你討論並回答對 Kubernetes 的疑問。

最後當你成為 Kubernetes 專家後，你可能也會想到 Kubernetes 在 GitHub 上的開放原始碼專案貢獻一份心力（*https://github.com/kubernetes/kubernetes*）。

本書編排慣例

以下是本書中的編排慣例：

斜體字（*Italic*）

　用於新的專有名詞、網址、Email、檔案名稱和副檔名。中文以楷體表示。

定寬字（`Constant width`）

　用於程式碼範例，以及在段落中指明程式元素，例如變數或函式名稱、資料庫、資料型別、環境變數、陳述式和關鍵字。

定寬粗體字（**`Constant width bold`**）

　用以表示需由讀者輸入的指令或文字。

定寬斜體字（*`Constant width italic`*）

　用以表示需要透過讀者提供的值或由上下文決定之值取代的文字。

這個圖示表示提示、建議，或註釋。

這個圖示表示需要注意的地方或者警告內容。

使用範例程式

在本書中的程式碼範例和習題等，都可以從以下網址下載：
https://github.com/kubernetes-up-and-running/examples

本書是希望幫助讀者瞭解 Kubernetes。一般來說，讀者可以不須經過同意即可隨意在自己的程式或文件中使用本書的程式碼片段，但若是大量重製程式碼，則需要聯絡我們以取得授權許可。舉例來說，程式設計過程中使用數行來自本書的程式碼並不需要許可；但是販賣或散布 O'Reilly 書中 CD-ROM 的範例，則需要許可；引用本書並引述範例碼來回答問題，並不需要許可；但是把本書中的大量程式碼納入自己的產品文件，則需要許可。

我們很感激在引用時註明出處，但並非必要舉措。註明出處時，通常包括書名、作者、出版商和 ISBN。例如：「*Kubernetes: Up and Running*, 3rd edition, by Brendan Burns, Joe Beda, Kelsey Hightower, and Lachlan Evenson (O'Reilly). Copyright 2019 Brendan Burns, Joe Beda, Kelsey Hightower, and Lachlan Evenson, 978-1-098-11020-8.」。

如果覺得自己使用程式範例的程度超出上述的許可範圍，歡迎與我們聯絡：*permissions@oreilly.com*

致謝

我們想感謝幫助我們撰寫本書的所有人。其中包括編輯 Virginia Wilson、Sarah Grey 和在 O'Reilly 的所有為本書貢獻的人。還有技術審核人員，他們提供了強而有力的意見，大幅地改善了這本書。最後，我們要感謝所有花時間回報第一版及第二版勘誤的讀者，能讓我們在第三版中校正這些錯誤。謝謝你們！真的非常感謝。

第一章

緒論

Kubernetes 是部署容器化應用程式的開源編排器（orchestrator）。最初由 Google 開發，靈感來自於十年間透過應用程式導向 API 部署可擴展且可靠的容器系統經驗[1]。

自從 2014 年推出以來，Kubernetes 已經是為全球最大且最受歡迎的開源項目之一。也成為構建雲端原生應用程式的 API 標準，幾乎在每個公有雲都可以見到它的身影。小至樹莓派（Raspberry Pi）叢集，大至充滿最新設備的資料中心，Kubernetes 已經被證實是適合雲端原生開發者在分散式系統使用的基礎架構。Kubernetes 提供了建置和部署可靠、可擴展的分散式系統所需的相關工具。

你可能會好奇「可靠、可擴展的分散式系統」是什麼？越來越多的服務透過 API 的形式存在於網路上，這些 API 通常透過**分散式系統**的概念實作，各個部件運行在不同的機器上透過網路連接並溝通協調。因為我們在日常生活中越來越倚賴這些 API（例如：尋找最近醫院的路徑），所以這些系統必須有很高的**穩定性**，即使只是小規模的系統當機或是其他的問題都不允許發生。也因此，就算軟體更新或是其他的系統維護，都要維持其**可用性**。同時由於越來越多的人使用這些服務，因此必須具有高度的可擴展性，以便追上持續增加的用量，不需要為了改善服務而徹底的重新設計整個分散式系統。在許多案例中，這代表你的程式可以透過自動的擴充或縮小容量來達到效率最大化。

不論你基於什麼原因開始閱讀這本書，也不論你在容器、分散式系統，還是 Kubernetes 的經驗是如何，抑或是你正在規劃使用公有雲、私有資料中心、或者混和雲環境，這本書應該都能讓你充分瞭解 Kubernetes。

1 由 Brendan Burns 等人所著作「Borg, Omega, and Kubernetes: Lessons Learned from Three Container-Management Systems over a Decade,」*ACM Queue* 第 14 卷（2016）70-93 頁，網址：*https://oreil.ly/ltE1B*。

使用容器或是 Kubernetes 這類容器 API 的原因有很多，但是我們可以大致上歸納為下列好處：

- 開發速度
- 擴展性（對於容器跟團隊而言都是）
- 抽象化基礎架構
- 效率
- 雲端原生的生態環境

以下各節，將分別說明 Kuberbetes 如何帶來這些好處。

速度

「速度」可說是當今軟體開發中的關鍵。在軟體產業中交付方法不斷在演進，從盒裝的 CD/DVD 到每小時進行更新的網路線上服務。在這種持續變化的環境中，你與競爭對手的區別通常是開發和部署新組件或功能的時間長短，或是應變對手創新的速度。

但要注意，這裡談的「速度」不是單純像字面上所代表的意思而已。雖然用戶期待著你持續改進服務，但他們更重視的是高可用性。從前我們或許可以每天半夜進行停機維護，但現在用戶期待的是在服務不中斷的前提下，軟體可以持續不斷地更新。

所以，速度的衡量標準不只是每天或每小時增加多少功能，而是如何在保持高可用性服務的前提下做到不斷的創新。

在這個條件之下，容器和 Kubernetes 可以成為你快速迭代服務的工具且同時維持可用性。主要實現這個核心概念的包含：

- 不可變性
- 宣告式組態
- 即時自我修護系統
- 可重複使用的共通程式庫及工具

這些概念都互相關聯著，從根本提升穩定部署的速度。

不可變性的重要性

容器和 Kubernetes 都鼓勵開發者建置分散式系統的時候，遵循不可變基礎架構原則。在**不可**變的基礎架構上，一旦 artifact 被建立，就不能被其他人改變。

傳統的軟體開發，電腦和軟體系統都當成**可**變基礎架構來對待。在可變基礎架構上，更新是一層一層地疊加在既有系統上。這些變動可以一次全部更新，或是在漫長的時間中一點一點更新。舉例來說，使用 `apt-get update` 工具升級系統，`apt` 依序下載需要更新的 binary，覆蓋到舊的 binary 上，並對配置文件進行修改。在可變基礎架構中，整個架構的目前狀態不能使用一個 artifact 來表示，而是一連串累積的系統更新與變更。大多的系統增量更新不只來自系統升級，還有操作人員的修改。不僅這些，在一個有大型團隊維護的系統中，這些變動或許是由不同人所操作，而且很多時候不會有任何紀錄。

相較之下，在不可變的系統中，不再是一連串的遞增更新與修改，而是建立一個全新的完整映像檔，只需要一個操作，將新的映像檔替換成舊的映像檔就完成了，不會再有增量修改。可以想像這對於傳統組態管理上是個重大轉變。

為了讓各位更加具體了解這個概念，我們以容器來舉例。在容器中可以用這兩種方式升級你的軟體：

- 登入容器中，執行指令下載新軟體，刪除舊的伺服器再啟用新的。
- 構建新的容器映像檔，放到容器儲存庫，刪除舊的容器再運行新的。

乍看之下，這兩個方法看似沒什麼分別，但哪個可以讓構建新的容器提升可靠性？

關鍵在於建立的 artifact 和如何建立的紀錄。這些紀錄可以讓你輕鬆了解新舊版本的差別，假設有錯誤發生，能夠定位修改的項目以及如何修復。

此外，構建新版的映像檔，而不是修改原來的映像檔，這代表原有映像檔依然存在，當發生問題，我們可以馬上回復原有的版本，相較之下，一旦用新的執行檔覆蓋舊的執行檔，要回復舊版幾乎是不太可能。

不可變的容器映像檔是使用 Kubernetes 的關鍵核心概念。Kubernetes 可以強制改變運作中的容器，不過這是當你已經無計可施時所用的極端做法（例如：這是唯一的方法暫時修復生產環境系統中的關鍵系統）。即便如此，在災難發生過後，這些變更也必須在稍後透過宣告式組態記錄下來。

宣告式組態

容器的不可變性也延伸到在 Kubernetes 叢集中如何描述運行中的應用程式，Kubernetes 中所有的物件都是利用**宣告式組態**，代表系統期望的運作狀態，而 Kubernetes 的工作就是確保應用程式符合你宣告的期望狀態。

就像可變對比不可變的基礎架構，宣告式組態成為**命令式**組態的替代選擇。因為命令式組態透過一連串的指令來定義，而不像宣告式組態直接宣告最終期望的狀態。命令式組態定義一連串的操作，宣告式組態定義最終狀態。

為了理解這兩種方法，想要為軟體產生三個一模一樣副本，命令式組態的做法會說「運行 A、運行 B 然後運行 C」，而宣告式組態則會說「三份相同的應用程式」。

因為宣告式組態直接描述狀態，所以它並不需要透過執行來被理解。它的作用會被具體的宣告。因為宣告式組態的結果在執行前就能夠被理解，所以不易出錯。此外，軟體開發中的傳統工具，像是原始碼管理（source control）、程式碼審查（code review）和單元測試（unit testing），皆可用於宣告式組態，而在命令式指令是不可能的實現的。在原始碼管理中儲存宣告式組態的概念被稱為「基礎架構即程式碼（infrastructure as code）」。

最近，GitOps 已經開始使用基礎架構即程式碼的概念，並將其與原始碼管理結合成為整個基礎架構唯一的事實來源。當你開始採用 GitOps 概念，任何對生產環境的改動，都必須將修改內容提交到 Git 存儲庫中，配合自動化工具才能生效。除此之外，GitOps 開始大量被雲端供應商提供的 Kubernetes 服務整合，以提供更簡單的方法利用宣告式組態管理整個雲端原生基礎架構。

Kubernetes 確保應用程式狀態符合宣告式組態的特性，搭配上版本控制系統，讓版本復原（Rollback）變得容易。只需要簡單地按照先前的宣告組態重新啟動即可。在命令式組態裡通常是不可能的，因為命令式組態描述著如何從 *A* 點轉變到 *B* 點，但通常不包含反向指令。

自我修護系統

Kubernetes 是個線上自我修護的系統。當它收到需求變更時，並不是一次性的將當下的變動進行修改，而是**持續地**確認目前整個叢及狀態是否符合最終狀態。這表示 Kubernetes 不僅會初始化系統，而且它會保護系統不被任何的故障或干擾破壞和影響可靠度。

比較傳統的操作人員會手動進行一些緩解程序或是人為干預來應對某些警報。命令式組態修復成本比較高（因為通常要一個 on-call 操作人員進行修復）。而且通常也比較慢，因為人必須要先醒來，然後才能登入系統進行回應。此外，因為就像前一節中所述，命令式組態可能存在著各種問題，用它來進行修復操作並不可靠。像 Kubernetes 的自我修護系統，能夠降低操作人員的負擔，而且能夠透過快速可靠的修復，進而提高系統整體可靠度。

我們用一個比較具體例子來說，如果你與 Kubernetes 提出三個副本的需求，Kubernetes 不會只是幫你把三個副本建立後就結束了，它會持續的確認三個副本是否存在。這時候你手動建立第四個，為了保持三個副本的數量，它會將第四個移除。同樣若你手動移除了一個副本，它將會建立一個副本以符合三個副本的最終狀態。

線上自我修護系統，改善了開發人員的效率，有效將運維的時間和精力，轉移到開發及測試新功能上。

近期 Kubernetes 也花了許多努力在 *operator* 設計模式，提供了更進階的自我修復模式。對於維護、擴展和修復特定軟體（例如：MySQL）所需要更複雜的邏輯，可以透過 operator 容器在叢集中提供服務所需的處理邏輯，與 Kubernetes 的通用自我修復功能相比，operator 的客製化程式碼讓它能夠處理更明確的進階健康檢測和修復，我們將這些概括為「operators」，這將在第 17 章談到。

擴展你的服務和團隊

隨著產品的增長，為了開發速度，擴展軟體和團隊是不可避免的。幸好 Kubernetes 可以透過支援**去耦合**架構達到可擴展性。

去耦化

在去耦合架構下，每個元件透過定義各自的 API 和服務負載平衡器與其他元件分離。API 和負載平衡器分割每一個不同的系統，並為實作者（implementer）和消費者（consumer）之間提供緩衝，而負載平衡器則為每個服務的運行實體提供緩衝。

透過負載平衡器使得去耦化元件更容易擴展程式，因為只要增加了大小（和容量），不用做任何的調整或重新配置其他層面的服務，就可以擴展程式。

透過 API 使得去耦化伺服器更容易擴展開發團隊，因為每一個團隊只要專注在單一小型的微服務的領域就行了。微服務裡簡潔的 API，降低了構建和部署軟體時跨團隊的溝通成本，而溝通成本通常是限制擴展團隊的主要因素。

讓擴展應用程式和叢集變簡單

具體來說，當你需要擴展服務時，Kubernetes 不可變與宣告式的特性，讓改變這事情變得很平常。因為你的容器是不可變，而且副本數量只是個被定義在宣告式組態的數字，向上擴展服務只要修改組態檔、跟 Kubernetes 說新的宣告式狀態，最後讓它處理剩下的事，或者直接設定自動擴容的最終狀態，讓 Kubernetes 幫你處理擴容的事。

當然，這是假設你的叢集中擁有足夠的可用資源，但有時候還是需要擴充整個叢集的資源，來滿足更多的需求。Kubernetes 同樣能非常簡單的達成這件事，因為叢集中每台機器都有相同的配置，且應用程式本身透過容器與機器硬體規格分離，因此新增資源只要新增機器並加入叢集中即可。透過簡單的指令或預先製作的映像檔就能夠完成。

這個過程中的其中一個挑戰是如何預估所需擴展機器的資源。如果你運行在實體機的基礎架構上，要取得新機器的時間會是以天或週為單位來計算。而無論在實體和雲端基礎架構上，預估費用是很困難的，因為很難估計特定的應用程式成長量或擴展需求。

Kubernetes 可以簡化對預測未來的運算成本。想像一下，考慮擴編 A、B 和 C 三個團隊。過去因為每個團隊成長的起起伏伏造成成本難以估計。假設你是為每個服務配一台機器，因為資源不能共享，所以只能根據每個服務去預測其最大成長。但如果你使用 Kubernetes 將機器與開發團隊分開，便可以基於三個服務的總成長量來預估所需的容量。將三個個別波動的成長率合併成一個，能夠降低統計雜訊並且產生較可靠的預測成長量。除此之外，將機器與特定團隊分開後，我們可以讓團隊之間共享機器的資源，減少不必要的開銷與過多的硬體資源。

Kubernetes 讓自動擴容（包含增加及減少資源）變得可能。尤其是在雲端環境上可以透過 API 來新增機器，配合 Kubernetes 上的自動擴容機制，讓應用程式跟基礎建設都可以配合當前容量進行調整，達到成本的最佳化。

利用微服務擴展開發團隊

正如各個研究指出，理想的團隊規模是「兩個披薩團隊（two-pizza team）」或大約六至八人，因為這樣的規模往往會有良好共享知識、快速制定決策和共同的使命感。較大的團隊往往會受到職級階層、能見度低及內部爭鬥的影響，這會阻礙團隊的成功和敏捷性。

但為了達成目標，許多專案需要非常多的資源，但是維持敏捷的團隊大小與達成目標所需的團隊人數往往存在著拉扯。

常見解決這種矛盾的方法是，將開發去耦化，以提供服務為導向的團隊，各自構建單一的微服務。每一個小團隊負責服務的設計並交付給其他團隊，將所有服務集結在一起成為整個產品的最終實作。

Kubernetes 提供許多的抽象和 API，能簡單的構建去耦合微服務架構，像是：

- *Pod* 或稱容器群，可以將不同團隊開發的容器映像檔劃分成單一個部署單位。
- Kubernetes *service* 提供負載平衡、命名以及發現其他服務的能力，來達成每個微服務的各自獨立性。
- *Namespace* 提供隔離和存取控制，定義每個微服務彼此授權存取的程度。
- *Ingress* 提供一個易於使用的程式前端入口，可以結合多個微服務成單一的外部 API。

去耦化應用程式的容器映像檔與機器，意味著將微服務放在同一台機器而不互相干擾，進而降低微服務架構的成本。Kubernetes 支援健康檢查（Health-checking）和滾動更新（Rollout）的功能，確保應用程式的部署有可靠的一致性，也確保團隊的微服務增加不會導致服務的生命週期和運維會有所不同。

一致性和擴展性之間不同的考量

除了 Kubernetes 帶來的操作一致性之外，Kubernetes 堆疊帶來的解耦合可以讓底層的基礎架構更容易維持一致性，如此一來小而精實的團隊，能夠管理很多機器。我們已經詳細討論了應用程式容器和機器 / 作業系統之間的去耦化，但重要的是容器編排的 API 成為一個乾淨俐落的分界，它將應用程式與叢集的操作人員職責分開。稱作「各司其職，各安其位；不在其位，不謀其政（not my monkey, not my circus）」。應用程式開發者，依據容器編排 API 提供的服務層級協議（service-level agreement, SLA），不用擔心實踐 SLA 的細節。同樣的，容器編排 API 可靠性工程師，專注在交付容器編排 API 的 SLA，而不用擔心運行在其上的應用程式。

去耦化考量的點是，一個小團隊運行的 Kubernetes 叢集可以負責支援數百甚至是數千團隊的應用程式（圖 1-1），同樣的，一個小團隊可以在全球負責十二個（或更多）的叢集。

必須注意的是，容器和作業系統的去耦合，能夠使作業系統可靠度工程師專注在個別機器上作業系統的 SLA。這成為另一種職責分離，Kubernetes 操作人員依靠作業系統的 SLA，作業系統操作人員僅需要關心作業系統本身的 SLA。而且使你可以擴展一個小規模的作業系統專家團隊去負責數千台機器。

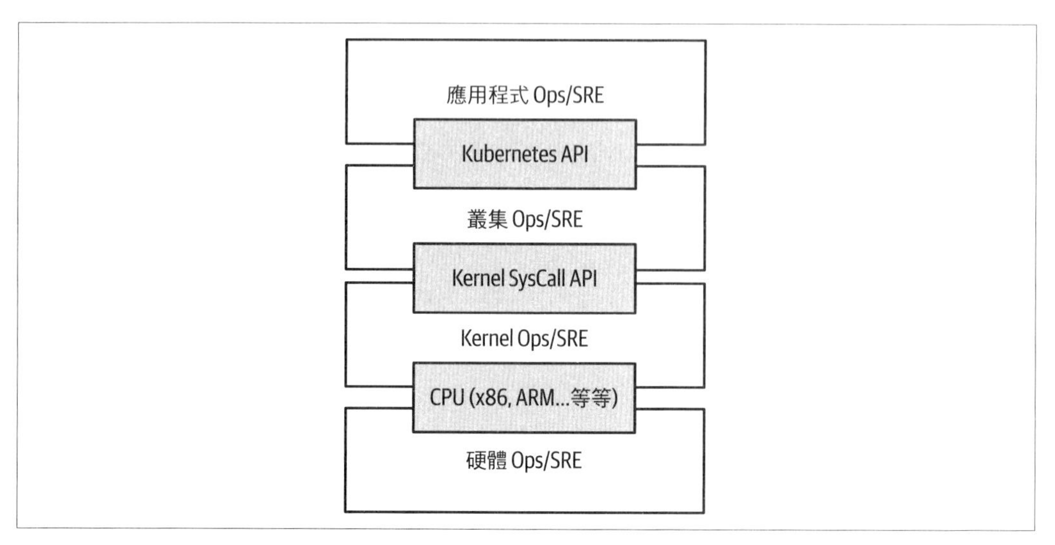

圖 1-1　各個不同維運團隊之間利用 API 解耦合的示意圖

當然，投入一個團隊去管理作業系統，也超出許多組織的能力範圍。這個時刻，公有雲供應商提供的 Kubernetes-as-a-Service（KaaS）也是不錯的選擇。隨著 Kubernetes 變得越來越普遍，相對的 KaaS 也越來越成熟可用，以至於你所知的公有雲都有這項服務。當然，使用 KaaS 有些限制，因為 KaaS 供應商會替你決定如何構建和配置 Kubernetes 叢集。像是許多 KaaS 供應商禁止使用 alpha 功能，因為它認為可能會破壞託管叢集的穩定性。

除了全托管的 Kubernetes 服務外，Kubernetes 也造就了另一種商機機，許多顧問公司協助安裝和管理 Kubernetes。在「純手工安裝（the hard way）」和全託管的服務之間有各種各樣的解決方案。

因此，是否使用 KaaS 或自行管理 Kubernetes（或許是介於兩者之間），是按照個人的技能和需求決定。就小型團隊而言，會選擇 KaaS 作為易於使用的解決方案，這樣能夠將時間和精力全心集中在構建軟體上，而不是管理叢集。對於一個能夠負擔 Kubernetes 叢集專業管理團隊的大型組織來說，自行管理是有意義的，因為在叢集的功能和操作方面提供了更大的靈活性。

抽象化你的基礎架構

公有雲的目標是為開發人員提供易於使用的自助服務基礎設施。然而，雲端 API 往往圍繞在 IT 所期望的基礎架構而非開發人員想要使用的功能（例如：「虛擬機」而不是「應用程式」）。此外，常常會因為使用不同雲端服務供應商所提供的服務，而使用不同的實作方式。直接使用這些 API 會使應用程式難以運行在多個環境中，或將應用程式同時部署在雲端跟實體環境。

像 Kubernetes 採用應用程式導向容器 API 有兩個好處。第一個，就如我們上面所述，可以將特定機器從開發人員中抽離出來。這使機器導向的 IT 角色更輕鬆，因為擴展叢集只要新增機器進去就行了。而在雲端的環境中，由於開發人員正使用根據特定雲端基礎架構實作的高階 API，因此也具有高度的可移植性。

當開發人員基於容器映像檔構建應用程式，並且基於便利的 Kubernetes API 部署它們，之後在不同甚至是混用環境間運行應用程式，只要把宣告式組態送進新的叢集即可。Kubernetes 有很多外掛程式，可以抽象化特定雲的實作方式。例如：Kubernetes 服務能夠在各個主要的公有雲以及部分私有雲上建立負載平衡器。同樣，Kubernetes 的 PersistentVolumes 和 PersistentVolumeClaims 可用在將應用程式抽象其儲存層。當然，要實現這種可移植性，你就要避免使用專屬某個雲端供應商所管理的服務（例如：Amazon DynamoDB、Azure CosmosDB 或 Google Cloud Spanner），你可以專注於部署和管理開源儲存解決方案，像是 Cassandra、MySQL 或 MongoDB。

綜合以上考量，將一切建立在 Kubernetes 應用導向的抽象概念之上，可以確保在構建、部署和管理應用程式所付出的努力，並真正達到各種環境間的可移植性。

效率

容器和 Kubernetes 除了對開發人員和 IT 管理有好處之外，抽象化也有具體的經濟效益，因為開發人員不再思考機器本身的問題，應用程式可以集中在同一台機器上，而不會影響應用程式本身的運作，這表示多個服務可以緊密安裝在少量的機器上以達到成本效益。

效率可以被機器或程式執行的比例所來衡量。當部署或管理應用程式時，很多工具和程式（例如：bash scripts、`apt update` 或命令式組態管理）是沒有效率的。當討論效率的時候，一般來說要考量到伺服器及人力成本。

運行一個伺服器，會產生耗電量、冷卻需求、資訊中心空間和原始運算能力的成本。一旦伺服器被裝上和打開電源（或點擊和轉開），儀表板就開始運行了，任何的閒置 CPU 時間都是在浪費金錢。因此，持續保持且管理伺服器達到可接受的使用率，成為系統管理員工作的一部分。這剛好是容器和 Kubernetes 工作流程能帶來的好處，Kubernetes 提供讓應用程式自動分配在機器叢集上的方法，確保比傳統方法提供更高的使用率。

進一步提高效率的方法，來自於開發人員個人專屬的一整組測試環境容器，能夠快速且便利地建立在共享的 Kubernetes 叢集中（使用 *namespaces* 功能）。過去為開發者準備一個測試環境，可能意味著要開啟三台機器，透過 Kubernetes 讓所有開發人員共享一個測試環境變得非常簡單，並將所有人集中在少量的機器群組內。降低整體機器數量，反而提高每個系統效率：因為每台單獨機器上的資源（CPU、RAM…等等的）被充分利用，所以每個容器的整體成本變得更低。

為了降低實踐完整開發測試流程所需的過高開發機器成本。例如：透過 Kubernetes 部署應用程式，可以想像成開發人員貢獻的每一個 commit，都可以有自己的完整系統來部署及測試。

當每次部署的成本是以少量容器而不是多個完整的虛擬機器（VM）來衡量時，測試所產生的成本將顯著降低。而 Kubernetes 的價值在於增加測試的同時也提高速度。因為程式碼的可靠度將會提升，完整的測試也有助於快速識別潛在問題。

最後，如同前面小節所述，透過自動化的擴充容量並在不需要的時候縮減機器的數量，可以提升整個程式運作的效率且確保程式可以有效的運作。

雲端原生的生態環境

Kubernetes 在設計之初就考量到未來的擴充性，並歡迎廣大的社群加入並強化 Kubernetes。這樣的設計目標及普遍性，帶來了圍繞著 Kubernets 開發，大量且活躍的工具及服務生態系。跟隨著 Kubernetes（在這之前還有 Docker 與 Linux）開放原始碼的腳步，許多生態系中的工具也同樣以開源的方式存在，意味著開發者可以不必從頭開始。從 Kubernetes 釋出這些年來，幾乎所有的任務都可以找到基於 Kubernetes 的工具，包含機器學習（Machine Learning）、持續開發（Continous Development），無伺服器程式運算（Serverless Programming Models）等。當然，許多挑戰並非在於尋求潛在解決方案，而是在眾多解決方案中決定較合適的特定方案。充足的雲端原生工具生態系已經成為許多人選擇 Kubernetes 的理由。當你選擇融入雲端原生生態系，可以在系統的任何元件中使用社群開發支援的專案，讓你專注在核心業務邏輯並提供獨一無二屬於你的服務。

如同任何的開源生態系，最大的挑戰來自於擁有各種不同的解決方案，卻缺少端到端的整合方案。來自雲源生計算基金會（Cloud Native Computing Foundation, CNCF）的技術指引也許可以解決這個複雜的問題。CNCF 作為一個產業中立性的組織，負責雲端原生的專案及智慧財產權。包含三個專案的階段，作為你選擇解決方案的參考。大部分的專案在 CNCF 中是屬於沙盒階段。沙盒階段代表專案本身還在早期開發階段，不建議採用，除非你是想對專案進行貢獻的早期參與者。下一個階段稱為孵化期，孵化期的專案證實在生產環境中的可靠度及實用性，但是依舊在持續開發成長中。儘管沙盒專案有上百個，但是孵化中的專案卻僅有二十多個。最後一個 CNCF 的專案階段稱為畢業生，這些專案已經完全成熟並且大量被採用。僅有少數的專案成功的畢業，其中包含 Kubernetes 專案本身。

另一種探索雲端原生生態系的方法是透過 Kubernetes-as-a-Service 供應商的整合清單。目前大多數的 KaaS 透過雲端原生生態系的開源專案提供額外的服務，也因為這些服務被整合在雲端供應商的產品中，你也可以假設這些專案的成熟度足以運用在生產環境。

總結

Kubernetes 徹底改變了在雲端構建和部署的方式。旨在為開發人員提供更快的速度、效率和敏捷性。你正在使用的網路服務跟應用程式，目前已經有許多是建構在 Kubernetes 之上的。在你不知道的時候，其實已經成為一位 Kubernetes 的使用者。希望這個章節已經讓你了解到為什麼應該選擇 Kubernetes 來部署你的應用程式。既然你被說服了，接下來的章節將會教導你如何部署你的應用程式。

第二章

建立和運行容器

Kubernetes 提供了一個建立、部署和管理分散式應用程式的平台。這些應用程式有不同的規模、組成，但總而言之，都是由一個或多個在個別機器上運行的應用程式組成。這些應用程式接收輸入，處理資訊，輸出結果。我們在思考如何建構分散式系統前，首先應該思考如何建立**應用程式容器映像檔**，這些應用程式映像檔將成為分散式系統的主要組成元件。

應用程式通常由語言執行階段（runtime）、程式庫（library）和原始碼組成的。許多應用程式會依賴像是 `libc` 和 `libssl` 的外部程式庫。這些外部程式庫通常會安裝在作業系統中提供其他元件共用。

這類的共享程式庫經常在程式部署到生產環境的時造成問題，因為程式所需的共享程式庫僅存在於開發者筆電的作業系統中，即使開發環境與生產環境使用相同版本的作業系統，還是有可能發生開發者忘記把相依賴的程式庫或檔案放到生產環境而發生錯誤。

在傳統的軟體開發上，通常會要求在同一台機器上運行的所有程式，都需要使用相同版本的共享程式庫。當程式由不同的團隊開發的時候，這些共享的依賴關係會在各個團隊之間造成了不必要的複雜性和耦合。

程式只有在正確的環境中才能成功運作。但大多數的時候，部署應用程式有許多不同的腳本需要執行，這些腳本可能因為不同的先後順序相互影響，導致無法預期的結果，有時稱之為拜占庭將軍問題（Byzantine failure）。這會使得推出新版本（無論是整套或部分系統），會成為工作量巨大且困難的任務。

在第 1 章，我們強調不可變映像檔和基礎架構的重要性。而這正是容器映像檔所帶來的價值。稍後章節我們會提到，容器映像檔如何解決剛剛提到依賴管理和封裝的問題。

在開發應用程式的時候，如果能將應用程式打包成易於分享的格式，將會帶來許多好處。Docker 是多數人選擇的的容器工具，它讓打包應用程式變得容易，並且推送到遠端容器儲存庫（registry）供他人直接取用。撰寫本文時，主要的公有雲都已經提供了容器儲存庫（registry），同時也包含了建置映像檔所需的工具。當然你也可以選擇自行架設開源或商業版的容器儲存庫（registry），這些儲存庫可以讓使用者輕鬆管理和部署私有映像檔，而映像檔建置服務可以輕鬆地與持續交付系統整合。

在接下來及後續的章節中，我們會透過一個範例應用程式來演示整個流程，你可以在 GitHub（*https://oreil.ly/unTLs*）上找到範例應用程式。

容器映像檔將根目錄檔案系統下的應用程式和相依程式庫打包成單一 artifact。最受歡迎的容器映像檔格式是 Docker，該格式已由開放容器計畫（Open Container Initiative）認可為 OCI 映像檔的標準。Kubernetes 可以透過 Docker 和其他執行階段，支援 Docker 和 OCI 兼容的映像檔。Docker 映像檔還包括額外的中繼資料，容器執行時會根據這些資訊啟動映像檔中應用程式。

本章包含下列主題：

- 如何使用 Docker 映像檔格式打包應用程式
- 如何使用 Docker 容器執行階段啟動應用程式

容器映像檔

對大部分的人來說，第一次接觸任何容器技術，都是從映像檔開始。**容器映像檔**是一個二進位包裝檔，將所有執行應用程式必要的檔案封裝在作業系統容器中。第一次與容器接觸的經驗，可能是從本機的檔案系統建構容器映像檔，或是從**容器儲存庫**下載已存在的映像檔。無論是哪個情況，一旦映像檔儲存於本機中，你就可以透過執行映像檔來啟動作業系統容器中運行的應用程式。

最受歡迎並廣為使用的容器映像檔格式為 Docker，由 Docker 開放原始碼計畫提供的 docker 指令進行容器的包裝、分發，執行，這個格式起先由 Docker, Inc. 所開發，隨後經過開放容器計畫（Open Container Initiative）將其標準化。雖然 OCI 的標準在 2017 年中發布 1.0 版本，但是實際套用 OCI 標準的進度還是很緩慢。Docker 映像檔仍是業界標準，並且由一層層檔案系統堆疊組成。每一層都會根據前一層檔案系統的內容進行新增、刪除或修改。這是**覆蓋型**（*overlay*）檔案系統的一種。在封裝及使用映像檔時都會使用覆蓋型檔案系統，在執行階段時，此類檔案系統有多種不同的實作方式，包括 `aufs`、`overlay` 和 `overlay2`。

容器分層

「Docker 映像檔格式（Docker image format）」和「容器映像檔（container images）」這兩個名詞或許有點令人困惑。映像檔不是一個文件檔案，它的內容其實是一份清單（manifest），清單中定義其他檔案所在的位置。這份清單跟相關聯的其他檔案組合成一個映像檔。把檔案本身跟清單做一定程度的分離有助於節省儲存空間以及提升映像檔的傳輸效率。連同這個映像檔格式定義的，還有一組 API 提供映像檔的上傳與下載，以利於將映像檔推送到映像檔儲存庫上。

容器映像檔是由一系列的檔案系統層所構成的，每一層都繼承和修改上層。試著透過建立一些容器來了解這中間是如何運作的。這邊必須提醒一下，正確的階層順序應該是從下往上，但為了容易理解，我們將反過來解釋。

```
.
└── container A: 基本的作業系統，像是 Debian
    └── container B: 構建在 #A 之上， 新增 Ruby v2.1.10
    └── container C: 構建在 #A 之上，新增 Golang v1.6
```

此時，我們有三個容器：A、B 和 C。B 和 C 是由 A **分支**出來的，除了容器的基本檔案之外，其他的都不會共享。接下來，我們可以基於 B 之上，新增 Rails（版本 4.2.6）。有時候可能為了支援舊版的應用程式，需要有舊版本的 Rails（例如：版本 3.2.x）。我們可以基於 B 的應用程式，構建容器映像檔，並在未來計畫遷移至 Rails 4。

```
.（從上面接著繼續）
└── container B: 構建在 #A 之上， 新增 Ruby v2.1.10
    └── container D: 構建在 #B 之上， 新增 Rails v4.2.6
    └── container E: 構建在 #B 之上， 新增 Rails v3.2.x
```

概念上，每個容器映像檔層，構建在前一層之上。前一層的參考是個指標。這只是個簡單的例子，但在真實世界中，容器可以是更大更廣泛的有向無環圖的一部分。

容器映像檔，通常包含容器組態檔，說明如何設定容器環境和應用程式進入點。容器組態，包含如何設定網路、namespace 隔離、資源限制（cgroups），以及運行的容器實例上應放置哪些**系統調用**（*syscall*）限制的訊息。容器的根檔案系統和組態檔，通常透過 Docker 映像檔配合使用。

容器種類可分為兩大類：

- 系統容器
- 應用程式容器

系統容器模仿虛擬機器執行開機程序，同時也可能包含系統服務，像是 `ssh`、`cron` 和 `syslog`。Docker 剛誕生時，系統容器是最為常見的類型。隨著時間的流逝，系統容器已被認為是不好的做法，而應用程式容器才是首選。

應用程式和系統容器的差異在於應用程式容器通常運行單一應用程式。雖然說限制一個容器只能運行一個應用程式看似有點太嚴格，但是這樣的粒度大小卻非常適合可擴充應用程式的組成，而且也成為 Kubernetes 中 Pod 的設計理念。我們在第 5 章會更詳細介紹 Pod 是如何運作。

利用 Docker 建立應用程式映像檔

通常像 Kubernetes 這樣的容器編排系統，專注於構建和部署由應用程式容器組成的分散式系統，因此我們將在本章節接下來的部分，重點介紹應用程式容器。

Dockerfile

Dockerfile 可用於建立 Docker 容器映像檔。

我們從建立一個 Node.js 的應用程式映像檔開始介紹，其他動態語言（例如：Python 或 Ruby）也可以參考下面的範例。

這個應用程式中會包含 npm、Node 和 Express，裡面有兩個檔案：*package.json*（範例 2-1）和 *server.js*（範例 2-2）。將檔案都放在目錄中，然後執行 `npm install express --save` 建立對 Express 的相依關係並安裝。

範例 *2-1　package.json*

```
{
  "name": "simple-node",
  "version": "1.0.0",
  "description": "A sample simple application for Kubernetes Up & Running",
  "main": "server.js",
  "scripts": {
    "start": "node server.js"
  },
```

```
  "author": ""
}
```

範例 *2-2　server.js*

```
var express = require('express');

var app = express();
app.get('/', function (req, res) {
  res.send('Hello World!');
});
app.listen(3000, function () {
  console.log('Listening on port 3000!');
  console.log('  http://localhost:3000');
});
```

要將它們打包為 Docker 映像檔，需要建立另外兩個檔案：*.dockergnore*（範例 2-3）和 Dockerfile（範例 2-4）。Dockerfile 是一份描述如何建立一個容器映像檔的步驟清單，而 *.dockerignore* 定義了將檔案從本機複製到映像檔時應該忽略的部分。可以至 Dockerk 提供的網站上找到更完整的 Dockerfile 用法（*https://dockr.ly/2XUanvl*）。

範例 *2-3　.dockerignore*

```
node_modules
```

範例 *2-4　Dockerfile*

```
# 從 Node.js 16 (LTS) 映像檔作為最初映像檔 ❶
FROM node:16

# 指定所有的指令都在指定的目錄中執行 ❷
WORKDIR /usr/src/app

# 複製套件檔案及安裝相依套件 ❸
COPY package*.json ./
RUN npm install
RUN npm install express

# 複製所有 app 的檔案進映像檔 ❹
COPY . .

# 指定映像檔啟動後預設指令 ❺
CMD [ "npm", "start" ]
```

❶ 每個 Dockerfile 的都建立在其他容器映像檔的基礎上，這行我們指定 Docker Hub 中的 `node:16` 為基礎映像檔，這是 Node.js 16 的預設映像檔。

❷ 此行指示容器映像檔為接下來的指令定義工作目錄。

❸ 這三行初始化 Node.js 的相依關係，第一步，我們將套件的檔案複製到映像檔中，包含 *package.json* 和 *package-lock.json*，接著利用 RUN 指令在容器中執行指令以安裝必要的相依套件。

❹ 現在，我們將其餘檔案複製到映像檔中，有些檔案是被 *.dockerignore* 定義排除的，所以除了 *node_modules* 這個資料夾以外的其他檔案都會複製到映像檔中。

❺ 最後，指定在啟動容器時應執行的指令。

執行下面的指令構建 simple-node 的 Docker 映像檔：

```
$ docker build -t simple-node .
```

當你要運行該映像檔時，可以透過以下指令來執行，然後，打開網址 *http://localhost:3000* 來存取在容器中運作的程式：

```
$ docker run --rm -p 3000:3000 simple-node
```

此時 simple-node 映像檔存在於本機的 Docker 儲存庫，而且只能從本機存取，而 Docker 的強項是可以讓數以千計的機器和廣大的 Docker 社群共享映像檔。

最佳化映像檔大小

建置映像檔時，隨著時間，會開始遇到映像檔越來越大的問題。首先要記住的是，藉著後續資料層刪除的系統檔案，依然存在於映像檔中，只是無法被存取。就像以下情況：

```
.
└── 資料層 A：包含大檔案，名稱為「BigFile」
    └── 資料層 B：移除「BigFile」
        └── 資料層 C：建構於 B 之上，新增一個靜態 binary
```

你以為 *BigFile* 不再存在於這個映像檔內了嗎？畢竟，當你在運行這個映像檔時，該檔案已經無法被存取。但事實上，該檔案仍然存在資料層 A，意思是每當你推送或提取這個映像檔，即使不能存取 *BigFile*，但這個檔案仍然透過網路傳送著。

另一個需要注意的地方是映像檔構建快取。請記住每一個資料層都只記錄跟上一層之間的改變。每次修改一個資料層，在該層之後的每一資料層都會跟著受到影響。修改之前的資料層，意味著需要重建、重推送和重提取映像檔以部署到開發環境中。

要更理解深入，可以參考這兩個映像檔：

```
.
└─ 資料層 A：包含基本作業系統
    └─ 資料層 B：新增程式碼 server.js
        └─ 資料層 C：安裝「node」套件
```

對比

```
.
└─ 資料層 A：包含基本作業系統
    └─ 資料層 B：安裝「node」套件
        └─ 資料層 C：新增程式碼 server.js
```

在第一次映像檔被提取執行的時候，兩個映像檔執行的結果都是相同的。想像一下，如果 *server.js* 改變，會發生什麼事。在第二種情況下，只需提取和推送 *server.js* 資料層。但是在第一種情況下，*server.js* 和 node 套件的資料層都需提取和推送，因為 node 資料層依賴 server.js 資料層。一般來說，為了最佳化推送和存取映像檔的大小，會按照修改頻率，從最少修改到最常修改來排序資料層。這就是為什麼在範例 2-4 中，我們先複製 *package*.json*，並安裝相依套件，最後才再複製其他檔案的原因，因為開發人員修改應用程式的頻率比相依套件還要來的高。

映像檔的安全

談到安全性，沒有任何一條捷徑。建置會運行在生產環境的 Kubernetes 叢集中的映像檔時，請確保遵守封裝及發布應用程式的最佳實踐原則。舉例來說，不能將密碼放在容器裡，不只是最後一層，在映像檔的任一層都不行。容器資料層有個不怎麼直觀的問題，就是刪除一個資料層的檔案並不會真正從之前的資料層中刪除該檔案。它仍然佔用空間，任何擁有正確工具的人都可以存取，攻擊者可以簡單地創建一個包含密碼資料層的映像檔。

機敏資訊和映像檔**千萬不能**放在一起。這麼做容易被駭客攻擊，並且會給你的公司或部門帶來羞辱。我們都想上電視，但有更好的方式可以辦到。

此外，映像檔通常用來執行單一應用程式，因此最佳的做法是盡可能減少單一映像檔中的檔案數量，因為每一個額外的程式庫都有可能增加攻擊的面向，進而使你的應用程式產生漏洞。依照每個程式語言特性的不同，有些程式語言的映像檔可以非常的小，僅包含最小相依性的檔案。越少的相依性確保你的映像檔不會暴露在未使用的程式庫漏洞下。

多階段映像檔構建（Multistage Image Build）

最常見不小心產生大型映像檔的情況，是在建置映像檔的過程中直接編譯應用程式。或許這樣看起來很符合直覺，而且可能也是最簡單的做法。不過這樣做的問題是，會在映像檔中留下不必要的開發工具，一般來說這些工具都很佔空間，而且還降低了部署的速度。

為了解決這樣的問題，Docker 推出了*多階段構建*。使用多階段構建時，Docker 不是只產生一個映像檔，而是產生多個映像檔來組合出最後的映像檔。每個映像檔都為一個階段。可以將 artifact 從前一個階段複製到接下來的階段。

為了具體說明這一點，將會透過範例的應用程式 `kuard` 向讀者介紹。這是一個稍微複雜的應用程式，React.js 為前端（具有單獨的構建程序），然後將其嵌入到 Go 程式中。*React.js* 撰寫的前端應用程式用來與後端 Go 撰寫的 API 伺服器溝通。

一個簡單的 Dockerfile 像是這樣子：

```
FROM golang:1.17-alpine

# 安裝 Node 和 NPM
RUN apk update && apk upgrade && apk add --no-cache git nodejs bash npm

# 安裝編譯 Go 所需的依賴程式庫
RUN go get -u github.com/jteeuwen/go-bindata/...
RUN go get github.com/tools/godep
RUN go get github.com/kubernetes-up-and-running/kuard

WORKDIR /go/src/github.com/kubernetes-up-and-running/kuard

# 複製所有程式碼到映像檔中
COPY . .

# 定義建置腳本所需的環境變數
ENV VERBOSE=0
ENV PKG=github.com/kubernetes-up-and-running/kuard
ENV ARCH=amd64
ENV VERSION=test

# 編譯程式，腳本來自於原始碼中
RUN build/build.sh

CMD [ "/go/bin/kuard" ]
```

這個範例產生出的映像檔中包含一個靜態可執行檔案，但它還包含所有 Go 的開發工具以及用於構建 React.js 的工具和該應用程式的原始碼，這些最終應用程式都不需要的這些東西。這映像檔所有資料層加起來超過 500MB。

接下來看看如何使用多階段構建來執行建立映像檔，可以參考以下的 Dockerfile：

```
# 階段一：建置
FROM golang:1.17-alpine AS build

# 安裝 Node 與 NPM
RUN apk update && apk upgrade && apk add --no-cache git nodejs bash npm

# 安裝 Go 編譯所需的相依性程式庫
RUN go get -u github.com/jteeuwen/go-bindata/...
RUN go get github.com/tools/godep

WORKDIR /go/src/github.com/kubernetes-up-and-running/kuard

# 複製所有原始碼檔案至映像檔中
COPY . .

# 定義建置腳本所需的環境變數，除了 ENV VERBOSE=0
ENV VERBOSE=0
ENV PKG=github.com/kubernetes-up-and-running/kuard
ENV ARCH=amd64
ENV VERSION=test

# 編譯程式，腳本來自於原始碼中
RUN build/build.sh

# 階段二：部署
FROM alpine

USER nobody:nobody
COPY --from=build /go/bin/kuard /kuard

CMD [ "/kuard" ]
```

可以看到這個 Dockerfile 產生兩個映像檔。第一階段是**構建**映像檔，其中包含 Go 的編譯器、*React.js* 工具鏈（toolchain）和該程式的原始碼。第二階段是**部署**映像檔，它僅包含已編譯過的二進位檔案。

使用多階段構建來構建映像檔可以將其大小減少至數百 MB，這會大大縮短了部署時間。一般的情況下，部署的速度取決於網路效能。這個 Dockerfile 最後產生的映像檔大約為 20 MB。

上述的腳本可以在 GitHub 上的 kuard 專案（*https://oreil.ly/6c9MX*）中找到，並透過下列指令建置映像檔：

```
# 注意：如果你在 Windows 上執行指令，可能需要在指令上額外加上
# --config core.autocrlf=input 來修復換行符號
$ git clone https://github.com/kubernetes-up-and-running/kuard
$ cd kuard
$ docker build -t kuard .
$ docker run --rm -p 8080:8080 kuard
```

儲存映像檔在遠端儲存庫

如果一個容器映像檔只能在一台機器使用是沒什麼好處的，

Kubernetes 依賴一個事實，就是 Pod manifest 所定義的映像檔必須能被叢集中的每一台機器所取得，其中一個讓所有機器都能夠執行這個映像檔的方法，就是匯出 kuard 映像檔，然後再匯入到其他機器上。但這樣管理 Docker 映像檔實在有夠麻煩。手動匯入匯出 Docker 映像檔的過程存在著人為疏失。拜託別這樣做！

Docker 社群中的標準做法是將 Docker 映像檔儲存在遠端的儲存庫中。當談論到 Docker 儲存庫時有許多的選擇，主要是根據你的安全和協作功能來從中選擇。

一般來說，首先要思考的是，私有或是公共的儲存庫。公共的儲存庫允許所有人下載映像檔，私有的儲存庫需要驗證才能夠下載。先思考你的使用情境，再來選擇公共還是私有的儲存庫。

公共儲存庫利於共享映像檔，因為不用驗證即可使用容器映像檔。你可以輕易地將軟體透過容器映像檔進行發布，並確信所有的使用者都擁有完全一致的使用體驗。

相反的，私有儲存庫最適合儲存不想與世界共用，僅專屬於你的應用程式。除此之外，因為專有專用，私有儲存庫通常也有比較好的可靠性跟安全性保障。

無論如何，要推送映像檔，必須向儲存庫進行身分驗證。一般來說可以利用 docker login 的指令，不過不同的儲存庫會有點差異。在以下範例中，會將容器映像檔推送到 Google Cloud Platform registry，它也稱為 Google Container Registry（GCR）；也有其他的公有雲，像是 Azure 和 Amazon Web Services（AWS），都有自有的容器儲存庫。對於公開映像檔的新手來說，Docker Hub（*https://hub.docker.com*）是很好的入手的地方。

登入後，你可以透過預先添加目標 Docker 儲存庫標記 kuard 映像檔。也可以附加另一個識別符，用於該映像檔的版本或變數，以冒號（：）分隔：

```
$ docker tag kuard gcr.io/kuar-demo/kuard-amd64:blue
```

然後，推送 kuard 映像檔：

```
$ docker push gcr.io/kuar-demo/kuard-amd64:blue
```

現在 kuard 映像檔已經在遠端儲存庫，這時候可以利用 Docker 部署它了。當我們將映像檔推送到 GCR 上時，我們設定為公開狀態，所以世界各地的使用者都可以免驗證直接使用這個映像檔。

容器執行階段介面

Kubernetes 提供了 API 來描述如何部署應用程式，但是底層依舊仰賴容器執行階段的容器專用 API 在作業系統上啟動並設定應用程式。在 Linux 系統上，這意味著配置 cgroup 和 namespace。容器執行階段這個這個介面是由 Container Runtime Interface（CRI）標準定義的。CRI API 由許多不同的程式實作的，包括 Docker 構建的 containerd-cri 和 Red Hat 提供的 cri-o 實現。當你安裝 Docker 的工具時，containerd 的執行階段也會同時被安裝，並由 Docker 的程序所使用。

從 1.25 版本開始，Kubernetes 只支援 CRI 的容器執行階段，幸好，代管的 Kubernetes 服務都盡可能的自動為客戶進行轉換。

利用 Docker 運行容器

雖然在 Kubernetes 裡，容器的啟動是由常駐程式 *kubelet* 在每個節點上負責，但你也可以使用 Docker 命令行工具輕鬆地開始使用容器。Docker CLI 工具能夠用來部署容器。要從 gcr.io/kuar-demo/kuard-amd64:blue 映像檔部署容器，請執行以下指令：

```
$ docker run -d --name kuard \
  --publish 8080:8080 \
  gcr.io/kuar-demo/kuard-amd64:blue
```

這個指令會運行 kuard 並把容器的 8080 埠綁定在本機的 8080 埠。你可以將 --publish 參數用比較短的 -p 替代。這種轉發是需要的，因為每個容器有自己的 IP 位置，容器內的 *localhost* 並無法在本機上被監聽。所以沒有連接埠轉發，就無法連結到本機。利用 -d 的參數可以指定讓容器以常駐程式的方式運行在背景中，而 --name kuard 可以為容器提供一個好記的名稱。

探索 kuard 應用程式

kuard 運行著一個簡單的 Web 介面，可以使用瀏覽器打開 *http://localhost:8080* 或透過以下的指令載入。

```
$ curl http://localhost:8080
```

kuard 中也有很多有趣的功能，在本書後面會提到。

限制資源使用

Docker 能夠透過 Linux 核心內底層的 cgroup 技術，限制應用程式資源的使用率。同樣的 Kubernetes 也使用這些功能來限制每個 Pod 使用的資源。

限制記憶體資源

在容器中運行應用程式的一個主要好處是能夠限制資源使用率。這能夠允許多個應用程式共存於同個硬體中，並且確保資源的合理使用。

要將 kuard 限制於 200MB 記憶體和 1GB 硬碟置換空間，請在 docker run 指令中，利用 --memory 和 --memory-swap 的參數來指定。

停止和移除目前的 kuard 容器：

```
$ docker stop kuard
$ docker rm kuard
```

然後使用適當的參數啟動另一個 kuard 容器以限制記憶體使用情況：

```
$ docker run -d --name kuard \
  --publish 8080:8080 \
  --memory 200m \
  --memory-swap 1G \
  gcr.io/kuar-demo/kuard-amd64:blue
```

如果容器中的程式使用了過多的記憶體，則它將會終止程式。

限制 CPU 資源

主機另一個重要的資源是 CPU。在 docker run 指令，利用 --cpu-shares 的參數，限制 CPU 使用率：

```
$ docker run -d --name kuard \
  --publish 8080:8080 \
  --memory 200m \
  --memory-swap 1G \
  --cpu-shares 1024 \
  gcr.io/kuar-demo/kuard-amd64:blue
```

清除

當構建完成映像檔，可以利用 `docker rmi` 移除它：

```
docker rmi <tag-name>
```

或者：

```
docker rmi <image-id>
```

要移除映像檔可以透過映像檔名稱（例如：`gcr.io/kuar-demo/kuard-amd64:blue`）或是映像檔 ID：如同 `docker` 工具中的所有 ID 一樣，只要映像檔 ID 保持唯一的，它可以不用輸入這麼長。一般來說只需要三到四個字元。

特別注意的是，除非很明確移除映像檔，否則即使你用相同名稱構建新的映像檔，該映像檔也會永久存在於你的系統中。利用相同的標籤構建新的映像檔，只會將標籤移動到新的映像檔，並不會刪除或是取代舊的映像檔。

因此，當你不斷建立新的映像檔，通常會產生許多不同的映像檔，最後會浪費你電腦中許多空間。可以利用 `docker images` 指令，查看目前存在於機器上的映像檔。然後可以刪除不再使用的映像檔。

Docker 提供了 `docker system prune` 的工具來進行清理映像檔。這將刪除所有停止運行的容器，所有未被標記的映像檔，以及在構建過程中用來快取並未使用的資料層。但務必謹慎的使用它。

也有個另一個較複雜的方法，是設定一個 cron job 來運行映像檔垃圾收集器。舉例來說，根據你映像檔建置的數量，可以將 `docker system prune` 設定為每小時或每天重複執行的 cron job。

總結

容器應用程式提供了簡潔的抽象化程序，當應用程式封裝成 Docker 映像檔時，它變得易於構建、部署和發布，也提供了在同一台機器上運行多個應用程式之間的隔離性，這有助於避免相依性衝突。

接下來的章節，將會介紹容器具有掛載外部目錄的能力，意思是我們不僅能在容器中運行無狀態應用程式，也能夠運行像是像是 MySQL 這類產生大量資料的應用程式。

第三章

部署 Kubernetes 叢集

現在，你能夠成功的構建應用程式容器，就有動機去學習如何將容器部署進可靠和可擴展的分散式系統中。你需要有一個可操作的 Kubernetes 叢集就能完成這一點。現在已經有很多公有雲有很多基於雲端的 Kubernetes 服務，可以通過簡單幾行指令就能輕鬆建立叢集。如果你剛開始入門，強烈建議先使用雲端 Kubernetes 的方案。即使你最後計畫在裸機（bare metal）上運行 Kubernetes，就這樣做是為了能夠快速入門及學習 Kubernetes，進而了解如何將其安裝在實體機器上。此外，管理 Kubernetes 叢集本身就是個複雜事情，對於大多數人來說，將這種事放在雲端上管理是合理的，尤其是在大多數雲端供應商對於管理 Kubernetes 叢集是不收費的。

當然，使用基於雲端的解決方案，必須要支付這些資源的費用，以及需要有可用網路連接上雲端。所以相比之下，本機開發可能會更具吸引力，在這種情況下，`minikube` 工具讓你很輕易在筆電或是桌機的虛擬機器裡運行本地端的 Kubernetes 叢集。雖然是好主意，但 `minikube` 只會建立單一節點的叢集，無法展現 Kubernetes 叢集各方面的功能。所以，除非雲端解決方案不符合你的使用情境，不然的話會建議從雲端解決方案開始。近期有個替代方法可以解決這樣的問題就是運行 Docker-in-Docker，可以在單台主機上運行多個節點叢集。不過，該項目仍處於測試階段，所以可能會遇到預料之外的問題。

如果你堅持從裸機開始，本書最後的附錄 A，提供建立於樹莓派叢集的教學。這個教學，會使用 `kubeadm` 工具，而且也適用於樹莓派以外的機器。

安裝 Kubernetes 在公有雲上

本章會介紹，在三大公有雲 Google Cloud Platform、Microsoft Azure 和 Amazon Web Services 上安裝 Kubernetes。

如果選擇使用雲端供應商的 Kubernetes 託管服務，則只需安裝其中一個選項。當完成你的叢集後，若你不打算將 Kubernetes 安裝在其他公有雲上，可以直接跳至第 31 頁的「Kubernetes 的客戶端」小節。

設定並使用 Google Kubernetes Engine

Google Cloud Platform 提供了 Kubernetes-as-a-Service（Kubernetes 託管服務），稱為 Google Kubernetes Engine（GKE）。要開始使用 GKE，需要有已啟用帳務功能的 Google Cloud Platform 帳號，和安裝 gcloud 工具（*https://oreil.ly/uuUQD*）。

當安裝 gcloud 後，需設定預設區域：

```
$ gcloud config set compute/zone us-west1-a
```

然後可以開始建立叢集：

```
$ gcloud container clusters create kuar-cluster --num-nodes=3
```

這會需要幾分鐘的時間。當叢集完成建立，你可以利用以下指令，取得叢集的憑證：

```
$ gcloud container clusters get-credentials kuar-cluster
```

如果遇到任何問題，可以在 Google Cloud Platform 參考文件上，找到建立 GKE 叢集更完整的教學（*https://oreil.ly/HMwnD*）。

設定並使用 Azure Kubernetes Service

微軟 Azure 的 Kubernetes-as-a-Service 在容器服務（Container Service）中。最簡單入門 Azure 容器服務的方法，是使用 Azure 入口網站中的 Azure Cloud Shell。你可以通過點擊右上方工具列中的 shell 的圖示來啟動 shell：

該 shell 具有自動安裝並配置個人 Azure 工作環境的 az 工具。

或者，你可以在本機安裝 az 命令列工具（*https://oreil.ly/xpLCa*）。

當完成安裝 shell 後，可以利用以下指令，建立資源群組：

```
$ az group create --name=kuar --location=westus
```

當資源群組被建立，可以利用以下指令，建立叢集：

```
$ az aks create --resource-group=kuar --name=kuar-cluster
```

這會需要幾分鐘的時間。當叢集完成建立時，可以利用以下指令，取得憑證：

```
$ az aks get-credentials --resource-group=kuar --name=kuar-cluster
```

如果還沒安裝 `kubectl` 的話，可以透過以下指令安裝：

```
$ az aks install-cli
```

可以在 Azure 參考文件上（*https://oreil.ly/hsLWA*），找到在 Azure 上啟用 Kubernetes 的更完整教學。

設定並使用 Amazon Web Services 上的 Kubernetes 服務

Amazon 提供名為 Elastic Kubernetes Service（EKS）的 Kubernetes 託管服務（Kubernetes-as-a-Service）。建立 EKS 叢集的最簡單方法是利用開源的命令行工具 `eksctl`（*https://eksctl.io*）。

當安裝完 `eksctl` 就可以執行以下指令來建立叢集：

```
$ eksctl create cluster
```

更多詳細的安裝參數資訊（例如：節點大小等），可以利用以下指令查看：

```
$ eksctl create cluster --help
```

這個指令會自動調整 `kubectl` 的組態設定。如果尚未安裝 `kubectl`，則可以透過參考文件上的說明來安裝（*https://oreil.ly/rorrD*）。

在本機透過 minikube 安裝 Kubernetes

如果想要有本機開發的經驗或者不想要為付雲端資源的費用，可以用 `minikube` 安裝簡易的單一節點叢集。另外，如果你已經安裝了 Docker Desktop，那麼它已經安裝單節點的 Kubernetes。

雖然 minikube 或 Docker Desktop 是 Kubernetes 叢集良好的模擬環境，但它確實僅適用於本機開發、學習和實驗。由於它只能在單個節點上的虛擬機器中運行，因此不能享有分散式 Kubernetes 叢集的可靠性。另外，本書將提到的部分功能，需要整合雲端供應商才有提供。而在 `minikube` 中，這些功能不是無法使用，就是受到限制。。

要使用 `minikube`，必須在機器上安裝 hypervisor。在 Linux 和 macOS，一般是使用 virtualbox（*https://virtualbox.org*）。在 Windows，Hyper-V 的 hypervisor 是預設選項。使用 `minikube` 之前，請確認是否安裝 hypervisor。

可以在 GitHub 上找到 `minikube` 工具（*https://oreil.ly/iHcuV*）。分別有可供 Linux、macOS 和 Windows 下載的 binary 檔案。當完成安裝 `minikube` 工具後，可以利用以下指令，建立本機的 kubernetes 叢集：

```
$ minikube start
```

這個動作將會建立本機虛擬機器、配置 Kubernetes 叢集，並新增一個指向該叢集的本地 `kubectl` 組態檔。如同前面不斷提到的，這個叢集只有單一節點，儘管可以正常使用，但是與一般 Kubernetes 的生產環境有許多差異

當結束測試叢集，可以透過以下指令停止虛擬機器：

```
$ minikube stop
```

如果想要刪除叢集，可以執行以下指令：

```
$ minikube delete
```

在 Docker 上，運行 Kubernetes

最近推出了另一種運行 Kubernetes 叢集的方式，是使用 Docker 容器模擬多個 Kubernetes 節點，而不是在虛擬機上。這為 Docker 中啟動和管理測試叢集，提供良好體驗，稱為 kind（*https://kind.sigs.k8s.io/*），其全名為 Kubernetes IN Docker。目前仍在開發中（1.0 之前的版本），但是已經被廣泛用來進行快速的測試。

你可以在 kind 的網站上（*https:// oreil.ly/EOgJn*）上找到安裝說明。一旦安裝完成，建立一個叢集就很容易：

```
$ kind create cluster --wait 5m
$ export KUBECONFIG="$(kind get kubeconfig-path)"
```

```
$ kubectl cluster-info
$ kind delete cluster
```

Kubernetes 的客戶端

官方 Kubernetes 的用戶端工具是是 kubectl，一種用在與 Kubernetes API 互動的命令行工具。kubectl 可以管理大部分的 Kubernetes 物件，像是 Pod、ReplicaSet 和 Service。kubectl 也能夠探索和驗證叢集的整體健康狀態。

我們將使用 kubectl 工具來檢查剛才建立的叢集狀態。

檢查叢集狀態

首先可以利用以下指令，檢查叢集的版本：

```
$ kubectl version
```

這將顯示兩個不同的版本：分別是本機 kubectl 工具的版本以及 Kubernetes API 伺服器的版本。

不用擔心這兩個版本不一致。Kubernetes 工具是能夠相容前後不同版本的 Kubernetes API，前提是工具和叢集在 2 個次要（minor）版本內相同，以及不要在舊的叢集中使用新的功能。Kubernetes 根據語意化版本規範，次要版本是位於中間的數字（例如：1.18.2 的版本，18 是次要版本）。但是同樣的，也需要確保你在三個版本的支援內，如果不是的話，可能會遇到問題。

現在我們已經確定你可以連線至 Kubernetes 叢集中，接下來我們將更深入探索叢集本身。

首先，可以對於叢集做簡單的偵錯。這是驗證叢集整體健康狀態的好方法。

```
$ kubectl get componentstatuses
```

輸出訊息應如下所示：

```
NAME                 STATUS    MESSAGE             ERROR
scheduler            Healthy   ok
controller-manager   Healthy   ok
etcd-0               Healthy   {"health": "true"}
```

隨著 Kubernetes 的變化和改善，kubectl 的輸出有時會有些變化，如果輸出的結果與本書範例完全不同，請不用太擔心。

可以看見構建 Kubernetes 叢集的元件。controller-manager 是負責運行各種管理叢集內運轉狀態的控制器（例如，確保服務的所有 replica 都是可用且健康的）。scheduler 是負責將不同的 Pod 放置到叢集中不同的 node 上。最後，etcd 伺服器是儲存叢集內所有 API 物件的資訊。

列出 Kubernetes 的 Node

接下來，我們可以列出叢集中的 node：

```
$ kubectl get nodes
NAME     STATUS   ROLES                  AGE    VERSION
kube0    Ready    control-plane,master   45d    v1.22.4
kube1    Ready    <none>                 45d    v1.22.4
kube2    Ready    <none>                 45d    v1.22.4
kube3    Ready    <none>                 45d    v1.22.4
```

你可以看到這是一個擁有 4 個 node 的叢集，它們已經運行了 45 天。在 Kubernetes 中，node 分為**主節點**和**工作節點**，主節點負責管理叢集，它包含 API 伺服器、排程器的容器 ... 等，而工作節點則是負責運行你的容器。為了確保使用者的工作負載不會對叢集的整體操作造成損害，因此 Kubernetes 通常不會將工作安排到**主節點**上。

你可以使用 kubectl describe 指令取得更多有關特定 node（如 Kube1）的資訊：

```
$ kubectl describe nodes kube1
```

首先，你會看到有關該 node 的基本資訊：

```
Name:                   kube1
Role:
Labels:                 beta.kubernetes.io/arch=arm
                        beta.kubernetes.io/os=linux
                        kubernetes.io/hostname=node-1
```

你可以看到此 node 使用 ARM 處理器並且運行 Linux 作業系統上。

接下來，你會看到有關 kube1 本身操作的資訊（移除日期資訊來簡化輸出內容）：

```
Conditions:
  Type                 Status  ...  Reason                         Message
 -----                 ------       ------                         -------
  NetworkUnavailable   False   ...  FlannelIsUp                    Flannel...
  MemoryPressure       False   ...  KubeletHasSufficientMemory     kubelet...
  DiskPressure         False   ...  KubeletHasNoDiskPressure       kubelet...
  PIDPressure          False   ...  KubeletHasSufficientPID        kubelet...
  Ready                True    ...  KubeletReady                   kubelet...
```

這些狀態表明該 node 具有足夠的硬碟和記憶體空間，同時回報至 Kubernetes 主節點，這個 node 是健康的。接下來的資訊有關於機器的容量：

```
Capacity:
 alpha.kubernetes.io/nvidia-gpu:        0
 cpu:                                   4
 memory:                                882636Ki
 pods:                                  110
Allocatable:
 alpha.kubernetes.io/nvidia-gpu:        0
 cpu:                                   4
 memory:                                882636Ki
 pods:                                  110
```

然後是有關於該節點上的軟體資訊，包含 Docker、Kubernetes 和 Linux 內核的版本等：

```
System Info:
  Machine ID:                 44d8f5dd42304af6acde62d233194cc6
  System UUID:                c8ab697e-fc7e-28a2-7621-94c691120fb9
  Boot ID:                    e78d015d-81c2-4876-ba96-106a82da263e
  Kernel Version:             4.19.0-18-amd64
  OS Image:                   Debian GNU/Linux 10 (buster)
  Operating System:           linux
  Architecture:               amd64
  Container Runtime Version:  containerd://1.4.12
  Kubelet Version:            v1.22.4
  Kube-Proxy Version:         v1.22.4
PodCIDR:                      10.244.1.0/24
PodCIDRs:                     10.244.1.0/24
```

最後是有關於此 node 上目前正在運行 Pod 的資訊：

```
Non-terminated Pods:              (3 in total)
  Namespace   Name          CPU Requests CPU Limits Memory Requests Memory Limits
  ---------   ----          ------------ ---------- --------------- -------------
  kube-system kube-dns...    260m (6%)     0 (0%)     140Mi (16%)     220Mi (25%)
  kube-system kube-fla...    0 (0%)        0 (0%)     0 (0%)          0 (0%)
  kube-system kube-pro...    0 (0%)        0 (0%)     0 (0%)          0 (0%)
Allocated resources:
```

```
  (Total limits may be over 100 percent, i.e., overcommitted.
  CPU Requests  CPU Limits     Memory Requests Memory Limits
  ------------  ----------     --------------- -------------
  260m (6%)     0 (0%)         140Mi (16%)     220Mi (25%)
No events.
```

從輸出資訊可以看到在 node 裡的所有 Pod（例如：kube-dns，提供叢集的 DNS 服務），每個 Pod 從 node 要求的 CPU 和記憶體，以及所有資源的請求。值得注意的是，Kubernetes 記錄著運行機器上每個運行中 Pod 的資源請求（*request*）和上限（*limit*）。請求（request）和限制（limit）之間的區別會在第 5 章中詳細描述。但簡而言之，請求（request）是保證 Pod 至少可以從 node 分配到的資源下限，而限制（limit）則是 Pod 可以從節點消耗的最大資源上限。一個 Pod 的限制（limit）值可能高於請求（request）值，不過畢竟節點不保證有那麼多的資源，因此在這種情況下高於請求（request）下限的額外資源只能盡量被滿足。

叢集的組成元件

其中一個值得探討的部分是，Kubernetes 叢集是由多個元件組合而成，而這些元件實際上都是由 Kubernetes 本身部署的。我們將介紹一些元件，這些元件使用一些概念，我們將在後面章節中會介紹。這些元件都運行在 kube-system 這個 namespace 中[1]。

Kubernetes Proxy

Kubernetes proxy 負責將網路流量路由至叢集內的負載平衡器。為了正常運作，proxy 必須存在於叢集中的每個節點上。Kubernetes 有一個名為 DaemonSet 的 API 物件，很多叢集都使用它來達成此目的，你將在本書的第 11 章學習到。如果你的叢集使用 DaemonSet 運行 Kubernetes proxy，你可以用以下指令看到正在運行的 proxy：

```
$ kubectl get daemonSets --namespace=kube-system kube-proxy
NAME        DESIRED   CURRENT   READY   UP-TO-DATE   AVAILABLE   NODE SELECTOR
kube-proxy  5         5         5       5            5           ...   45d
```

根據叢集的設置，kube-proxy 的 DaemonSet 可能會被命名為不同名稱，也有可能根本不是用 DaemonSet。無論如何，kube-proxy 容器應在叢集中的所有 node 中運行。

1 在 Kubernetes 中，namespace 可用於組織 Kubernetes 資源的個體，可以將它想像成資料夾。這在下一個章節將會進一步解釋。

Kubernetes DNS

Kubernetes 也運行著 DNS 伺服器，它為叢集定義的服務提供命名和探索功能。此 DNS 伺服器會在叢集上運行多個副本。根據叢集的大小，你可能會看到一個或是多個 DNS 伺服器運行在叢集中。DNS 服務透過 deployment 運行，它會管理所有 DNS 的服務副本（有可能被稱為 `coredns` 或其他名稱）。

```
$ kubectl get deployments --namespace=kube-system core-dns
NAME       DESIRED   CURRENT   UP-TO-DATE   AVAILABLE   AGE
core-dns   1         1         1            1           45d
```

還有一個 Kubernetes service，它為 DNS 服務提供負載平衡：

```
$ kubectl get services --namespace=kube-system core-dns
NAME       CLUSTER-IP   EXTERNAL-IP   PORT(S)          AGE
core-dns   10.96.0.10   <none>   53/UDP,53/TCP   45d
```

這表示，DNS 服務在這個叢集的 IP 位址是 10.96.0.10。如果你登入叢集中的任一個容器，你會發現該 IP 位址已經被寫入容器中 */etc/resolv.conf* 檔案內。

Kubernetes UI

如果你希望用視覺化的方式來管理叢集，大多數的雲端服務供應商都有提供相關的使用者介面整合，假如你選擇的雲端供應商並沒有提供使用者介面，或你想要在叢集內部運行的使用者介面，你可以安裝由社群所維護的使用者介面，可以按照文件（*https://oreil.ly/wKfEx*）中的步驟安裝在叢集中。你也可以透過開發環境的延伸套件，例如 Visual Studio Code 來一探究竟您的叢集狀態。

總結

希望到現在你已經運行一個 Kubernetes 叢集（或是三個），而且已經開始使用一些指令探索著叢集。接下來我們將會花更多時間深入命令行介面，並且教你如何掌握 `kubectl` 工具。在本書接下來的部分，你將會使用 `kubectl` 工具和搭配測試用的叢集來探索 Kubernetes API 的各種物件。

第四章

常見的 kubectl 指令

kubectl 是個強大的命令行工具，以下的章節，你會使用它建立物件，以及與 Kubernetes API 進行交互。但在這之前先了解一下適用於所有 Kubernete 物件的 kubectl 基本指令。

Namespace

Kubernetes 利用 *namespace* 管理各個物件。可以把每個 namespace 視為一個資料夾，每一個資料夾包含著一組物件。kubectl 命令行工具預設的 namespace 為 default。如果想要操作不同的 namespace 的物件，可以在執行 kubectl 時加入 --namespace 的參數，例如 kubectl --namespace=mystuff 代表對 mystuff namespace 內的物件進行操作。你也可以透過精簡的參數 -n 來達到同樣的目的，如果要與操作所有的 namespace（例如：列出叢集中的所有 Pod），則可以加入 --all-namespaces 參數。

Context

如果想要長期改變預設的 namepace，可以使用 *context*。設定會寫入到 kubectl 的設定檔，檔案位置通常在 *$HOME/.kube/config*。這個設定檔也包含叢集的連線方式及身分驗證資訊。例如：可以使用以下指令建立 content，讓 kubectl 預設指定其他的 namespace：

```
$ kubectl config set-context my-context --namespace=mystuff
```

當建立完成新的 context 後，並不會馬上套用，可以執行以下指令使用剛建立的 context：

```
$ kubectl config use-context my-context
```

Content 也能夠透過 `set-context` 指令以及 `--users` 或 `--clusters` 的參數，操作不同的叢集或以另一個身分操作叢集。

檢視 Kubernetes API 物件

Kubernetes 所有資源都是由 RESTful 組成的。在本書中，我們稱這些資源為 *Kubernetes 物件*。每個 Kubernetes 物件，都有一個唯一的 HTTP 路徑，例如：*https://your-k8s.com/api/v1/namespaces/default/pods/my-pod*，表示一個位於 default 的 namespace 中名為 `my-pod` 的 Pod。`kubectl` 指令會送出一個 HTTP 請求至這些 URL，存取針對路徑中的所表示的 Kubernetes 物件。

最常用來查看 Kubernetes 物件的 `kubectl` 指令是 `get`。當執行 `kubectl get` < *資源名稱* >，會取得目前 namespace 的所有資源列表。如果需要取得特定的資源，可以利用 `kubectl get` < *資源名稱* >< *物件名稱* >

預設情況下，`kubectl` 查詢輸出都是人類可讀的版本，所以移除許多了物件的詳細資訊，以便每行能輸出一個物件，可以利用 `-o wide` 的參數，在同一行內能夠取得較多的資訊。如果想要查看完整的物件資訊，可以分別利用 `-o json` 或 `-o yaml`，取得原始的 JSON 或 YAML。

對 `kubectl` 輸出資訊進行的常見操作是移除標題列，通常會配合 Unix pipe（例如：`kubectl ... | awk ...`）。當使用 `--no-headers` 的參數，`kubectl` 在輸出物件資訊時，不會輸出標題列。

另一個常見的操作是在輸出中提取物件中特定欄位的資訊。`kubectl` 使用 JSONPath 查詢語言，提取物件中的欄位。JSONPath 超出本章的範圍，這邊只介紹一個範例，這個指令會提取和輸出 Pod 的 IP：

```
$ kubectl get pods my-pod -o jsonpath --template={.status.podIP}
```

也可以透過逗號將多個物件放在同一個輸出結果中，例如：

```
$ kubectl get pods,services
```

這個指令會列出目前 namespace 中所有的 pod 跟 service。

如果想知道某一個特定物件的詳細資訊，可以使用 `describe` 指令：

```
$ kubectl describe <resource-name> <obj-name>
```

這將會取得物件更詳細的資訊，包含其他相關物件和事件。

如果想列出 Kubernetes 支援的物件中所有的欄位，可以透過 `explain` 指令。

```
$ kubectl explain pods
```

有些場景你可能會需要持續監視某一個 Kubernetes 物件的狀態變化，例如你正在等待應用程式重新啟動，`--watch` 參數可以提供這個功能，`kubectl get` 搭配這個參數可以持續監控某一個資源的狀態。

新增、更新和移除 Kubernetes 物件

Kubernetes API 的物件，都是以 JSON 或 YAML 檔表示。這些檔案可以同時是伺服器回應的查詢結果，也可以是發送至伺服器 API 請求的參數。可以利用 YAML 或 JSON 檔案，進行建立、修改、刪除 Kubernetes 上的物件。

假設有個簡單的物件在 *ojb.yaml*。可以利用 `kubectl` 在 Kubernetes 建立這個物件：

```
$ kubectl apply -f obj.yaml
```

請注意，執行指令時不需特別指定物件的資源，它的資源是由檔案中的欄位取得的。

同樣的，如果你修改這個物件，可以再一次透過 `apply` 指令，修改它：

```
$ kubectl apply -f obj.yaml
```

`apply` 這個指令只會修改與叢集中目前物件不同的部分。如果要建立的物件已經存在且符合最終狀態，它則會正常結束而不進行任何更改。您可以反覆執行 `apply` 來檢查叢集中物件的狀態，這對於需要確保叢集狀態與本地檔案系統中的設定檔是否一致很有幫助。

如果只是想要知道 `apply` 指令的操作實際上會進行什麼修改，可透過 `--dry-run` 參數將物件資訊輸出但不發送到伺服器。

如果想要使用互動式編輯，代替編輯本機檔案，可以使用 edit 指令，它會下載最新物件的狀態，然後開啟編輯器讓你可以編輯物件的欄位資訊。

```
$ kubectl edit <resource-name> <obj-name>
```

儲存檔案後，它將會自動上傳到 Kubernetes 叢集。

apply 指令也會在物件中的 annotation 欄位寫入上一次的組態設定。你可以利用 edit-last-apply、set-last-applied 和 view-last-applied 指令操作這些紀錄。例如：

```
$ kubectl apply -f myobj.yaml view-last-applied
```

將輸出該物件最後一次套用的狀態。

當想要刪除物件，只要執行：

```
$ kubectl delete -f obj.yaml
```

要特別注意，kubectl 不會提醒你正在刪除該物件。只要送出指令，物件就會被刪除。

同樣地，可以透過資源類型和名稱刪除物件：

```
$ kubectl delete <resource-name> <obj-name>
```

為物件加上標籤（Label）與註解（Annotation）

Label 和 annotation 用於標記物件。我們將會於第 6 章討論它們的差異，但現在，你可以在 Kubernetes 物件透過 annotate 和 label 指令，更新標籤與註解。（例如：新增 color=red 標註到名為 bar 的 Pod，可以執行以下指令：

```
$ kubectl label pods bar color=red
```

annotation 與 label 的語法是完全相同的。

預設情況下，label 和 annotate 不允許覆蓋現有的標籤或註解。若要執行此操作，需要利用 --overwrite 參數。

當需要移除一個 label，可以利用 <label名稱>- 語法：

```
$ kubectl label pods bar color-
```

這將會從名為 bar 的 Pod，移除 color 的 label。

偵錯指令

kubectl 也提供許多偵錯容器的指令。可以利用以下指令，查詢正運行中的容器的日誌：

```
$ kubectl logs <Pod- 名稱 >
```

當 Pod 中有多個容器，可以使用 -c 的參數，選擇某個容器。

根據預設值，kubectl log，完成輸出目前的 log 後，就會直接跳出。如果是想要持續不斷的串流 log 輸出而不跳出，可以在命令行加入 -f（follow）的參數。

也可以利用 exec 指令，在運行中的容器內執行指令：

```
$ kubectl exec -it <pod-name> -- bash
```

這樣可以在運行中的容器，執行互動式 shell，以便可以進行進一步的偵錯。

如果你的容器中沒有 bash 或終端程式可以使用，則可以連接進正在執行的程序：

```
$ kubectl attach -it <pod-name>
```

attach 指令類似於 kubectl logs，不同的是，假設應用程式有接聽標準輸入（stardard input），這個指令會將你的輸入送到應用程式裡。

另外也可以透過 cp 指令，將檔案從容器複製出來或是複製進去：

```
$ kubectl cp <pod-name>:</path/to/remote/file> </path/to/local/file>
```

上述指令會從運行中的容器複製檔案到本機中，也可以指定目錄，或者將檔案從本機複製到容器中。

如果要通過網路存取 Pod，則可以使用 port-forward（連接埠轉發）指令將網路從本機的 port 轉發到 Pod。這個指令會建立一條安全的通道來存取沒有暴露在公開網路上的容器。以下是範例的指令：

```
$ kubectl port-forward <pod-name> 8080:80
```

這個指令會建立一個將流量從本機連結埠的 8080 轉發到遠端容器連結埠端口 80 上的連線。

你同樣可以使用 services/<service- 名稱 > 來取代 <pod- 名稱 > 搭配 port-forward 指令使用，但要注意的是如果將連結埠轉發到 service，請求只會轉發到該 service 中的單個 Pod。這不會通過 service 負載平衡器分發。

如果想看 Kubernetes 上發生的事件，可以透過 `kubectl get events` 指令列出目前 namespace 中不論何種物件近 10 個發生的事件。

```
$ kubectl get events
```

你也可以透過 `--watch` 參數搭配 `kubectl get events` 指令來串流事件，同時可以再加上 `-A` 來串流所有 namespace 中發生的事件。

最後，如果你對叢集如何使用資源感興趣，可以利用 `top` 指令查看 node 或 pod 正在使用的資源列表。像是：

```
$ kubectl top nodes
```

這個指令會顯示節點上 CPU 和 memory 的使用率，並同時用絕對單位（例如：core），以及百分比（例如：core 總數）來顯示資源使用率。同樣的，如果是需要查看 pod 的資源使用率的話：

```
$ kubectl top pods
```

這將會顯示所有 pod 及其資源使用情況。預設情況下，只會顯示目前 namespace 裡的 pod，但可以透過 `--all-namespaces` 查看叢集中所有 pod 的資源使用情況。

這兩個 `top` 指令只有在 metrics server 正常運作在叢集中時才能使用，受託管及非託管的 Kubernetes 環境通常都有設定好的 metrics server 可供使用，但如果指令出現錯誤，代表你需要額外安裝 metrics server。

叢集管理

`kubectl` 也可以同時用來管理叢集，最常拿來管理叢集的指令是對某一個節點進行 cordon 以及 drain，當你對一個節點執行 *cordon* 指令，後續的 Pod 就不會被安排到這個節點上執行。而對節點執行 *drain* 指令，會移除任何正在這個節點上運作的 Pod。這兩個指令最常運用的場景，是在實體機器需要進行維修或者升級的時候使用，你會先對節點進行 `kubectl cordan`，然後執行 `kubectl drain` 來安全的將節點從叢集中移除。一旦節點維修完畢，你可以再透過 `kubectl uncordon` 來重新讓 Kubernetes 安排 Pod 到節點上執行。另外需要注意的是並沒有 `undrain` 的指令，因為 Kubernetes 的設計本來就會將 Pod 安排在最空閒的節點上。如果是一些較快速的維護（譬如說重新啟動節點），是不需要額外再對節點做 cordon 或 drain，只有中斷服務的時間長到你需要將 Pod 移動到其他機器上時才需要進行這個操作。

指令自動補完

kubectl 支援整合 shell，可以啟用指令和資源的 tab 鍵自動補完。根據不同環境，在啟用指令自動補完功能前，需要安裝 bash-completion 套件。可以使用不同的套件管理器執行此安裝：

```
# macOS
$ brew install bash-completion

# CentOS/Red Hat
$ yum install bash-completion

# Debian/Ubuntu
$ apt-get install bash-completion
```

在 macOS 上安裝時，請確保按照 brew 安裝說明上的指示修改 *${HOME}/.bash_profile* 檔來啟用 tab 鍵自動補完的功能。

一旦安裝了 bash-completion，可以利用以下指令暫時啟用：

```
$ source <(kubectl completion bash)
```

要讓每次開啟新的終端機時自動啟用自動補完功能，可以透過以下指令新增設定至 *${HOME}/.bashrc* 檔中：

```
$ echo "source <(kubectl completion bash)" >> ${HOME}/.bashrc
```

如果你是使用 zsh，則可以在這個網址找到安裝說明（*https://oreil.ly/aYujA*）。

其他查看叢集的方法

除了 kubectl，也有其他工具可與 Kubernetes 叢集進行互動。例如，有一些外掛能夠整合 Kubernetes 在編輯器環境中，包括：

- Visual Studio Code（*http://bit.ly/32ijGV1*）
- IntelliJ（*http://bit.ly/2Gen1eG*）
- Eclipse（*http://bit.ly/2XHi6gP*）

如果你使用的是託管的 Kubernetes 服務，大多數都會有額外的網頁使用者介面可以使用。另外公有雲上託管的 Kubernetes 服務通常還會整合一些非常複雜的監控工具來幫助你了解正在叢集上運作的應用程式狀態。

也有許多開放原始碼的圖形化介面可供選擇，例如 Rancher Dashboard（*https://oreil.ly/mliob*）以及 Headlamp 專案（*https://oreil.ly/lDvbs*）。

總結

kubectl 是在 Kubernetes 叢集管理應用程式的強大的命令列工具。本章說明了這個工具的常用的用途，但其實 kubectl 有大量的內建說明。可以用以下指令查看說明：

```
$ kubectl help
```

或：

```
$ kubectl help <command-name>
```

第五章

Pod

在前面的章節，我們討論如何容器化應用程式，但一般來說會有多個容器應用程式會想要集中部署在一台機器中。

在圖 5-1 是個部署的典型範例，它包含網站服務及檔案系統與遠端 Git 儲存庫同步工作的容器。

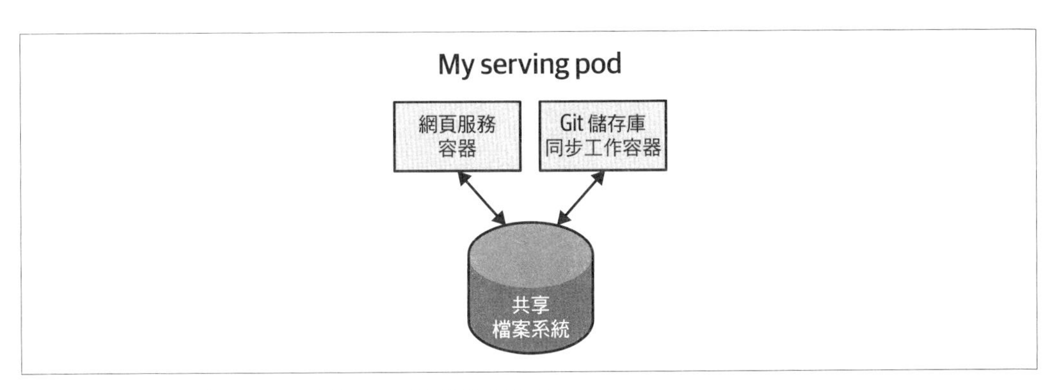

圖 5-1　一個 Pod 包含兩個容器和一個共享檔案系統

首先，這個看起來像是網站服務和 Git 同步器包成一個單一容器。但仔細觀察，分開的理由非常明顯。首先是這兩個容器對於資源使用率有很大不同。以記憶體為例，網站伺服器提供用戶請求，需要確保可用性和回應性，另一方面，Git 同步器，不需面向用戶，只要「盡力就好」的服務品質。

假設 Git 同步器發生記憶體洩漏。需要確保 Git 同步器不會占用到網站服務的記憶體資源，因為這會影響網站服務的效能甚至當機。

這種資源隔離，正是開發容器的原因。透過分離兩個應用程式到獨立的容器，能夠保證網站服務的操作。

當然，這兩個容器是共生的，如果將網站服務與 Git 同步器在安排在不同機器的話並不合理。於是，Kubernetes 將多個容器群組化的單位稱為 *Pod*（這個名稱的由來是因為 Docker 是使用鯨魚為代表圖像，所以選用同樣形容一群鯨魚的 Pod 為名字）。

儘管 Kubernetes 第一次提出將一群容器包裝在單一個 Pod 內令人困惑並充滿爭議，但後來被各種不同的應用程式應用在基礎建設上，譬如將多個用於網路管理的 service mesh 容器透過 *sidecar* 的方式注入應用程式的 Pod 中就是一個例子。

Kubernetes 的 Pod

Pod 是一個由應用程式容器加上資料儲存區並運行在相同執行環境的組合。但 Pod 不是容器，它是 Kubernetes 中最小可被部署的構件。也就是說，同一個 Pod 內的容器們，永遠都會在同一個機器上。

Pod 中的每個容器，都運行在自己的 cgroup 中，但互相共享一些 Linux namespace。

Pod 內所有的應用程式，彼此共享 IP 位址及連接埠（網路命名空間），主機名稱也是相同的（UTS 命名空間），且而可以透過 System V 的 IPC 或 POSIX 訊息佇列（IPC 命名空間）利用本地行程間通信進行溝通。因此，應用程式在不同的 Pod 是彼此隔離的，它們有不同的 IP 位址和主機名稱等等的。不同 Pod 中的容器，不一定會執行在同一個節點中。

從 Pod 的角度思考

在使用 Kubernetes 時，最常見的問題是「我應該要怎麼規劃 Pod 裡面的容器？」。

有時大家看到 Pod 然後想說：「嘿，WordPress 和 MySQL 的容器應該放在一起成為一個 WordPress 的個體，所以它們應該放在同一個 Pod」。不過，事實上這樣子的設計恰巧是 Pod 的反面模式。有兩個原因：第一，Workpress 和它的資料庫並不是共存的。如果 WordPress 和資料庫分別在不用的機器上，仍然可以運作，因為可以透過網路互相溝通。第二，你不見得會同時擴展 WorkPress 和資料庫。WordPress 本身大多是無狀態的，因此會為了因應前端的負載而擴展 WordPress Pod 的數量。而擴展 MySQL 資料庫是比較麻煩的，有可能會直接選擇對單一 MySQL Pod 來增加可用資源。假設 WorkPress 和 MySQL 的容器在相同的 Pod，就必須要用相同的擴展策略在這兩個容器上，但這是不合理的。

通常，在設計 Pod 時，需要思考的是「如果容器在不同的機器，它們能夠正常運作嗎？」。如果是「不行」，就適合在同一個 Pod。如果是「可以」，分別在不同的 Pod 就是比較正確的解決方案。在本章一開始的範例，這兩個容器透過本機檔案系統進行互動。如果這兩個容器在不同機器上，是無法正常運行的。

本章的其餘幾節，將會說明，如何建立、檢視、管理和刪除 Pod。

Pod Manifest 檔

Pod 利用 Pod *manifest* 來進行描述，通常是代表 Kubernetes API 物件的純文字檔案。Kubernetes 非常堅信著**宣告式組態**，代表著只要把配置好的狀態送到伺服器上，相對應的服務就能確保配置好的狀態成為最終狀態。

宣告式組態不同於命令式組態，**命令式組態**只要一個動作（例如：`apt-get install foo`）就能改變整個系統。多年生產經驗告訴我們，維護系統需求狀態紀錄，能夠帶來易於管理且可靠性的系統。宣告式組態具有很多優點，包含對配置進行程式碼審查，也可以紀錄著目前的狀態。此外，在 Kubernetes 裡，所有物件都能夠自我修復，它確保應用程式不需透過用戶操作即可正常運行。

Kubernetes API 接受並處理 Pod manifest 檔，接著會將檔案存在持久儲存空間（persistent storage）中（etcd）。調度器透過 Kubernetes API 尋找尚未被安排至 node 的 Pod，然後取決於 manifest 檔中的資源和限制安排 Pod 至合適的節點中。只要有足夠的資源，編排器會安排多個 Pod 在同一台機器中。不過，安排同一個應用程式的多個副本在同一個機器不利於可靠性，因為會有單點故障的風險（single failure domain）。因此，調度器會試著安排同一個應用程式在不同的機器上，確保不會像剛剛提到的故障。當 Pod 安排到一個節點後就不會被搬動其他節點，除非節點被刪除後被安排重新排程。

上述的流程反覆執行後可以部署多個 Pod 實體。不過，ReplicaSet（第 9 章會提到），更適合部署多個 Pod 實體。（ReplicaSet 也適合運行單一 Pod，之後會提到。）

建立 Pod

透過 kubectl run 的指令，可以簡單的建立 Pod。以運行 kuard server 為例：

```
$ kubectl run kuard --generator=run-pod/v1 \
  --image=gcr.io/kuar-demo/kuard-amd64:blue
```

可以透過該指令查看運行中的 Pod：

```
$ kubectl get pods
```

一開始會看到容器處於 Pending 的狀態，但最終會轉換成 Running 的，表示說 Pod 和本身的容器已經成功被建立了。

現在，可以透過下列指令刪除 Pod：

```
$ kubectl delete pods/kuard
```

現在接著動手寫一份完整的 Pod manifest 檔。

建立 Pod Manifest 檔

Pod manifest 檔，可以透過 YAML 或 JSON 撰寫，但是 YAML 通常是首選，因為比較容易閱讀，而且可以留下註解。撰寫 Pod manifest 檔（和其他的 Kubernetes API 物件）的時候，應該要像撰寫程式碼一樣，例如寫上註解，它能夠幫助第一次看這份 manifest 檔的新進同事。

Pod manifest 檔包含幾個主要欄位和屬性：像是描述 Pod 的**中繼資料**區段，以及包含它的標籤、磁碟區和會運行哪些容器的**規格**區段。

在第 2 章，我們用了以下的方式，部署了 kuard：

```
$ docker run -d --name kuard \
  --publish 8080:8080 \
  gcr.io/kuar-demo/kuard-amd64:blue
```

將範例 5-1 的程式碼，寫入到 *kuard-pdo.yaml*，接下來用 kubectl 套用 manifest 檔至 Kubernetes，也可以達到一樣的效果。

範例 5-1　kuard-pod.yaml

```
apiVersion: v1
kind: Pod
metadata:
  name: kuard
```

```
spec:
  containers:
    - image: gcr.io/kuar-demo/kuard-amd64:blue
      name: kuard
      ports:
        - containerPort: 8080
          name: http
          protocol: TCP
```

上述這些內容或許一開始看起來對於管理應用程式來說顯得笨重，但是當你的團隊規模越來越大應用程式越來越多的時候，這種描述最終狀態的紀錄檔就會成為長時間下最好的選擇。

運行 Pod

在上一個章節，我們建立了 Pod manifest 檔，可以用來運行 kuard 的 Pod。利用 kubectl apply 指令，可以啟動一個 kuard 實例：

```
$ kubectl apply -f kuard-pod.yaml
```

Pod manifest 檔會被送到 Kubernetes API 伺服器。Kubernetes 系統會安排 Pod 在健康的節點上運行，並由 kubelet 監控運作狀態。假如你不知道所有 Kubernetes 組件也不用擔心，接下來書中會詳細介紹。

顯示 Pod 列表

現在已經有一個 Pod 正在運行，讓我們來進一步看看。利用 kubectl 命令列工具，可以列出叢集中所有正在運行的 Pod。現在，應該可以看到我們在前一個步驟所建立的 Pod。

```
$ kubectl get pods
NAME      READY     STATUS     RESTARTS   AGE
kuard     1/1       Running    0          44s
```

可以看到剛剛的 YAML 檔中定義的 Pod（kuard）名稱。除了就緒的容器數量（1/1），也顯示狀態、Pod 重啟次數和 Pod 的運行時間。

假如在 Pod 建立之前，立即執行這個指令，可能會看到：

```
NAME      READY     STATUS     RESTARTS   AGE
kuard     0/1       Pending    0          1s
```

Pending 狀態，表示這個 Pod 被送出，但是尚未調度。如果有重大錯誤發生（例如：試圖建立透過不存在的映像檔來建立容器），這也會顯示在狀態欄位上。

預設情況下，kubectl 命令行工具會，簡化輸出的資訊，但是可以透過參數取得更多資訊。加入 -o wide 參數到任何 kubectl 指令，就會顯示稍微多一點的資訊（但仍然會保持在同一行上）。加入 -o json 或 -o yaml 會顯示完整的 JSON 或 YAML。如果你想看到最多最完整的 kubectl 操作紀錄，你可以在指令後面加上 --v=10 的參數，但是會犧牲一些可讀性

Pod 的詳細資訊

有時候，單行檢視有點不夠，因為資訊太少了。另外，Kubernetes 有大量的 Pod 事件，它存在於事件串流中，而不是附加在 Pod 物件上。

若要瞭解更多有關 Pod（或任何 Kubernetes 物件）的資訊，可以利用 kubectl describe 指令。例如，我們之前建立 Pod，需要得到更多資訊，可以執行：

```
$ kubectl describe pods kuard
```

這會輸出一些 Pod 不同種類的資訊。位於最上方的是有關 Pod 基本資訊：

```
Name:           kuard
Namespace:      default
Node:           node1/10.0.15.185
Start Time:     Sun, 02 Jul 2017 15:00:38 -0700
Labels:         <none>
Annotations:    <none>
Status:         Running
IP:             192.168.199.238
Controllers:    <none>
```

接著有關 Pod 所運行容器的資訊：

```
Containers:
  kuard:
    Container ID:  docker://055095...
    Image:         gcr.io/kuar-demo/kuard-amd64:blue
    Image ID:      docker-pullable://gcr.io/kuar-demo/kuard-amd64@sha256:a580...
    Port:          8080/TCP
    State:         Running
      Started:     Sun, 02 Jul 2017 15:00:41 -0700
    Ready:         True
    Restart Count: 0
    Environment:   <none>
```

```
  Mounts:
    /var/run/secrets/kubernetes.io/serviceaccount from default-token-cg5f5 (ro)
```

最後，有關 Pod 的事件，例如，被調度的時間，提取映像檔的時間，以及是否因為未通過健康檢查而必須重啟的時間：

```
Events:
  Seen From               SubObjectPath             Type      Reason    Message
  ---- ----               -------------             --------  ------    -------
  50s  default-scheduler                            Normal    Scheduled Success...
  49s  kubelet, node1     spec.containers{kuard}    Normal    Pulling   pulling...
  47s  kubelet, node1     spec.containers{kuard}    Normal    Pulled    Success...
  47s  kubelet, node1     spec.containers{kuard}    Normal    Created   Created...
  47s  kubelet, node1     spec.containers{kuard}    Normal    Started   Started...
```

移除 Pod

當要刪除 Pod，可以指定它的名稱來刪除：

```
$ kubectl delete pods/kuard
```

或透過當初建立的 manifest 檔，刪除它：

```
$ kubectl delete -f kuard-pod.yaml
```

當執行刪除，Pod 不會馬上被移除，透過執行 `kubectl get pods` 可以看見這個 Pod 目前處於 `Terminating` 的狀態。所有 Pod 都有終止寬限期（*grace period*），預設是 30 秒。當 Pod 轉換成 `Terminating` 狀態時，不會再接受新的請求。寬限期是對於可靠性很重要設計，因為這樣能夠讓 Pod 在終止之前，將正在處理中的請求處理完畢。

當你刪除一個 Pod 的時候，容器中所儲存的檔案也會被刪除，如果你需要在不同的 Pod 實體中保存資料，你需要使用 Persistent Volumes，本章的結尾會提到如何使用。

存取 Pod

當 Pod 正在運行的時候，有時候會有不同的原因而想要進入容器中操作。像是可能想要在 Pod 運行 Web 服務，或是透過查看日誌去排查問題，甚至執行其他指令協助問題排除。接下來的部分，介紹各式詳細的方法，可以讓你在 Pod 裡，對於程式碼和資料進行交互。

透過日誌取得更多資訊

當應用程式需要進行偵錯時，找到比 `describe` 更詳細的的應用程式運行資訊是非常有幫助的。而 Kubernetes 提供兩個指令，可以針對容器偵錯。`kubectl log` 指令，可以從目前運行中的執行個體，取得日誌：

```
$ kubectl logs kuard
```

新增 `-f` 參數，可以讓日誌持續不斷地顯示最新的日誌。

`kubectl log` 總是從目前運行中的容器取得日誌。新增 `--previous`，可以從容器的前一個執行個體取得日誌，當容器啟動時發生問題而導致不斷的重啟的時候就很好用了。

雖然 `kubectl log` 對於一次性的容器偵錯很好用，但通常會利用日誌集中化系統。有很多開源的日誌集中工具，像是 Fluentd 和 Elasticsearch，也有很多雲服務的日誌系統。日誌集中服務提供了更大的儲存空間來存放更多的日誌資訊，以及豐富的搜尋和過濾功能，甚至有些工具還能將多個 Pod 日誌整合程到單一輸出畫面中。

利用 exec 在容器執行指令

有時候光有日誌是不夠的，必須在進到容器內執行指令才能夠確定一些狀況。可以透過以下指令辦到：

```
$ kubectl exec kuard -- date
```

可以加上 `-it` 的參數，執行互動式工作階段。

```
$ kubectl exec -it kuard -- ash
```

容器複製檔案

在前面的章節，我們展示如何透過 `kubectl cp` 指令複製檔案到 Pod 中。通常這樣的使用方式對容器來說是反面模式，因為我們通常將容器視為不可變的個體。但某些時刻為了立刻阻止災害繼續擴大並讓服務恢復正常，還是得採用這個方法，因為跟重新建置，推送，滾動更新映像檔比起來還是快上許多。當你順利止血後，不論如何，最重要的都是把剛剛所做的變動，透過重建映像檔，滾動更新來重新部署，因為不這麼做的話，絕對會在後續忘記這些修正步驟，然後在下一次週期性更新時再次造成傷害。

健康檢查

在 Kubernetes 運行應用程式的容器時，Kubernetes 會利用**健康檢查進程**讓容器維持作用中。健康檢查只是確保應用程式的主要程序能夠一直運行。如果健康檢查失敗，Kubernetes 就會重啟它。

但是，絕大部分情況下，簡單檢查是不夠的。舉例來說，當程序鎖死（deadlock）且無法接受請求，簡單程序檢查會認為「應用程式是健康的」，因為程式還在運作。

如果要解決此問題，Kubernetes 為了應用程式的健康檢查，推出 *liveness* 的功能。Liveness 可以設定執行針對應用程式的邏輯（例如：載入網頁），驗證應用程式不只是正在運行而且功能也是正常的。由於這些 liveness 健康檢查是針對應用程式的，所以必須在 Pod manifest 檔中定義它們。

Liveness 探測器

當 `kuard` 的程式正在運行，需要一個確定它真的是健康的，而不用重啟的方法。Liveness 探測器是每個容器分開定義的，意思是說在 Pod 中的每一個容器健康檢查都是分開進行的。在範例 5-2，我們在 `kuard` 容器中，加入 liveness 探測器，探測器運行 `/healthy` 的 HTTP 的請求。

範例 *5-2　kuard-pod-health.yaml*

```
apiVersion: v1
kind: Pod
metadata:
  name: kuard
spec:
  containers:
    - image: gcr.io/kuar-demo/kuard-amd64:blue
      name: kuard
      livenessProbe:
        httpGet:
          path: /healthy
          port: 8080
        initialDelaySeconds: 5
        timeoutSeconds: 1
        periodSeconds: 10
        failureThreshold: 3
      ports:
        - containerPort: 8080
          name: http
          protocol: TCP
```

這份 Pod manifest 檔，使用 httpGet 探測器針對 8080 埠路徑為 /healthy 執行 HTTP GET 的請求。探測器設定 initialDelaySeconds 為 5，表示會在所有容器建立的 5 秒後才進行檢查。探測器必須 1 秒內回應，且 HTTP 狀態碼要大於等於 200，小於 400，才被認定是成功的。Kubernetes 每 10 秒會探測一次。當連續三次探測失敗，容器會被認為是失敗並且重新啟動容器。

可以透過 kuard 的狀態頁，查看該狀態。以下指令是透過 manifest 檔建立 Pod，然後透過連結埠轉發至 Pod：

```
$ kubectl apply -f kuard-pod-health.yaml
$ kubectl port-forward kuard 8080:8080
```

開啟瀏覽器，進入 *http://localhost:8080*。點擊「Liveness Probe」分頁。可以看到一個表格內，列出這個 kuard 個體所收到的所有探測紀錄。當點擊「Fail（失敗）」的連結，kuard 將會開始回應失敗的健康狀態。等待一陣子後，Kubernetes 將會重啟容器。此時，畫面就會重新整理，然後回到一開始的狀態。詳細的重啟內容，可以透過 kubectl describe kuard 查看。在「Event（事件）」中，有類似以下的內容：

```
Killing container with id docker://2ac946...:pod "kuard_default(9ee84...)"
container "kuard" is unhealthy, it will be killed and re-created.
```

liveness 探測失敗的預設行為是是重新啟動 Pod，但實際上由 Pod 的 restartPolicy 決定，有三個選項：Always（預設）、OnFailure（僅在 liveness 失敗或以 nonzero 的退出碼失敗時重新啟動或 Never（永不重啟）。

Readiness 探測器

Liveness 不是唯一的健康檢查。Kubernetes 有 *liveness* 和 *readiness* 兩種區別。Liveness 決定是否應用程式正常運行。對於進行 liveness 檢查失敗的容器，會進行重啟。而 Readiness 則是決定容器何時能夠可以接受請求。對於進行 readiness 檢查失敗的容器，會將它從 service 的負載平衡器移出。Readiness 探測器的設定方式跟 liveness 探測器很像。我們會在第 7 章詳細介紹 Kubernetes service。

結合 readiness 和 liveness 探測器，確保只有健康的容器能在叢集中運行。

啟動狀態探測器

為了因應需要比較長時間才能啟動完成的容器，近期 Kubernetes 新增了啟動狀態探測器，當一個 Pod 啟動後，啟動狀態探測器會在其他探測器運作前先對 Pod 狀態進行檢查，啟動探測器會持續檢測直到超時（此時 Pod 會被重新啟動）並於成功後轉交給 liveness 探測器做後續的監控。啟動探測器可以讓啟動時間較長的容器在正常運作後才做 liveness 檢查來達到更快的容器狀態確認。

進階探測器設定

Kubernetes 的探測器提供一些比較進階的參數可以調整，例如等待多長時間才開始對 Pod 進行探測、多少次失敗才算是不健康狀態、或者需要多少次成功的檢查才能消除不健康狀態的紀錄。這些如果沒有特別設定都有預設值，但如果有些應用程式需要比較特別的設定，例如啟動時間很長的狀況可以額外再調整。

其他的健康狀態偵測方法

除了 HTTP 檢查之外，Kubernetes 也有 tcpSocket 健康檢查，它能夠嘗試連接 TCP Socket 來確認健康狀態，如果連線成功即視為探測成功。這類的探測很適合非 HTTP 的應用程式（例如：資料庫和非 HTTP 的 API）。

另外 Kubernetes 也允許 exec 的探測，可以在容器內執行腳本或程式。如果腳本回傳 zero exit 狀態碼，該次探測就是成功的，反之就是失敗的。對於那些不適合 HTTP 呼叫的應用程式，exec 腳本很適合用來自定義驗證。

資源管理

因為封裝映像檔和可靠的部署的徹底改進，大部分的人都開始使用像是 Kubernetes 的容器和編排器。除了面向應用程式的分散式開發，同樣重要的是，能夠提高叢集整體的運算資源使用率。無論是虛擬或實體，維運機器的基本成本是不變的，無論是閒置或是滿載的。因此在基礎架構上，要確保花在這些機器上的每一分錢都有效率的被使用到。

一般來說，我們都是利用使用率（*utilization*）來計算效率的，定義使用率是被占用的資源量除以購買的總資源量。舉例來說，如果購買單核心的機器，應用程式使用十分之一的核心，那麼使用率就為 10%。利用像是 Kubernetes 的調度系統來管理資源，可以讓使用率達到 50%。要達成這個目的，就必須讓 Kubernetes 知道應用程式所需的資源，以便讓 Kubernetes 找到最合適的機器上。

Kubernetes 允許兩種不同的資源指標。*request* 指標，是針對應用程式啟動最小所需的資源量。*limit* 指標，是針對應用程式的最大資源使用資源量。接下來我們可以看看這兩種指標的詳細介紹。

Kubernetes 可以使用不同種類的資源量表示法，譬如某些資源直接用數字（"12345"）或者用 milicores（"100m"）來代表。但是需要注意 MB/GB/PB 與 MiB/GiB/PiB 的差別。前者是大家比較熟悉的二的次方數表示法（例如 1MB == 1024KB），後者則是 10 進位的表示法（例如 1MiB == 1000 KiB）。

比較常犯的錯誤是將 miliunits 用小寫的 *m* 來標示，megaunits 則用大寫的 *M*，但是正確的理解則是 "400m" 是代表 0.4MB，並不是 400Mb，要記得這個區別

Request：最小請求資源

當一個 Pod 請求資源來運行容器的時候，Kubernetes 會確保這些資源能被滿足。最常見的資源請求是 CPU 及記憶體，但 Kubernetes 也支援其他種不同的資源類型，例如 GPU。舉例來說，如果 kuard 容器請求半個核心和最少 128MB 的記憶起來運作，可以參考範例 5-3：

範例 5-3　*kuard-pod-resreq.yaml*

```
apiVersion: v1
kind: Pod
metadata:
  name: kuard
spec:
  containers:
    - image: gcr.io/kuar-demo/kuard-amd64:blue
      name: kuard
      resources:
        requests:
          cpu: "500m"
          memory: "128Mi"
      ports:
        - containerPort: 8080
          name: http
          protocol: TCP
```

資源的請求是針對每一個容器，而不是每一個 Pod。一個 Pod 所需的資源總數是所有容器的總和，因為不同的容器可能有不同的 CPU 需求。以網站服務和資料同步器的 Pod 為例，網站服務面向使用者，需要有大量的 CPU，而資料同步器就不用。

Kubernetes 會更具 Pod 定義的資源需求決定安排的節點，編排器會確保所有在節點上運行的 Pod 所需資源總和不會超過機器本身的規格，也就是說，Pod 是可以保證擁有請求的最低資源量來運行。再次強調 "request" 指的是最低需求量，並不是 Pod 可能會用到的資源上限。想了解這細節的話，可以看下面這個範例。

想像一下一個容器的程式碼試圖使用所有閒置的 CPU 核心，假設我們在建立 Pod 的時候指定請求為 0.5 個 CPU 核心。Kubernetes 將這個 Pod 安排到一個總共有 2 個 CPU 核心的機器上。假如這台機器只有被安排這一個 Pod，這個容器就可以使用完整的 2 個 CPU 核心，儘管請求的數量只有 0.5 個 CPU 核心。

當第二個同樣請求 0.5 個 CPU 核心的 Pod 被安排到同一個機器上，則每一個 Pod 可以被分到 1 個 CPU 核心。假設有第三個同樣請求 0.5 個 CPU 核心的 Pod 被放到同一台機器上，則每一個 Pod 會被分配到 0.66 個核心。最後，第四個同樣的 Pod 被安排上同一台機器，則每一個 Pod 會被分到 0.5 個 CP 核心，但是這也達到這台機器的上限了。

CPU 請求的分配模式是根據 Linux 核心的 `cpu-shares` 功能來實作的。

記憶體的請求與 CPU 的運作方式有些許差異。如果容器使用超過記憶體請求的大小，OS 沒有辦法直接把多餘的部分從程序中移除，因為記憶體已經被佔用了。所以當系統的記憶體資源被完全用盡後，`Kubelet` 會將超出記憶體請求量的容器終止。這些容器會自動重新啟動，但是就無法再取得大於機器上可用的記憶體數量。

儘管 Kubernetes 會確保 Pod 獲得所請求的資源數量，但是我們也必須要思考，在高流量情況容器所需的資源數量。

利用 Limit 限制資源

除了設定 Pod 請求資源，建立可用的最小資源之外，也可以透過 *limit* 在 Pod 設定可用最大的資源用量。

在之前的範例，我們建立 kuard Pod，配置最小 0.5 核心和 128MB 記憶體的 request 資源。在範例 5-4 的 Pod minifest 檔中，我們新增了 limit 設定，分別是 1.0 CPU 核心和 256MB 記憶體。

範例 5-4 *kuard-pod-reslim.yaml*

```
apiVersion: v1
kind: Pod
metadata:
  name: kuard
spec:
  containers:
    - image: gcr.io/kuar-demo/kuard-amd64:blue
      name: kuard
      resources:
        requests:
          cpu: "500m"
          memory: "128Mi"
        limits:
          cpu: "1000m"
          memory: "256Mi"
      ports:
        - containerPort: 8080
          name: http
          protocol: TCP
```

當設定這些限制時，Kubernetes 將作業系統內核進行配置，確保容器不會超過這些限制。容器配置 CPU limit 為 0.5 核心時，只會得到 0.5 核的 CPU，即使現在 CPU 閒置著。容器配置記憶體 limit 為 256MB 時，會禁止額外的記憶體被分配，`malloc` 會讓多餘的記憶體請求失敗。

利用磁碟區持久化資料

當 Pod 刪除或容器重啟時，所有在容器裡的檔案都會被刪除。這是件好事，因為你不會想要留下由無狀態網站應用程式產生的東西。在其他情況下，對某些應用程式而言能夠存取永久磁碟是一個非常重要的部分。Kubernetes 建立了這種持久儲存空間的使用模型。

在 Pod 使用磁碟區

要新增磁碟區到 Pod manifest 檔中，有兩個部分要添加到設定中。第一個是 `spec.volumes` 部分。在 Pod manifest 檔中，這個清單定義容器能夠存取的所有磁碟區。要注意的是，並不是 Pod 內的所有容器都需要掛載這些磁碟。第二個部分，是在容器內定義 `volumeMounts` 清單。這個清單定義有哪些磁碟區，它們分別被掛載在某個特定的容器的某個路徑。注意一點，同一個 Pod 的不同容器可以掛載同一個磁碟區到不同路徑。

在範例 5-5 的 manifest 檔中，有定義一個叫 `kuard-data` 的新磁碟區，掛載在 `kuard` 容器裡 `/data` 的路徑上。

範例 5-5 *kuard-pod-vol.yaml*

```
apiVersion: v1
kind: Pod
metadata:
  name: kuard
spec:
  volumes:
    - name: "kuard-data"
      hostPath:
        path: "/var/lib/kuard"
  containers:
    - image: gcr.io/kuar-demo/kuard-amd64:blue
      name: kuard
      volumeMounts:
        - mountPath: "/data"
          name: "kuard-data"
      ports:
        - containerPort: 8080
          name: http
          protocol: TCP
```

各種在 Pod 中使用磁碟區的方法

有很多種方法可以在應用程式中使用檔案，以下是 Kubernetes 建議的一些方式。

通信 / 同步

在第一個 Pod 的範例中，我們看到兩個容器共用一個磁碟區，同步遠端 Git 的檔案，提供給網站服務（圖 5-1）。若要達成這個目的，Pod 可以用 `emptyDir` 磁碟區。這個磁碟區的壽命等於 Pod，但能夠共享在兩個容器 Git 同步和網站服務之間，建立基本的通信。

快取

有些應用程式可能會掛載效能很好的硬碟，但這對程式運作的正確性並無幫助。舉例來說，有一種應用程式會預成像大圖片的縮圖存於本機。當然，它們可以從每次用原圖重建，但這會增加縮圖服務的負擔。當容器因為健康檢查失敗而重啟時，你會希望這個圖片快取依然存在，而 `emptyDir` 很適用於這個場景。

持久化資料

有時你會想持久化資料，這個資料是獨立於特定的 Pod，而且如果節點故障或是其他原因，應該要可以移動到另一個節點。若要達成這個目的，Kubernetes 支持各種遠端儲存磁碟區，包含各式的協議，像是 NFS 或 iSCSI，還有像是 Amazon 的 Elastic Block Store、Azure 的 Files 及 Disk 和 Google' s Persistent Disk 這些雲端業者提供的儲存服務。

掛載宿主機的檔案系統

有些應用程式不需要持久化磁碟區，只要存取宿主機的檔案系統。舉例來說，透過存取 */dev* 的檔案系統來存取節點上的某些硬體裝置。對於這種情況，Kubernetes 提供 `hostPath` 磁碟區，它可以掛載 worker 節點的任何位置到容器中。範例 5-5 使用 `hostPath` 磁碟區，並且使用節點中的 */var/lib/kuard* 目錄。

這邊也另外提供一個透過 NFS 伺服器掛載儲存區的方法：

```
...
# 延續範例 5-5 的其他定義
volumes:
    - name: "kuard-data"
      nfs:
        server: my.nfs.server.local
        path: "/exports"
```

持久化儲存區是一個蠻深入的話題，我們將在第 16 章另外針對這個主題做深入探討。

綜合所有資源

很多應用程式是有狀態的，因此必須保留資料，不論在哪一台機器上，要確保資料能存取底層的儲存磁碟區。正如先前提到的，這可以透過網路連接儲存裝置，實現持久化磁碟區。我們也希望健康的應用程式執行個體能夠永久運行，這表示我們要在提供給客戶端之前，要確保 `kuard` 容器是運行的。

透過結合持久磁碟區、readiness 探測器和 liveness 探測器，以及資源限制，Kubernetes 提供許多可靠地運行有狀態的應用程式的功能。範例 5-6，將所有資源放到一個 manifest 檔內。

範例 5-6　*kuard-pod-full.yaml*

```
apiVersion: v1
kind: Pod
metadata:
  name: kuard
spec:
  volumes:
    - name: "kuard-data"
      nfs:
        server: my.nfs.server.local
        path: "/exports"
  containers:
    - image: gcr.io/kuar-demo/kuard-amd64:blue
      name: kuard
      ports:
        - containerPort: 8080
          name: http
          protocol: TCP
      resources:
        requests:
          cpu: "500m"
          memory: "128Mi"
        limits:
          cpu: "1000m"
          memory: "256Mi"
      volumeMounts:
        - mountPath: "/data"
          name: "kuard-data"
      livenessProbe:
        httpGet:
          path: /healthy
          port: 8080
        initialDelaySeconds: 5
        timeoutSeconds: 1
        periodSeconds: 10
        failureThreshold: 3
      readinessProbe:
        httpGet:
          path: /ready
          port: 8080
        initialDelaySeconds: 30
        timeoutSeconds: 1
```

```
        periodSeconds: 10
        failureThreshold: 3
```

Pod 的定義檔案隨著這個章節不斷的長大，每增加一個新的功能到應用程式，就會有一個新的定義區塊。

總結

Pod 在 Kubernetes 叢集中代表了最小的單位。Pod 由一個或多個的容器組合而成的。要建立 Pod，可以利用命令行工具或是直接建立 HTTP 和 JSON 的請求，透過 Pod manifest 檔，送到 Kubernetes API 伺服器。

送出 manifest 檔到 API 伺服器後，Kubernetes 排程器將會找到可以被調度的機器，將 Pod 放到機器中。當調度安排好後，`kubelet` 守護程序會負責啟動 Pod manifest 檔中定義的容器和執行定義的所有健康檢查。

當 Pod 調度到節點後，除非該節點故障，不然不會重新被調度。另外，如果要建立多個相同 Pod 的副本，你必須手動建立並命名。在第 9 章，我們會介紹 ReplicaSet 物件，以及如何建立多個相同的 Pod 副本，並確保節點故障時，它們會被重新被建立。

## 第六章

Label 和 Annotation

由於 Kubernetes 會隨著應用程式的規模和複雜度而成長。Label 和 annotaion 是在 Kubernetes 中操作一組資源的基本概念，對應到你如何設計你的程式，可以透過 label 和 annotation 來重新組織、標記、交叉索引出任何對你有意義的應用程式組合。

Label 是主鍵 / 值組（key/value pairs），它能夠附加在 Kubernetes 的物件（例如：Pod 和 ReplicaSet），可以自由地利用 label 來為 Kubernetes 的物件附加額外識別資訊，Label 為群組化物件的基礎。

另一方面，*Annotation* 提供了一種類似 label 的儲存空間：Annotation 可以給工具和程式庫提供非識別資訊的主鍵 / 值組。與 label 不同，annotation 並不提供查詢、過濾或識別 Pod 之間差異的功能。

Label

Label 為物件提供識別中繼資料。這是用於物件群組、檢視和操作的基本特性。Label 的設計動機源於 Google 在運行大型和複雜應用程式的經驗，從下列經驗中記取教訓：

- 生產環境討厭單一個體，使用者通常從單一台機器開始部署應用程式，但隨著應用程式逐漸成熟，這些單獨的個體開始倍數成長，成為一個物件的集合，所以 Kubernetes 利用 label 來處理一群物件。
- 另一個是使用者其實不擅長處理太複雜的系統階層管理方式，而且通常不同的人對於分類的方式也會隨著時間改變。舉例來說，一個使用者在一開始可能覺得所有的應用程式都是由多個服務所組成，但隨著時間，一個服務可能被多個應用程式所分享。Kubernetes 的 label 可以彈性的處理這樣的情況。

請參考由 Brendan Burns 等人所著作的《網站可靠性工程》（O'Reilly）深入了解 Google 是如何運作他們的生產環境。

使用 Label 的語法很簡單。Label 是個主鍵 / 值組，主鍵與值組都是由字串表示。Label 主鍵可分為以下兩個部分：前綴（選用）和名稱，中間用斜線（/）區隔著。前綴（如果有指定），必須是 DNS 子網域，而且不能超過 253 個字元。主鍵名稱是必要項目，並且不得多於 63 個字元。名稱的開頭和結尾必須為字母和數字，並允許字元之間可以使用破折號（-）、底線（_）和點（.）。

Label 值最長為 63 字元的字串。Label 主鍵與值是相同的規範。表 6-1，列出了合法的 Label 主鍵與值。

表 6-1 使用 Label 的範例

主鍵	值
acme.com/app-version	1.0.0
appVersion	1.0.0
app.version	1.0.0
kubernetes.io/cluster-service	true

當 annotation 或 label 使用網域名稱作為變數名稱時，會希望它跟特定個體的功能能夠相呼應。例如：一個專案可能會定義一組 label，用於識別應用程式部署的不同階段（例如：Staging（測試）、canary（金絲雀）和 production（生產））。或者，雲供應商可能會定義特定於供應商的 annotations，這些 annotation 會擴展 Kubernetes 物件以啟用特定功能。

套用 Label

這裡我們配合 label，建立一些 deployment（建立多組 Pod 的方法）。有兩個應用程式（一個是 alpaca，另一個是 bandicoot），每個應用程式都有兩個環境以及兩個版本。

首先，建立 alpaca-prod 的 deployment，並且設定 ver、app 以及 env 的 label：

```
$ kubectl run alpaca-prod \
  --image=gcr.io/kuar-demo/kuard-amd64:blue \
  --replicas=2 \
  --labels="ver=1,app=alpaca,env=prod"
```

接下來，建立 alpaca-test 的 deployment，並且設定相應 ver、app 以及 env 的 label：

```
$ kubectl run alpaca-test \
  --image=gcr.io/kuar-demo/kuard-amd64:green \
  --replicas=1 \
  --labels="ver=2,app=alpaca,env=test"
```

最後，建立 bandicoot 的兩個 deployment。我們將環境分別命名為 prod 和 staging：

```
$ kubectl run bandicoot-prod \
  --image=gcr.io/kuar-demo/kuard-amd64:green \
  --replicas=2 \
  --labels="ver=2,app=bandicoot,env=prod"
$ kubectl run bandicoot-staging \
  --image=gcr.io/kuar-demo/kuard-amd64:green \
  --replicas=1 \
  --labels="ver=2,app=bandicoot,env=staging"
```

此時，應該會有四個 deployment：alpaca-prod、alpaca-test、bandicoot-prod 和 bandicoot-staging：

```
$ kubectl get deployments --show-labels

NAME                 ... LABELS
alpaca-prod          ... app=alpaca,env=prod,ver=1
alpaca-test          ... app=alpaca,env=test,ver=2
bandicoot-prod       ... app=bandicoot,env=prod,ver=2
bandicoot-staging    ... app=bandicoot,env=staging,ver=2
```

可以基於這些 label，視覺化成為范恩圖（Venn diagram）（圖 6-1）。

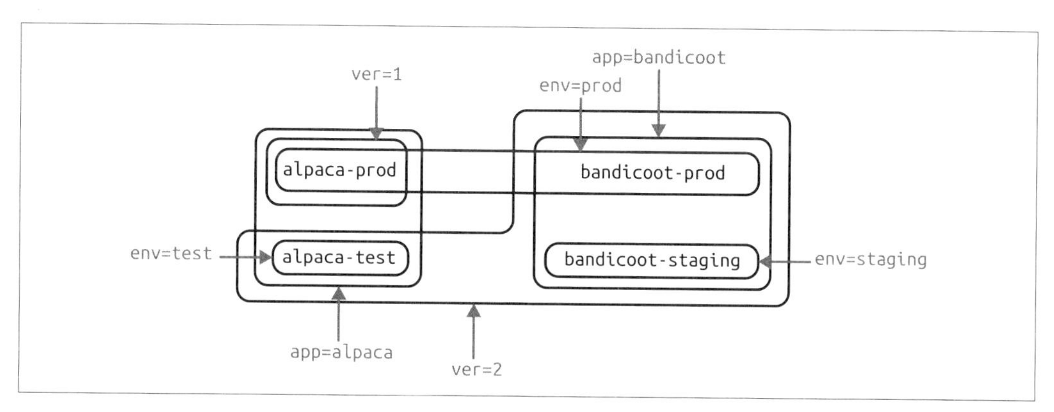

圖 6-1　把剛建立所有 deployment，將 label 視覺化。

修改 Label

Label 也可以在物件建立之後，套用或是更新。

```
$ kubectl label deployments alpaca-test "canary=true"
```

這裡有個警告提醒大家。在這個例子中，kubectl label 只會改變 deployment 本身，並不會影響 deployment 所建立的物件（像是 ReplicaSet 和 Pods）。若想這樣做，就必須修改 deployment 中的嵌入式模版。（可以參考第十章）

也可以在 kubectl 中，利用 -L 讓 label 作為一個欄位列出：

```
$ kubectl get deployments -L canary

NAME                DESIRED   CURRENT   ... CANARY
alpaca-prod         2         2         ... <none>
alpaca-test         1         1         ... true
bandicoot-prod      2         2         ... <none>
bandicoot-staging   1         1         ... <none>
```

可以透過加上（-）於後綴，移除 label：

```
$ kubectl label deployments alpaca-test "canary-"
```

Label 選擇器

Label 選擇器用於篩選 Kubernetes 物件。選擇器使用簡單的布林（Boolean）語言。選擇器可以在終端用戶（透過工具，像是 kubectl）和不同的物件（像是 ReplicaSet 如何與它的 Pod 對應）。

每個 deployment（透過一個 ReplicaSet）透過 label 指定的嵌入模板，建立一組 Pod。這是由 kubectl run 指定所配置的。

執行 kubectl get pods 指令，可以獲取叢集中所有正在運行的 Pod。可以看見有三種環境中，共有六個 kuard Pod：

```
$ kubectl get pods --show-labels

NAME                              ... LABELS
alpaca-prod-3408831585-4nzfb      ... app=alpaca,env=prod,ver=1,...
alpaca-prod-3408831585-kga0a      ... app=alpaca,env=prod,ver=1,...
alpaca-test-1004512375-3r1m5      ... app=alpaca,env=test,ver=2,...
```

```
bandicoot-prod-373860099-0t1gp    ... app=bandicoot,env=prod,ver=2,...
bandicoot-prod-373860099-k2wcf    ... app=bandicoot,env=prod,ver=2,...
bandicoot-staging-1839769971-3ndv ... app=bandicoot,env=staging,ver=2,...
```

你有可能會看到上面範例中沒看到的 label（pod-template-hash）。這個 label 由 deployment 產生的，以便追蹤不同 pod 模版，產生了哪些 pod，這能夠讓 deployment 以簡潔的方式管理任何更新，將會在第十章有更深入的內容

可以利用 --selector 的參數，列出 ver 的 label 等於 2 的 pod：

```
$ kubectl get pods --selector="ver=2"

NAME                                READY     STATUS    RESTARTS   AGE
alpaca-test-1004512375-3r1m5        1/1       Running   0          3m
bandicoot-prod-373860099-0t1gp      1/1       Running   0          3m
bandicoot-prod-373860099-k2wcf      1/1       Running   0          3m
bandicoot-staging-1839769971-3ndv5  1/1       Running   0          3m
```

如果選擇器指定兩種不同條件的話就用逗號（,）區隔，此時只有兩個條件同時符合的物件，才會被輸出，這就是 AND 的邏輯操作：

```
$ kubectl get pods --selector="app=bandicoot,ver=2"

NAME                                READY     STATUS    RESTARTS   AGE
bandicoot-prod-373860099-0t1gp      1/1       Running   0          4m
bandicoot-prod-373860099-k2wcf      1/1       Running   0          4m
bandicoot-staging-1839769971-3ndv5  1/1       Running   0          4m
```

也可以篩選 label 是否有包含某些值。以下範例介紹如何在 label 的主鍵是 app，值是包含 alpaca 或 bandicoot 的 pod（應該會輸出剛剛建立的六個 pod）：

```
$ kubectl get pods --selector="app in (alpaca,bandicoot)"

NAME                                READY     STATUS    RESTARTS   AGE
alpaca-prod-3408831585-4nzfb        1/1       Running   0          6m
alpaca-prod-3408831585-kga0a        1/1       Running   0          6m
alpaca-test-1004512375-3r1m5        1/1       Running   0          6m
bandicoot-prod-373860099-0t1gp      1/1       Running   0          6m
bandicoot-prod-373860099-k2wcf      1/1       Running   0          6m
bandicoot-staging-1839769971-3ndv5  1/1       Running   0          6m
```

最後，來尋找某個 label 是否有 pod 被套用。以下範例，列出任何一個 deployment 包含 canary 的 label：

```
$ kubectl get deployments --selector="canary"

NAME          DESIRED   CURRENT   UP-TO-DATE   AVAILABLE   AGE
alpaca-test   1         1         1            1           7m
```

也有「否定式」的版本，如表 6-2 所示。

表 6-2　選擇器運算子

Operator	Description
key=value	key 等於 value
key!=value	key 不等於 value
key in (value1, value2)	key 等於 value1 或 value2
key notin (value1, value2)	key 不等於 value1 或 value2
key	有配置 key
!key	沒有配置 key

例如篩選是否未配置 canary 的主鍵：

```
$ kubectl get deployments --selector='!canary'
```

可以將「肯定式」選擇器和「否定式」選擇器組合在一起，如下所示：

```
$ kubectl get pods -l 'ver=2,!canary'
```

API 物件的 label 選擇器

當 Kubernetes 物件指向另一個物件時會用到 label 選擇器，但並不是利用前一節所述的簡單字串，而是解析結構。

因為種種歷史因素（Kubernetes 不會破壞 API 相容性！），所以會有兩個形式來處理。大多數的物件都支援最新且強大的選擇器運算子。像是，有一個 app=alpaca,ver in (1, 2) 的這樣的選擇器，就會被轉換成：

```
selector:
  matchLabels:
    app: alpaca
  matchExpressions:
    - {key: ver, operator: In, values: [1, 2]}
```

這個範例使用緊湊語法的 YAML。這個欄位（matchExpressions），是包成三個項目的 map。最後一個項目（values），又包含著兩個項目。所有的運算式，皆由邏輯 AND 判斷。表示 != 運算子，唯一的方法是，先轉換成 NotIn 單一值的運算式。

較舊的指定選擇器（用於 ReplicationController 和 service），只支援 = 的操作。這是簡單的主鍵 / 值組，它必須要完全符合被篩選的物件。篩選 app=alpaca,ver=1，會是這樣子表示：

```
selector:
  app: alpaca
  ver: 1
```

Kubernetes 架構中如何使用 Label

除了讓使用者能夠組織其基礎架構之外，label 在對於連結各種相關的 Kubernetes 物件方面也扮演著很重要的角色。Kubernetes 是個刻意去耦合的系統。並沒有層次結構概念，所有組件都獨立運行。但在很多情況下，物件需要彼此關聯，並且由 Label 和 Label 選擇器所定義。

舉例來說，建立並維護 Pod 所有副本的 ReplicaSet，能夠通過選擇器找到它們正在管理的 Pod。同樣地，負載平衡器透過選擇器將流量導入的 Pod。建立 Pod 之後，它可以透過 Node 選擇器調度到的一組特定 Node。當想要限制網路流量時，可以結合 NetworkPolicy 和特定的 Label 來識別這些 Pod 是否能夠互相溝通。

Label 對於 Kubernetes 對於整合不同的物件中，是個功能強大接不可或缺的關鍵。儘管一開始你應用程序可能會只用一組簡單的 Label，但是可以預期複雜度將會會隨著時間而增長。

Annotation

Annotation 是 Kubernetes 物件儲存中繼資料的空間，目的是僅用於衍生工具和程式庫所使用。這是讓其他程式透過 API 驅使 Kubernetes，儲存物件的不透明資料。Annotation 可用於工具本身，也可以在外部系統之間傳遞資訊。

Label 用於識別和群組物件們，而 annotation 是用於提供額外的資訊，這些額外的資訊是有關物件從何而來、如何使用或是對於這個物件的政策。Label 和 annotation 是共通的，而 annotation 或 label 個別用在什麼地方是個需要考慮問題。如何不確定怎麼使用的話，可以將這些資訊先加入到物件的 annotation 中。而當你需要在選擇器上使用的話，就將它改為 label。

Annotation 用於：

- 記錄物件更新「原因」，這個原因只有最新的。
- 將某個調度策略，傳遞給特定的調度器。
- 擴充工具額外的資料來判斷最後一更新的資源資料，以及變更的內容（用於其他工具偵測物件變化和智慧型合併的參考）。
- 構建、發布或不適合 label 的映像檔資訊（可能包含 Git hash、時間戳記或 PR 號碼等）。
- 使 Deployment 物件（於第 10 章）能夠紀錄 ReplicaSet（用來管理 rollout 的資源）。
- 提供額外的資訊，讓 UI 增強視覺化的質量或可用性，舉例來說，讓物件包含一個 icon 的連結（或是一個 base64 編碼的 icon）。
- 啟用 Kubernetes 的 alpha 功能（將功能的參數放在 annotation 裡而不是透過建立 API 欄位來存放）。

Annotation 用途有很多，但主要是用於滾動部署。在滾動部署時，Annotation 會紀錄 rollout 的狀態，以及提供回溯到上一個狀態的必要資訊。

請避免使用 Kubernetes API 伺服器作為一般用途的資料庫。Annotation 適用於與特定資源關聯的資料。如果想要將資料儲存在 Kubernetes 中，但沒有明確與其他物件互相關聯，請考慮將這份資料儲存在其他更適合的資料庫中。

Annotation 主鍵的格式與 label 相同。因為它們通常用來與工具之間互相傳遞資訊，因此「namespace」的主鍵是相當重要的。下面幾個主鍵範例說明了 namespace 的重要性：`deployment.kubernetes.io/revision` 或是 `kubernetes.io/change-cause`。

Annotation 的值是由任意格式的字串組成。這能讓用戶有最大的靈活度，因為這是任意字串欄位，能儲存任何的資料，也沒有格式的驗證。例如，將 JSON 文件存在 annotation 也是很常見的事。要特別注意是，Kubernetes 伺服器不會知道 annotation 值所需的格式。如果要使用 annotation 傳遞或儲存資料，就不能保證資料的正確性。這會使除錯更加困難。

Annotation 定義在每個 Kubernetes 物件的中繼資料中：

```
...
metadata:
  annotations:
    example.com/icon-url: "https://example.com/icon.png"
...
```

Annotation 非常方便，而且提供強大的鬆散耦合，但應該要審慎地使用它，避免不具類型的大量資料儲存在 annotaion 中。

清除

清除所有 deployment 相當簡單：

```
$ kubectl delete deployments --all
```

如果想要篩選某些 deployment 將其刪除的話，可以使用 `--selector` 的參數。

總結

Label 在 Kubernetes 叢集中，用於識別和篩選群組物件，也能夠用於選擇器查詢，以提供彈性的執行階段物件的分組，像是 pod。

Annotation 讓自動化工具和用戶端的程式庫可以使用主鍵 / 值的中繼資料，也用於保存配置資料給外部工具（像是第三方調度器和監控工具）。

Label 和 annotation 是讓主要元件如何一起作用以確保叢集預期狀態的關鍵。使用 label 和 annotation 將能利用 Kubernetes 靈活性，並且有了建置自動化工具和開發流程的一個起點。

第七章

服務探索

Kubernetes 是個非常動態的系統，負責將 Pod 安排到節點中、維持 Pod 運行，以及根據需求重新調度，同時也可依據負載自動變更 pod 的數量。(像是 horizontal pod autoscaling，請參閱第 108 頁的「ReplicaSet 的自動擴展」小節) API 驅動的性質，鼓勵大家建立更多更好的自動化工具。

雖然 Kubernetes 動態的特性讓很多事變得容易，但是在*尋找*這些持續變化的物件則會有些困難。大多的網路基礎架構，不是為了 Kubernetes 如此動態的特性而建構的。

什麼是服務探索？

這類的問題和解決方案，通稱為*服務探索*。服務探索工具有助於發現有哪些程序正在監聽？位在哪個位址？以及有哪些服務？這類的問題。一個優秀的服務探索系統，要能夠讓用戶快速可靠地找到答案，同時也需要是低延遲的，也就是說當服務有相關資訊改變時用戶端也能立即反應。最後好的服務探索系統也要能夠儲存足夠豐富的服務資訊，例如，也許一個服務有多個連結埠。

網域名稱系統 (DNS)，在網際網路上是傳統的服務探索系統，DNS 是設計給相對少變的名稱解析服務且有較長時間的快取。在網際網路上它是個偉大系統，但對於 Kubernetes 動態特性有些不足。

不幸的是，許多系統 (例如：Java 的預設情況下)，是直接從 DNS 解析名稱，而且不會重新解析。這會導致用戶端快取失效並且取得錯誤的 IP。即使是把 TTL 時間縮短和良好的用戶端設計，當名稱解析改變直到用戶端生效之間，還是會有一點延遲。

在典型的 DNS 查詢，也有回傳類型和數量的限制。當同一域名的 A record 超過 20-30 個，會對傳輸效能造成影響。SRV 可以解決這個問題但並不容易使用。同時若一個 DNS record 包含多個 IP，用戶端通常會選擇第一個，所以 DNS server 需要負責隨機或循環回覆紀錄，但這並不能取代負載平衡的機制。

服務物件

Kubernetes 的服務探索，就是以 Service 物件為基礎的。Service 物件是建立 label 選擇器的方式之一。稍後會看到，Service 物件額外做了一些設定。

與 `kubectl run` 來建立 deployment 的方法一樣簡單，透過 `kubectl expost` 建立 service。我們將在第 10 章探討 Deployment 物件，現在你可以先將 Deployment 視為一群微服務的個體。建立一些 deployment 和 service，看看它們彼此是怎麼運作的：

```
$ kubectl create deployment alpaca-prod \
  --image=gcr.io/kuar-demo/kuard-amd64:blue \
  --port=8080
$ kubectl scale deployment alpaca-prod --replicas 3
$ kubectl expose deployment alpaca-prod
$ kubectl create deployment bandicoot-prod \
  --image=gcr.io/kuar-demo/kuard-amd64:green \
  --port=8080
$ kubectl scale deployment bandicoot-prod --replicas 2
  kubectl expose deployment bandicoot-prod
$ kubectl get services -o wide

NAME             CLUSTER-IP     ... PORT(S)  ... SELECTOR
alpaca-prod      10.115.245.13 ... 8080/TCP ... app=alpaca
bandicoot-prod   10.115.242.3  ... 8080/TCP ... app=bandicoot
kubernetes       10.115.240.1  ... 443/TCP  ... <none>
```

執行這些指令後，可以看到三個 service。剛剛所建立的是 `alpaca-prod` 和 `bandicoot-prod`。而 `kubernetes` 服務是由 Kubernetes 自動建立的，能夠讓應用程式與 API 溝通。

可以看到 `SELECTOR` 的欄位，`alpaca-prod` 的 service 就是將 deployment 的 label 配置到選擇器中，並且指定特定連接埠為 service 溝通的管道。`kubectl expose` 指令，從 deployment 定義中，提取 label 選擇器和相關的連結埠（這邊是 8080 埠）。

此外，這個 service 被分配到一個稱為 *cluster IP* 的虛擬 IP。這是一個特殊的 IP 位址，系統會在所有符合選擇器條件的 pod 中進行負載平衡。

為了與 service 互動，可以用 port-forward 進入 `alpaca` 其中一個 pod。在命令列執行後這個指令後可以先放在一旁。接下來透過 *http://localhost:48858* 訪問 `alpaca` 的 pod 並看到連接埠轉發正在作用中。

```
$ ALPACA_POD=$(kubectl get pods -l app=alpaca \
    -o jsonpath='{.items[0].metadata.name}')
$ kubectl port-forward $ALPACA_POD 48858:8080
```

Service 的 DNS

因為 cluster IP 是靜態的虛擬位置，適合給定一個 DNS。這時候用戶端 DNS 快取的問題就可以被避免。在同一個 namespace 中，只需要用 service 名稱就能連結 pod。

Kubernetes 提供一個給叢集內運行的 Pod 使用的 DNS 服務，當建立 Kubernetes 叢集時，這個 DNS 服務會優先被建立。DNS 服務本身由 Kubernetes 管理，是個「由 Kubernetes 建立 Kubernetes」很好的例子，它會產生 DNS 名稱並對應到 cluster IP。

可以在 `kuard` 伺服器的狀態頁上，展開「DNS Query」選項。查詢 `alpaca-prod` 的 A 紀錄。輸出訊息應如下所示：

```
;; opcode: QUERY, status: NOERROR, id: 12071
;; flags: qr aa rd ra; QUERY: 1, ANSWER: 1, AUTHORITY: 0, ADDITIONAL: 0

;; QUESTION SECTION:
;alpaca-prod.default.svc.cluster.local. IN  A

;; ANSWER SECTION:
alpaca-prod.default.svc.cluster.local.  30 IN A  10.115.245.13
```

完整的 DNS 名稱會是 `alpaca-prod.default.svc.cluster.local`。讓我們來分析一下：

`alpaca-prod`
: service 的名稱。

`default`
: 該 service 所在的 namespace。

`svc`
: 表示這是一個 service。這能讓 Kubernetes 能夠保留空間給其他種類的 DNS。

`cluster.local.`

: 這是叢集的基本域名。這是大多數叢集的預設值。管理人員可能會改變這個域名來讓叢集使用唯一的 DNS 名稱達到跨叢集連結。

當指定與本身相同 namespace 的 service 時，可以只使用 service 名稱（`alpaca-prod`）。如果與本身不相同的 namespace，可以使用 `alpaca-prod.default`。當然，也可以使用完整的 service 名稱（`alpaca-prod.default.svc.cluster.local.`。可以在 kuard 的「DNS Query」的頁面中，測試每一種的不同域名。

Readiness 檢查

通常當應用程式啟動時，尚未準備好接受任何請求。通常會有數秒到數分鐘不等的初始化時間。Service 物件有個重要的任務就是透過 readiness 檢查 pod 是否已經準備就緒。正如我們在第 5 章中說的，讓我們將 deployment 其中一個 Pod 中，新增 readiness 檢查：

```
$ kubectl edit deployment/alpaca-prod
```

這個指令會取得目前 `alpaca-prod` 的 deployment，然後開啟編輯器，當儲存且關閉編緝器後，它會寫回到 Kubernetes 中。這是編輯物件但不用額外存成 YAML 檔的一個快速方法。

新增以下部分：

```
spec:
  ...
  template:
    ...
    spec:
      containers:
        ...
        name: alpaca-prod
        readinessProbe:
          httpGet:
            path: /ready
            port: 8080
          periodSeconds: 2
          initialDelaySeconds: 0
          failureThreshold: 3
          successThreshold: 1
```

這個配置讓它能夠透過 HTTP GET 至 8080 埠的路徑 /ready 進行 readiness 檢查。這個檢查在 Pod 建立後每兩秒鐘進行一次。如果三次檢查失敗，這個 pod 會被視為沒有準備好。如果有一次的成功，這個 pod 就會被視為已經準備就緒。

只有準備就緒的 pod 才接受 service 轉發的流量。

像這樣變更 deployment 定義，會刪除和重新建立 alpaca 的 pod。因此必須重新執行剛剛所運行的 port-forward 指令：

```
$ ALPACA_POD=$(kubectl get pods -l app=alpaca-prod \
    -o jsonpath='{.items[0].metadata.name}')
$ kubectl port-forward $ALPACA_POD 48858:8080
```

開啟瀏覽器進入 *http://localhost:48858*，會看到 kuard 執行個體的偵錯頁面。點擊「Readiness Check」項目。應該會發現這個頁面隨著每一次的 readiness 檢查而更新，通常應該是每兩秒一次。

在另一個終端視窗，針對 alpaca-prod service 的 endpoint，執行 watch 指令。Endpoint 是 service 尋找將流量往何處去比較底層的作法，這部分在之後的章節介紹。--watch 的參數，可以讓 kubectl 指令，持續輸出更新，這是可以即時觀察 Kubernetes 物件其任何變化的方式。

```
$ kubectl get endpoints alpaca-prod --watch
```

現在可以回到瀏覽器中，點擊 readiness check 中的「Fail（失敗）」連結。會看見伺服器回傳 500 的狀態，在回覆三次 500 的錯誤後，這台伺服器就會從 service 的 endpoint 中被移除。點擊「Succeed（成功）」，注意到單次 readiness 檢查通過後，endpoint 中原本的被移除的伺服器會重新被添加進來。

Readiness 檢查，是對於過載或是有問題的伺服器，向系統表示不希望接受到任何流量的方法。而這也正是實現正常關機（graceful shutdown）的一個好方法。伺服器可以表明不再接受流量，等待現有的連結關閉後，才完全的結束程序。

在運行 port-forward 和 watch 的終端視窗上按下 Control-C 退出，。

將叢集對外開放

到目前為止介紹的部分，都是有關於如何將叢集暴露給內部使用。一般來說，cluster IP 只能在叢集內存取。但有時候，我們也必須讓叢集外的流量進來。

最簡單的方法是，使用 NodePort 的功能，讓 service 更加強化了。除了 cluster IP 之外，系統會監聽一個連結埠（或是可以由使用者指定），接下來每個節點會讓該連結埠流量轉發到 service。

使用這個功能之後，只要可以連結到任何一個節點，就可以存取這個 service。你不需要知道 pod 在哪一個 node 上也可以使用 `NodePort`，這個可以與硬體或軟體的負載平衡器整合，進一步開放 service。

試試修改 `alpaca-prod` service：

```
$ kubectl edit service alpaca-prod
```

在編輯器中將 `spec.type` 欄位修改為 `NodePort`。也可以透過 `kubectl expose` 建立 service 時，指定 `--type=NodePort` 參數。系統就會分配新的 NodePort：

```
$ kubectl describe service alpaca-prod

Name:                   alpaca-prod
Namespace:              default
Labels:                 app=alpaca
Annotations:            <none>
Selector:               app=alpaca
Type:                   NodePort
IP:                     10.115.245.13
Port:                   <unset> 8080/TCP
NodePort:               <unset> 32711/TCP
Endpoints:              10.112.1.66:8080,10.112.2.104:8080,10.112.2.105:8080
Session Affinity:       None
No events.
```

這邊可以看到系統分配 32711 埠到這個 service。現在可以從叢集中任一節點的連結埠，訪問這個 service。如果您與這些節點是位於同一個網路下就可以直接存取它。但如果你的叢集在雲端，可以透過 SSH 通道，像是這樣：

```
$ ssh <node> -L 8080:localhost:32711
```

打開瀏覽器，進入 *http://localhost:8080*，就能夠連接這個 service 了。每一個送到這個位置的請求都會隨機的分配到 service 所屬的任何一個 Pod 中。多次重新整理這個頁面，會發現流量會導入到不同的 pod。

完成後，請退出 SSH 階段。

整合負載平衡器

如果你的叢集有整合外部的負載平衡器，你就可以使用 LoadBalancer 這個種類的服務。這個會在 NodePort 的基礎上額外設定一個新的負載平衡器，並直接連結至叢集中的節點。大多數的雲端 Kubernetes 供應商都會提供負載平衡器的整合，也有一些專案將常見的實體負載平衡器整合實作出來，但還是需要在叢集上進行些許的手動配置。

再一次編輯 alpaca-prod service（kubectl edit service alpaca-prod），並將 spec.type 修改為 LoadBalancer。

建立 LoadBalancer 類型的服務，會使服務直接暴露在公開網路上。在這樣做之前，應該先確定應用程式是足夠安全且可以開放給全世界使用的。我們會在後面的章節談到安全風險的問題。另外第九章及第二十章也有提供一些提升應用程式安全性的指引

如果執行 kubectl get services，在 alpaca-prod 那一列，會看到 EXTERNAL-IP（外部IP）的欄位，顯示 pending。稍等一段時間後，就會看到由雲端供應商分配的公共 IP 位址。可以透過雲端供應商提供的控制台，看看 Kubernetes 怎麼執行這個工作的：

```
$ kubectl describe service alpaca-prod

Name:                     alpaca-prod
Namespace:                default
Labels:                   app=alpaca
Selector:                 app=alpaca
Type:                     LoadBalancer
IP:                       10.115.245.13
LoadBalancer Ingress:     104.196.248.204
Port:                     <unset> 8080/TCP
NodePort:                 <unset> 32711/TCP
Endpoints:                10.112.1.66:8080,10.112.2.104:8080,10.112.2.105:8080
Session Affinity:         None
Events:
  FirstSeen ... Reason                 Message
  --------- ... ------                 -------
  3m        ... Type                   NodePort -> LoadBalancer
  3m        ... CreatingLoadBalancer   Creating load balancer
  2m        ... CreatedLoadBalancer    Created load balancer
```

在這裡可以看到，104.196.248.204 這個 IP 位置已經分配在 alpaca-prod 這個 service 上了。開啟瀏覽器嘗試訪問一下吧！

這個範例是運行在 Google Cloud Platform 的 GKE 上，但是每一個雲端供應商提供負載平衡器的設定不見得相同，有些公有雲的負載平衡器是基於 DNS（例如：AWS 的 Elastic Load Balancing [ELB]）這時候，會看到的是 hostname（主機名稱），而不是 IP。取決於雲端供應商，負載平衡器從初始化到真正能提供服務可能要花一點時間

建立雲端的負載平衡器可能需要一些時間。對於大多數雲端供應商來說，花個幾分鐘的時間是蠻正常的，不用太驚訝。

目前為止我們看到的範例是採用**外部負載平衡器**，也就是說這個負載平衡器是直接跟網路網路銜接的。儘管把服務直接開放給世界非常不錯，但有時候我們只想在私有網路中提供應用程式的服務，要達到這個目的，我們會使用**內部負載平衡器**。不幸的是，Kubernetes 在近期才開始支援內部負載平衡器，所以大部分是透過物件的 annotation 來特別設定的。舉例來說，如果想在 Azure 的 Kubernetes 叢集上使用內部負載平衡器，你需要在你的 service 資源物件新增 annotation：`service.beta.kubernetes.io/azure-load-balancer-internal: "true"`。這裡提供一些比較常見的雲端供應商設定方法：

Microsoft Azure

`service.beta.kubernetes.io/azure-load-balancer-internal: "true"`

Amazon Web Services

`service.beta.kubernetes.io/aws-load-balancer-internal: "true"`

Alibaba Cloud

`service.beta.kubernetes.io/alibaba-cloud-loadbalancer-address-type: "intranet"`

Google Cloud Platform

`cloud.google.com/load-balancer-type: "Internal"`

當你將 annotation 加入到 Service 物件後，會像下面這樣：

```
...
metadata:
    ...
    name: some-service
    annotations:
        service.beta.kubernetes.io/azure-load-balancer-internal: "true"
...
```

當你利用這個 annotation 建立一個 service 物件時，僅供內部使用的服務就會被建立。

還有其他的 annotation 可以延伸負載平衡器的行為，例如使用已經存在的 IP 位置給負載平衡器使用。這些相關的延伸資訊可以在你的雲端服務供應商網站上找到。

進階資訊

Kubernetes 本身是一個可以擴展的系統，因此它提供不同階層的進階整合方式。了解如何實現像是 service 這樣複雜的組件對於故障排除是有所幫助的，亦或是建立更多的進階整合。這個章節將會再更深入一點介紹。

Endpoint

有些應用程式（包含系統本身），想要能夠使用 service，但不需要有 cluster IP。可以使用另一個種類的服務 `Endpoint`。對於每一個 Service 物件，Kubernetes 會與 Service 一同建立 Endpoint 物件，它包含給 service 的 IP 位址：

```
$ kubectl describe endpoints alpaca-prod

Name:           alpaca-prod
Namespace:      default
Labels:         app=alpaca
Subsets:
  Addresses:            10.112.1.54,10.112.2.84,10.112.2.85
  NotReadyAddresses:    <none>
  Ports:
    Name        Port    Protocol
    ----        ----    --------
    <unset>     8080    TCP

No events.
```

要使用 service，在進階的應用程式中，會透過 Kubernetes API 直接查詢 endpoint。Kubernetes API 甚至可以「watch」物件，當它們有任何改變時馬上回應。只要透過這樣的方式，當 service 相關的 IP 有發生變化，用戶端能夠立即做出反應。

這邊來展示一下。在終端視窗中，執行以下指令，並持續讓它運行：

```
$ kubectl get endpoints alpaca-prod --watch
```

這時候會輸出 endpoint 目前的狀態，並且「放著它先不要管」。

```
NAME           ENDPOINTS                                               AGE
alpaca-prod    10.112.1.54:8080,10.112.2.84:8080,10.112.2.85:8080     1m
```

再來開啟另一個終端視窗，將 alpaca-prod 的 deployment 刪除並重新建立。

```
$ kubectl delete deployment alpaca-prod
$ kubectl create deployment alpaca-prod \
  --image=gcr.io/kuar-demo/kuard-amd64:blue \
  --port=8080
$ kubectl scale deployment alpaca-prod --replicas=3
```

這時候回頭看前一個終端視窗，會發現當你刪除和重新建立這些 pod 時，會輸出最新 service 關聯的 IP。輸出會像以下這樣：

```
NAME           ENDPOINTS                                               AGE
alpaca-prod    10.112.1.54:8080,10.112.2.84:8080,10.112.2.85:8080     1m
alpaca-prod    10.112.1.54:8080,10.112.2.84:8080                       1m
alpaca-prod    <none>                                                  1m
alpaca-prod    10.112.2.90:8080                                        1m
alpaca-prod    10.112.1.57:8080,10.112.2.90:8080                       1m
alpaca-prod    10.112.0.28:8080,10.112.1.57:8080,10.112.2.90:8080     1m
```

`Endpoint` 物件對於一開始就建立在 Kubernetes 上的應用程式蠻有幫助的，但許多的專案並非如此，大多數的系統的都是透過固定的 IP 來連結而不會變動。

手動服務探索

Kubernetes service 構建於 pod 的 label 選擇器之上，也就是說你可以透操作 Kubernetes 的 API 來做初步的服務探索，而不需要依賴 Service 物件。這邊來看一下怎麼做到的。

使用 `kubectl`（和透過 API），可以簡單看到在範例的 deployment 上有哪些 IP 對應到哪些 pod：

```
$ kubectl get pods -o wide --show-labels

NAME                            ... IP            ... LABELS
alpaca-prod-12334-87f8h         ... 10.112.1.54 ... app=alpaca
alpaca-prod-12334-jssmh         ... 10.112.2.84 ... app=alpaca
alpaca-prod-12334-tjp56         ... 10.112.2.85 ... app=alpaca
bandicoot-prod-5678-sbxzl       ... 10.112.1.55 ... app=bandicoot
bandicoot-prod-5678-x0dh8       ... 10.112.2.86 ... app=bandicoot
```

這蠻方便的，不過如果有一堆 pod 要怎麼辦？你應該會想要透過 label 篩選出一部分的 deployment。以下方法可以只篩選 `alpaca` 的應用程式：

```
$ kubectl get pods -o wide --selector=app=alpaca

NAME                           ... IP            ...
alpaca-prod-3408831585-bpzdz ... 10.112.1.54 ...
alpaca-prod-3408831585-kncwt ... 10.112.2.84 ...
alpaca-prod-3408831585-l9fsq ... 10.112.2.85 ...
```

此時，我們有基礎服務探索的功力了！你可以持續利用 label 來識別有需要的 pod，透過這些 label 取得 pod，取得這些 IP 位址。但對於持續同步一組正確的 label 是棘手的，這就是為什麼有 Service 物件的原因。

kube-proxy 和 cluster IP

Cluster IP 是靜態的虛擬 IP，它負載平衡流量到 service 中的所有 endpoint。這個神奇的功能是透過運行在每一個節點中的 `kube-proxy` 來提供的。（圖 7-1）

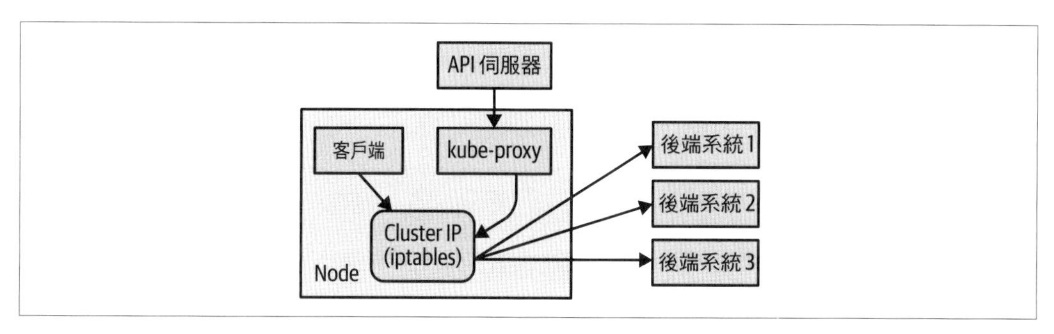

圖 7-1　配置和使用 cluster IP

在圖 7-1，`kube-proxy` 通過 API 伺服器，監視叢集中的新 service。然後，它在該主機編寫一組 `iptables` 的規則，以重寫封包的目的地，讓其直接進入該 service 其中一個 endpoint。假如某個 service 中的 endpoint 發生變化（可能由於 pod 的開關，或是失敗的 readiness 檢查），將會重寫該組 `iptables` 規則。

cluster IP 通常建立 service 時由 API 伺服器所分配的。但是，當建立 service 前，用戶可以指定 IP。一旦建立後，除非刪除或重建 Service 物件，否則不能改變 cluster IP。

Kubernetes service 的位址範圍可以在 `kube-apiserver` 的 binary 透過 `--service-cluster-ip-range` 參數設定。service 位址的範圍，不該與 Docker bridge 或是 Kubernetes node 的 IP 子網的範圍重疊。另外，請求的每一個 cluster IP 必須在這個範圍，並且尚未被使用。

cluster IP 的環境變數

雖然大多人都透過 DNS 服務尋找 cluster IP，但有一些老舊機制還在使用中。其中一個是當 pod 啟動時，在 pod 中注入一組環境變數。

為了看這個範例，讓我們看看 `kuard` 的 `bandicoot` 的控制台。在終端輸入以下指令：

```
$ BANDICOOT_POD=$(kubectl get pods -l app=bandicoot \
    -o jsonpath='{.items[0].metadata.name}')
$ kubectl port-forward $BANDICOOT_POD 48858:8080
```

開啟瀏覽器並進入 *http://localhost:48858*，查看這個伺服器的狀態頁。點擊「Server Env」的選項，並注意到 `alpaca` service 的環境變數。這個狀態頁應該會像表 7-1。

表 7-1　Service 的環境變數

主鍵	值
ALPACA_PROD_PORT	tcp://10.115.245.13:8080
ALPACA_PROD_PORT_8080_TCP	tcp://10.115.245.13:8080
ALPACA_PROD_PORT_8080_TCP_ADDR	10.115.245.13
ALPACA_PROD_PORT_8080_TCP_PORT	8080
ALPACA_PROD_PORT_8080_TCP_PROTO	tcp
ALPACA_PROD_SERVICE_HOST	10.115.245.13
ALPACA_PROD_SERVICE_PORT	8080

主要使用的環境變數是 `ALPACA_PROD_SERVICE_HOST` 和 `ALPACA_PROD_SERVICE_PORT`。其他的環境變數是為了 Docker link 變數所建立的（現在已經停用）。

使用環境變數的問題是資源必須要按照特定的順序來建立。這些 service 必須在 pod 建立環境變數之前被建立。這部署一組較大應用程式時，service 可能會帶來相當大的複雜性。另外，只使用環境變數，可能對很多用戶會有些不可思議。因此 DNS 應該是比較好的選擇。

與其他環境建立連接

雖然有服務探索這個很棒功能，但在實際上的應用程式是需要將 Kubernetes 中部署的雲端原生應用與老舊環境中的應用整合。此外，你可能需要將 Kubernetes 叢集與自建的基礎架構整合到雲端上。而這也是 Kubernetes 仍在進行大量探索和開發解決方案的部分。

與叢集外的資源建立連接

當你將 Kubernetes 連接到叢集外部的舊資源時，可以使用一個無選擇器 service，該 service 具有一個在叢集外的 IP 地址。這樣的話，通過 DNS 的 Kubernetes 服務探索依照平常一樣使用，但是流量會流到外部的資源。要建立一個沒有選擇器的服務，你可以移除掉資源物件中的 spec.selector 欄位，但保留 metadata 和連接埠的區塊。因為你的 service 物件並沒有選擇器，因此也不會有 endpoint 被自動的加入這個服務，也就說你需要手動加入這項資訊。通常你會選擇把固定的 IP 位置加入 endpoint 列表中（例如你的資料庫 IP），這樣你只需要新增一次就可以了。但如果你的 IP 位置時常在改變，你就需要自己更新相對應的 endpoint 資源。如果要建立或者更新 endpoint 資源，你可以參考下面的範例：

```
apiVersion: v1
kind: Endpoints
metadata:
  # 這個名稱必須要符合你的 service 物件名稱
  name: my-database-server
subsets:
  - addresses:
      # 請用伺服器的真實 IP 取代
      - ip: 1.2.3.4
    ports:
      # 請使用想要開放的連接埠
      - port: 1433
```

連結外部資源到叢集內的 Service 物件

將外部資源連接到 Kubernetes 服務有些微妙。如果你的雲供應商支援的話，那麼最簡單的方法就是建立「內部」負載平衡器，且放在你的虛擬私人網路中，並且可以將流量從固定 IP 地址轉送到叢集中，然後就可以使用傳統 DNS 使該 IP 地址指向外部資源。如果無法使用內部負載平衡器，可以選擇利用 NodePort 類型的 Service 來將服務連結到叢集中節點的 IP 位置上，接著你可以選擇設定一個實體的負載平衡器來處理這些轉送到節點的流量，或者使用 DNS 型的負載平衡器來平均分散流量到不同的節點。

如果上述的方法都無法做到，更複雜的選項是在外部服務上運行完整的 kube-proxy 容器，並且設定機器使用 Kubernetes 叢集內的 DNS 伺服器，這種設定非常複雜而且容易出錯，大多數都只會運用在地端（自有機房）環境中。

還有各種各樣的開源軟體（例如，HashiCorp 的 Consul）可用於管理叢集內和跨叢集之間的連接，但是這些選項通常需要擁有足夠的網路及 Kubernetes 知識才能正常的配置，如果可以的話盡可能地避免這種做法。

清除

執行下面的指令，清除所有在本章節建立的物件。

```
$ kubectl delete services,deployments -l app
```

總結

kubernetes 是個動態系統，它挑戰傳統的命名服務和連接服務的方法。Service 物件提供了一個靈活而強大的方法，來開放叢集內外的 service。利用這裡介紹的技術，可以將服務互相連結，並將其對外開放。

雖然在 Kubernetes 中使用動態服務探索導入了一些新概念，可能一開始看起來很複雜，經過理解和適應是解開 Kubernetes 功能的關鍵。當應用程式能夠動態地查找服務，並且應對應用程式的位址，就不用擔心應用程式運作移動的問題。解開這個謎題的重點在於了解 service 的邏輯並讓 Kubernetes 處理容器要擺在哪裡的這些細節。

當然，服務探索只是應用程式在 Kubernetes 網路中運作的起點，第 8 章將介紹專注於網路第七層（HTTP）的 Ingress，以及第 15 章會提到最近為了因應雲端原生的網路環境，並提供除了服務探索及負載平衡之外能力而開發的的服務網格。

第八章

使用 Ingress 進行 HTTP 負載平衡

應用程式要能正常運作，最重要的是讓流量可以進出應用程式，如第 7 章所述，Kubernetes 具有一系列的功能可讓服務在公開叢集之外。對於大部分的使用者而言，這些功能就足夠了。

但是 Service 物件是屬 OSI 模型的第 4 層[1]上運行。這表示著它僅轉發 TCP 和 UDP 的連接，對於連線本身的細節並不了解。正因為這如此，在叢集上的不同應用程式會用不同的方式對外公開服務。如果 service 的類型是 `NodePort` 的話，每一個不同的服務就會有一個專屬的連接埠給用戶端使用，如果 service 的類型是 `LoadBalancer` 的話，則會為每個 service 分配雲端的負載平衡器（一般來說是昂貴或稀少的資源）。但是如果使用基於 HTTP（第 7 層）的話或許可以做得更好。

在非使用 Kubernetes 的情況下處理類似問題時，用戶常會透過「虛擬主機」的機制。提供在單個 IP 地址上託管多個 HTTP 站點的方式來解決。一般來說，用戶使用負載平衡器或反向代理來接受 HTTP（80）和 HTTPS（443）埠口上的連接。然後，它會解析 HTTP 連接，並根據 `Host` 的 header 以及所請求的 URL 路徑到指定的應用程式上。該負載平衡器或反向代理擔任「交通警察」的角色，以解析傳入的連接並將其指到到正確的「上游（upstream）」伺服器。

1 開放式系統互聯模型（OSI）（*https://oreil.ly/czfCd*）是描述不同網路層如何構建的標準模型，TCP 和 UDP 為第 4 層，而 HTTP 是第 7 層。

在 Kubernetes 中基於 HTTP 的負載平衡系統稱為 *Ingress*。Ingress 是一種 Kubernetes 原生元件，用於實現剛剛所討論的「虛擬主機」概念。

這樣的方法較複雜部分是用戶必須管理負載平衡器組態文件，而在動態且隨著虛擬主機集的擴展，這會變得非常複雜。Ingress 系統透過以下的步驟簡化上述複雜的部分，（1）將其組態配置標準化，（2）成為正規的 Kubernetes 物件、以及（3）將多個 Ingress 物件合併到單一負載平衡器。

典型的軟體基本實現方式類似於圖 8-1。Ingress 控制器軟體由兩個部分組成。第一個部分是 Ingress 代理伺服器，對外透過 `type: LoadBalancer` 開放給叢集外存取，並負責將請求送到「上游」伺服器。另一個部分稱作 Ingress 的 reconciler 或 operator，Ingress 的 operator 會負責讀取 Kubernetes API 並持續監控 Ingress 的物件變化，接著設定 Ingress 的代理伺服器將流量轉送到正確的目的地。目前有許多不同的 Ingress 實作，其中有一些作法會把這兩個元件放在同一個容器中，其他做法則會將這兩個元件分開部署在 Kubernetes 叢集中。在圖 8-1 中我們將會介紹其中一種 Ingress 控制器實作的方法。

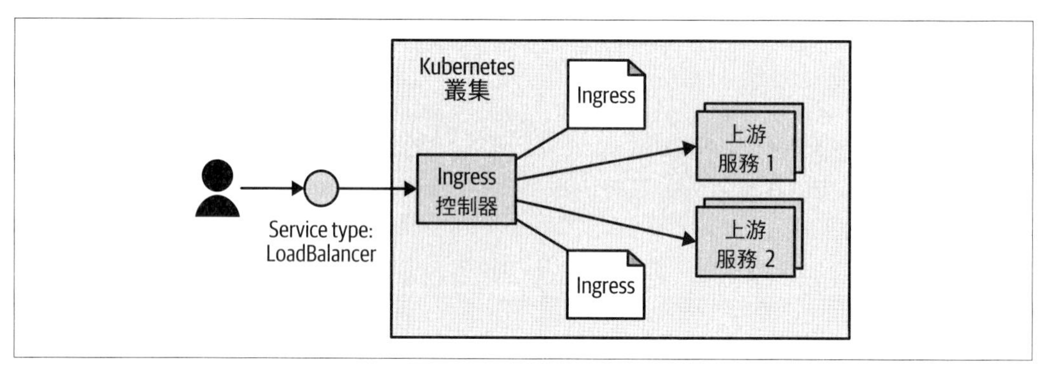

圖 8-1　典型的軟體 Ingress 控制器組態

Ingress 規格與 Ingress 控制器

雖然概念上談 Ingress 感覺很簡單，但在實作上 Ingress 與 Kubernetes 其他常見的物件使用方法有非常大的不同。具體來說，分為通用資源規範和控制器實作。Kubernetes 中沒有內建「標準」的 Ingress 控制器，因此用戶必須安裝市面上所提供的任意一種控制器。

用戶可以像建立其他 Kubernetes 物件一樣，建立或修改 Ingress 物件。但預設情況下，沒有執行任何程式來實際作用於那些物件。用戶（或他們所使用版本）可以選擇安裝並管理外部控制器。這樣 Ingress 的控制器可以視為一種可插拔的架構。

Ingress 最後演變成這樣有很多的原因。首先，沒有一個 HTTP 負載平衡器是可以通用，除了負載平衡器（開源與私有）軟體之外，雲供應商（例如 AWS 上的 ELB）和硬體負載平衡器也都提供負載平衡的功能。第二個原因是 Ingress 物件在 Kubernetes 的通用擴充功能（可以參考第 17 章）釋出之前就已經存在了。隨著 Ingress 持續發展，可能最後會慢慢改為採用通用擴充功能來實作。

安裝 Contour

儘管有許多可用的 Ingress 控制器，但在本書的範例中會使用 Contour 的 Ingress 控制器。這個控制器會負責設定開源（也同時是 CNCF 專案）的負載平衡器，稱為 Envoy。Envoy 可以透過 API 動態配置設定。Contour Ingress 控制器負責將 Ingress 物件轉換為 Envoy 可以理解的物件。

Contour 專案（*https://oreil.ly/5IHmq*）是由 Heptio 與真實世界的客戶一同開發，並且已經使用在生產環境上，但目前已經轉為獨立的開源軟體專案。

你可以通過以下指令安裝 Contour：

```
$ kubectl apply -f https://projectcontour.io/quickstart/contour.yaml
```

請注意，這需要具有 `cluster-admin` 權限的使用者執行。

這行指令能完成大部分的配置。它會建立 `project contour` 的 namespace。在這個 namespace 中，它建立一個 deployment（帶有兩個副本）和一個對外開放的 service `type` 為 `LoadBalancer`。此外，它透過 service account（服務帳號）配置正確的權限，並安裝 CustomResourceDefinition 的物件（請參閱第 17 章）。在第 99 頁的「Ingress 的未來」小節中將討論某些擴展功能。

由於這是全域安裝，所以你需要確保所要安裝到的叢集具有較大的管理權限。安裝後，可以通過以下方式取得 Contour 的外部地址：

```
$  kubectl get -n projectcontour service envoy -o wide
NAME      CLUSTER-IP     EXTERNAL-IP           PORT(S)        ...
contour   10.106.53.14   a477...amazonaws.com 80:30274/TCP ...
```

查看 `EXTERNAL-IP` 欄位。它會是 IP 地址（如果是 GCP 和 Azure）或主機名（如果是 AWS），其他雲和環境可能有所不同。如果您的 Kubernetes 叢集不支援 `LoadBalancer` 的 service `type`。則必須將 YAML 檔裡 service `type` 修改為 `NodePort` 來安裝 Contour，Contour 將根據剛設定的種類決定如何將流量轉到叢集上的機器中。

如果是使用 minikube，則 `EXTERNAL-IP` 可能就是空的。為了解決這樣的問題，需要開啟一個獨立的終端窗口並執行 `minikube tunnel`。這個動作設定網路路由的配置，讓每一個 `type: LoadBalancer` 的 service 的都能夠有一個獨立的 IP 位址。

配置 DNS

為了讓 Ingress 正常工作，還需要將 DNS 紀錄設定為剛剛所取得的負載平衡器的外部地址。可以將多個主機名映射到單一外部端點，而 Ingress 控制器扮演流量轉發的角色，並基於請求的主機名將流量指向到對應的上游 service。

在本章，假設有一個名為 `example.com` 的域名。這時候會需要配置兩個 DNS 紀錄：`alpaca.example.com` 和 `bandicoot.example.com`。如果外部負載平衡器是 IP 地址，則需要建立 A 紀錄。如果外部負載平衡器是主機名，則需要建立 CNAME 紀錄。

另外我們可以參考開源專案 ExternalDNS project（*https://oreil.ly/ILdEj*），這是一個可以安裝在叢集中用來管理外部 DNS 紀錄的附加功能。ExternalDNS 監控 Kubernetes 叢集中的 service 與 IP 位置，並將這些資訊更新到外部 DNS 供應商的服務上。ExternalDNS 支援多種不同的 DNS 供應商，包含傳統的網域註冊商以及雲端供應商。

配置本機文件

如果你沒有自己的域名，或者是使用的本機解決方案（例如：`minikube`）的話，則可以通過編輯 */etc/hosts* 檔案來新增 IP 地址來設定本機配置。這需要你工作站上的 admin 或 root 權限。*/etc/hosts* 檔案的位置可能在各個平台上有所不同，並且使其設定生效可能需要不同的步驟。例如：在 Windows 上，檔案通常位於 *C:\Windows\System32\drivers\etc\hosts*。而對於最新版本的 macOS，則需要在更改檔案後執行 `sudo killall -HUP mDNSResponder` 清除 DNS 快取。

修改檔案在文件的最後新增一行紀錄，如下：

```
<ip- 地址 > alpaca.example.com bandicoot.example.com
```

<ip-地址> 填入 Contour 的外部 IP 地址即可。如果是主機名（例如 AWS），則可以執行 `host -t <主機名>`，以取得 IP 地址（這個 IP 地址可能會改變）。

測試完成後，別忘了移除這些修改喔！

使用 Ingress

現在，我們已經配置了 Ingress 控制器，接下來讓我們一步一步深入了解它。首先，將透過執行以下指令來建立一些 upstream（有時也稱為「後端（backend）」）服務以供使用：

```
$ kubectl create deployment be-default \
  --image=gcr.io/kuar-demo/kuard-amd64:blue \
  --replicas=3 \
  --port=8080
$ kubectl expose deployment be-default
$ kubectl create deployment alpaca \
  --image=gcr.io/kuar-demo/kuard-amd64:green \
  --replicas=3 \
  --port=8080
$ kubectl expose deployment alpaca
$ kubectl create deployment bandicoot \
  --image=gcr.io/kuar-demo/kuard-amd64:purple \
  --replicas=3 \
  --port=8080
$ kubectl expose deployment bandicoot
$ kubectl get services -o wide

NAME            CLUSTER-IP     ... PORT(S)  ... SELECTOR
alpaca          10.115.245.13 ... 8080/TCP ... run=alpaca
bandicoot       10.115.242.3  ... 8080/TCP ... run=bandicoot
be-default      10.115.246.6  ... 8080/TCP ... run=be-default
kubernetes      10.115.240.1  ... 443/TCP  ... <none>
```

最簡單的使用方法

使用 Ingress 的最簡單方法是讓它將所有看到的流量的轉送給上游 service。在 `kubectl` 中 Ingress 的命令式指令的支援有限。因此我們將從 YAML 檔案開始（請參見範例 8-1）。

範例 8-1　*simple-ingress.yaml*

```
apiVersion: networking.k8s.io/v1
kind: Ingress
metadata:
  name: simple-ingress
spec:
  defaultBackend:
    service:
      name: alpaca
      port:
        number: 8080
```

透過 `kubectl apply` 建立 Ingress：

```
$ kubectl apply -f simple-ingress.yaml
ingress.extensions/simple-ingress created
```

可以使用 `kubectl get` 和 `kubectl describe` 驗證是否已正確被設置：

```
$ kubectl get ingress
NAME             HOSTS   ADDRESS   PORTS   AGE
simple-ingress   *                 80      13m

$ kubectl describe ingress simple-ingress
Name:             simple-ingress
Namespace:        default
Address:
Default backend:  alpaca:8080
(172.17.0.6:8080,172.17.0.7:8080,172.17.0.8:8080)
Rules:
  Host  Path  Backends
  ----  ----  --------
  *     *     alpaca:8080 (172.17.0.6:8080,172.17.0.7:8080,172.17.0.8:8080)
Annotations:
  ...

Events:  <none>
```

這樣的配置會將所有連入 Ingress 的 HTTP 請求都轉發到 `alpaca` 的 service。現在，可以由 service 所提供的 IP/CNAME 上訪問 `kuard` 中的 `alpaca`；在這個範例下，請輸入 `alpaca.example.com` 或 `bandicoot.example.com`。但這還不能展現 Ingress 比 service type 為 `LoadBalancer` 更有價值的地方。接下來，我們將嘗試更複雜的配置。

使用主機名

當我們開始根據請求的不同引導流量時，所有事情就開始變得有趣了。最常見的案例是讓 Ingress 查看 HTTP header 裡的 host（在原始的 URL 中設置為 DNS 域名），然後根據該 header 指向。接下來新增另一個 Ingress 物件，將 `alpaca.example.com` 的所有流量改到 `alpaca` 的 service（請參見範例 8-2）。

範例 8-2　*host-ingress.yaml*

```
apiVersion: networking.k8s.io/v1
kind: Ingress
metadata:
  name: host-ingress
spec:
  defaultBackend:
    service:
      name: be-default
      port:
        number: 8080
  rules:
  - host: alpaca.example.com
    http:
      paths:
      - pathType: Prefix
        path: /
        backend:
          service:
            name: alpaca
            port:
              number: 8080
```

透過 `kubectl apply` 建立 Ingress：

```
$ kubectl apply -f host-ingress.yaml
ingress.extensions/host-ingress created
```

接下來驗證一下設置是否正確，方法如下：

```
$ kubectl get ingress
NAME             HOSTS                ADDRESS   PORTS   AGE
host-ingress     alpaca.example.com             80      54s
simple-ingress   *                              80      13m

$ kubectl describe ingress host-ingress
Name:             host-ingress
Namespace:        default
```

```
Address:
Default backend:  be-default:8080 (<none>)
Rules:
  Host               Path  Backends
  ----               ----  --------
  alpaca.example.com
                     /    alpaca:8080 (<none>)
Annotations:
  ...

Events:  <none>
```

看到這個輸出結果可能覺得有些疑惑。首先，你會看到有一個 `default-http-backend` 的預設後端。這是讓某些 Ingress 控制器用來處理沒有其他配置請求的協議。這些請求轉發至 `kube-system` 的 namespace 中的 `default-http-backend` 的 service。這個協議會在 `kubectl` 的顯示出來。另外，你會注意到沒有顯示 `alpaca` 的 backend service。這是 kubectl 的 bug，但已經在 Kubernetes v1.14 修復了。

無論如何，你現在都應該能夠透過 *http://alpaca.example.com/* 存取 `alpaca` 的 service。相反的，如果透過其他方法進入 service 端點，則應指向到我們剛剛所說的 dafault service。

使用路徑

剛剛介紹使用了基於主機名指向，接下來會介紹更有趣的方法是基於 HTTP 請求中的路徑來指向流量。可以透過在特定的路徑指向（請參考範例 8-3）。在此範例中，將進入 *http://bandicoot.example.com* 的所有內容都指向到 `bandicoot` 的 service，但將 *http://bandicoot.example.com/a* 指向到 `alpaca` 的 service。這樣的方式可以用來管理單一域名在不同路徑上管理多個服務。

範例 *8-3　path-ingress.yaml*

```
apiVersion: networking.k8s.io/v1
kind: Ingress
metadata:
  name: path-ingress
spec:
  rules:
  - host: bandicoot.example.com
    http:
      paths:
      - pathType: Prefix
        path: "/"
```

```
          backend:
            service:
              name: bandicoot
              port:
                number: 8080
        - pathType: Prefix
          path: "/a/"
          backend:
            service:
              name: alpaca
              port:
                number: 8080
```

如果 Ingress 系統中列出的同一主機上有多個路徑，則會以最長的前綴匹配。在此範例中，以 /a/ 開頭的請求會被指向到 alpaca 的 service，而其他流量（以 / 開頭）都被指向到 bandicoot 的 service。

當請求被代理指向到 upstream service 時，路徑會保持不變。這表示 bandicoot.example.com/a/，就是對於 upstream service 所看到的請求主機名和路徑。因此上游 service 需要能夠接受該子路徑上的流量。在這個範例中，kuard 具有已經設計好一些程式碼，它處理的請求除了根路徑（/）之外，也有一組預定義的子路徑（/a/、/b/ 和 /c/）。

清除

要清除這些，請執行以下指令

```
$ kubectl delete ingress host-ingress path-ingress simple-ingress
$ kubectl delete service alpaca bandicoot be-default
$ kubectl delete deployment alpaca bandicoot be-default
```

進階 Ingress 技巧

剛介紹了很多 Ingress，而它支援一些其他的功能。這些功能的支援程度因控制器的而有所不同，並且兩種不一樣的控制器實現的方法可能略有不同。

許多擴展功能是透過使用於 Ingress 物件上的 annotation 配置的，但請注意，因為這些 annotation 可能難以驗證且容易搞錯。許多這樣的 annotation 配置應用在整個 Ingress 物件，影響範圍可能比你預期的還廣。要縮小 annotations 影響的範圍，可以將單個 Ingress 物件拆分為多個，Ingress 控制器會讀取它們並將其合併。

運行多個 Ingress 控制器

由於有許多種不同的 Ingress 控制器實作，也許你會想在單一叢集內運行多個不同的 Ingress 控制器。如果想這樣做的話，IngressClass 資源的存在可以讓不同的 Ingress 資源指定要使用哪一種實作方式，當你建立 Ingress 資源時，你可以指定 `spec.ingressClassName` 欄位來指定所需的實作。

請注意，在 Kubernetes 1.18 版之前 `IngressClassName` 欄位並不存在，需要用 `kubernetes.io/ingress.class` annotation 取代。雖然透過 annotation 設定的方式依舊被許多不同的控制器軟體所支援，但是還是建議各位慢慢轉用 `ingressClassName`，因為 annotation 的設定方式將逐漸被汰換。

如果沒有指定 `spec.ingressClassName` 的話，預設的 Ingress 控制器將被使用。要設定預設的 Ingress 控制器，可以在建立 IngressClass 的資源時透過增加 annotation `ingressclass.kubernetes.io/is-default-class` 來達到目的。

多個 Ingress 物件

如果有多個 Ingress 物件，則控制器會全部讀取它們，並嘗試將它們合併為同一個的配置。但如果有重複和衝突的配置，則會視為未定義的。不同的控制器的行為可能會有所不同，即便是單一物件也有可能會執行不同的事情。

Ingress 和 Namespace

Ingress 與 namespace 之間的關係有一點不明顯。首先，由於資訊安全，Ingress 物件只能對應至相同 namespace 中的上游 service。這表示你不能使用 Ingress 物件將子路徑指向另一個 namespace 中的 service。

但是，不同 namespace 中的多個 Ingress 物件可以為同一主機指定子路徑。然後將這些 Ingress 物件合併在一起，以提供控制器的最終配置。

這樣跨 namespace 的行為表示著有必要在整個叢集中全局協調 Ingress。如果不仔細協調，一個 namespace 中的 Ingress 物件可能會導致其他 namespace 中的發生問題（以及未定義的行為）。

一般來說，控制器沒有那種允許哪些 namespace 指定哪些主機名和路徑的限制。進階的用戶可以嘗試使用自定義准入控制（custom admission controller）對此執行策略。第 99 頁的「Ingress 的未來」中介紹了 Ingress 的演變，如何解決這些問題。

路徑重寫

有些 Ingress 控制器支援路徑重寫，當連線被代理轉送時，可修改 HTTP 請求中的路徑。這通常由 Ingress 物件上的 annotation 配置並套用到該物件指定的所有請求。例如，如果使用的是 NGINX Ingress 控制器，則可以指定 annotation 其主鍵是 `nginx.ingress.kubernetes.io/rewrite-target:` 的值為 `/`。這樣即使上游 service 並沒有設計對路徑的處理，也一樣能夠處理這些請求。

路徑重寫有多種處理方式，不僅可以支援單純的路徑重寫，且還支援正則表示式。例如，NGINX 控制器允許正則表示式捕獲路徑的一部分，然後在重寫時使用該剛剛所取得的字串。實作的方法（以及使用哪一種正規表達式）取決於使用的環境。

不過路徑重寫並不是萬靈丹，它也經常會一些導致錯誤。許多 Web 應用程式都假設它們可以使用絕對路徑在自己內部進行連結。在這樣的情況下，可能有問題的應用程式託管在 `/subpath` 上，但處理的請求是在 `/` 上。然後，它可能會將用戶轉發到 `/app-path` 的路徑上。這就產生一個問題，它究竟是該應用程式的「內部」連結（這個案例是它應該要是轉發到 `/subpath/app-path`）還是某個其他應用程式的連結。因此，如果要為了配合複雜的應用程式開發，最好避免使用子路徑。

支援 TLS

提供網站服務時，為了安全性越來越需要使用 TLS 和 HTTPS。Ingress 支援此功能（大多數 Ingress 控制器也支援）。

首先，需要使用其 TLS 證書和密鑰建立一個 secret 物件（類似於範例 8-4），也可以透過 `kubectl create secret tls` *`<secret-名稱>`* `--cert` *`<certificate-pem-檔>`* `-- key` *`<private-key`*`-pem-檔>` 建立一個 secret。

範例 *8-4　tls-secret.yaml*

```
apiVersion: v1
kind: Secret
metadata:
  creationTimestamp: null
  name: tls-secret-name
type: kubernetes.io/tls
data:
  tls.crt: <base64 encoded certificate>
  tls.key: <base64 encoded private key>
```

上傳證書後，可以在 Ingress 物件中引用它。它指定了證書列表以及應使用這些證書的主機名（請參範例 8-5）。同樣，如果多個 Ingress 物件為同一主機名指定證書，則視為未定義的。

範例 8-5 *tls-ingress.yaml*

```
apiVersion: networking.k8s.io/v1
kind: Ingress
metadata:
  name: tls-ingress
spec:
  tls:
  - hosts:
    - alpaca.example.com
    secretName: tls-secret-name
  rules:
  - host: alpaca.example.com
    http:
      paths:
      - backend:
          serviceName: alpaca
          servicePort: 8080
```

上傳和管理 TLS secret 可能不太容易，一般來說證書的費用很高。為了解決此問題，有一家名為「Let's Encrypt」（*https://letsencrypt.org/*）的非營利組織，透過 API 提供免費的證書頒發機構。由於它是由 API 驅動的，因此可以設置一個 Kubernetes 叢集，該叢集將自動為你取得並安裝 TLS 證書。設置起來可能很麻煩，但當它開始運行時就非常簡單。這一段缺少的實作，可以透過由 UK 初創公司 Jetstack 所開發的開放原始碼專案 cert-manager（*https://cert-manager.io*）來提供，目前這個專案已經進入 CNCF，可以到 *cert-manager.io* 的網頁上查看安裝跟使用細節，或者到 GitHub 專案查看（*https:// oreil.ly/S0PU4*）。

Ingress 的替代實現方法

Ingress 控制器有許多不同的實作，每種實作都建立在具有獨特功能的 Ingress 基本物件上。這是一個充滿活力的生態系。

首先，每個雲供應商都具有一個 Ingress 實作，該實作公開了基於特定雲的 L7 負載平衡器。這些控制器無須配置在 Pod 中運行的軟體負載平衡器，而是採用 Ingress 物件，並通過 API 使用它們來配置基於雲的負載平衡器。這減輕了用戶的操作和管理叢集負擔，但必須付出一定的成本。

最受歡迎的 Ingress 控制器應該是開源 NGINX Ingress（*https://oreil.ly/EstHX*）。還有專屬基於 NGINX Plus 的商用控制器。該控制器本質上是讀取 Ingress 物件並將其合併到 NGINX 組態文件中。然後，它向 NGINX 程序發出信號，要求重新啟動以使用新的配置（同時負責現有的連接）。NGINX 控制器具有透過 annotation 配置的大量功能（請參考 *https://oreil.ly/V8nM7*）。

Emissary（*https://oreil.ly/5HDun*）和 Gloo（*https://oreil.ly/rZDlX*）是另外兩個利用 Envoy 實作的 Ingress 控制器，通常用來當 API 閘道器。

Traefik（*https://traefik.io/*）是以 Go 開發的反向代理應用，它也可以用作 Ingress 控制器，它有對於開發人員非常友善的功能和儀表板。

但這只是冰山一角，Ingress 生態系非常活躍，有許多新項目和商業產品以獨特的方式建構在不起眼的 Ingress 物件上。

Ingress 的未來

如你所見，Ingress 物件為配置 L7 負載平衡器提供了一個非常有用的抽象層，但它並沒有涵蓋到用戶想要的所有功能以及各種實現。許多功能都尚未定義。以不同的方式實現這些功能，從而降低了實作之間配置的可移植性。

另一個問題是很容易設置錯誤 Ingress。為了處理不同解決方案時，常會多個物件組合在一起，這時就容易出問題。此外，能夠跨 namespece 合併的實作，完全打破了 namespece 隔離的概念。

Ingress 也是在 Service Mesh（中文為服務網格，像是 Istio 和 Linkerd）的概念廣為人知之前建立的。大家也還在尋找 Ingress 和 Service Mesh 這兩個之間的交集。我們會在第 15 章提到 Service Mesh。

Kubernetes 上的負載平衡器未來應該會慢慢朝向閘道器 API 的方向發展，目前正由 Kubernetes 的網路工作小組開發，閘道器 API 專案試圖開發更加現代化的 Kubernetes 路由控制，雖然目前比較專注在 HTTP 的負載平衡，但是閘道器 API 同樣會包含控制 TCP（第四層）的負載平衡能力。閘道器 API 目前還在積極地開發中，建議使用者繼續使用目前已經存在的 Ingress 及 Service。閘道器 API 的開發進度可以在這個網站找到（*https://oreil.ly/zhlil*）。

總結

Ingress 是 Kubernetes 中的很獨特系統。它是個讓控制器安裝及管理分開實現的概念。但它也是以實用且符合經濟效益的方式，為用戶提供服務的關鍵組件。隨著 Kubernetes 的不斷成熟，期望看到 Ingress 變得越來越重要。

第九章

ReplicaSet

我們目前已經介紹如何用 Pod 物件運行容器，但是這些 Pod 依舊是一個獨立的個體。基於某些原因你更常需要在某個時間下運行一個容器的多個副本（replica）：

備援性

多個執行個體可以加強故障容忍度。

擴展性

多個執行個體可以處理更多的請求。

分片處理（*Sharding*）

不同的副本可以併行處理運算的不同部分。

當然，你可以手動做出多個 Pod manifest 檔，建立多個 Pod 的副本（儘管很類似），但這很無聊而且容易出錯。邏輯上，管理一組 Pod 應該將其視為單一個體來定義和管理，而這正是 ReplicaSet 的目的。ReplicaSet 作為一個整個叢集的 Pod 管理器，確保正在運行的 Pod 數量。

由於 ReplicaSet 能夠輕鬆建立和管理 Pod 的副本，因此成為多數應用程式部署模式的模板，並由基礎架構提供應用程式的自我修復能力。由 ReplicaSet 管理的 Pod 在特定的故障條件（如節點故障和網路磁碟分割）下會自動重新安排啟動。

要了解 ReplicaSet 物件，最簡單的的方法就是利用「餅乾模具」和「做多少塊餅乾」串起來。當我們要定義一個 ReplicaSet，必須要定義一個規格，這個規格包含我們需要建立餅乾模具，和 replica 的數量。此外，我們需要定義一個 ReplicaSet 需要查找 Pod 的方式。

管理複製的 Pod 的實際行為，調節迴圈（*reconciliation loop*）就是一個例子，這樣的迴圈對於 Kubernetes 的設計和實作是很重要的。

調節迴圈（reconciliation loop）

調節迴圈背後的概念是檢查預期的狀態和觀測（目前）狀態是否符合。預期狀態（Desired state），就是你想要的狀態。使用 ReplicaSet，它配置預期 replica 數量，和需要製作 Pod 的定義。舉例來說，預期狀態是讓 Pod 運行三個 replica，讓它們運行 `kuard` 伺服器。反之，目前狀態（current state），是目前觀察到系統的狀態。舉例來說，假設只有兩個 `kuard` 在運行。

調節迴圈不斷地在運行，觀察叢集的目前狀態，試圖讓狀態符合預期。拿之前的例子來舉例，調節迴圈會建立 `kuard` 的 Pod 為了讓目前狀態，符合預期的三個 replica。

用調節迴圈的方法來管理狀態有很多好處。它本來就是目標驅動和自我修護系統，同時還能容易用簡單幾行程式來表示。舉例來說，ReplicaSet 的調節迴圈是個單一迴圈，它同時處理用戶的操作來縮放 ReplicaSet，也必須處理結點故障或結點退出後重新安排副本。

在本書後面會介紹大量的調節迴圈的範例。

Pod 與 ReplicaSet 的關聯

Kubernetes 其中一個關鍵設計是去耦合化。最重要的是，在 Kubernetes 的核心概念是將彼此模組化，並且可以與其他元件互相合作。本著這種精神，ReplicaSet 和 Pod 的的關係是具有鬆散耦合特性的。雖然 ReplicaSet 建立和管理 Pod，但 ReplicaSet 不擁有它建立的 Pod。ReplicaSet 透過 label 查詢，識別哪些 Pod 它們應該被管理。然後 ReplicaSet 透過於第 5 章所介紹的完全相同的方式，直接透過的 Pod 的 API，來建立它們所管理的 Pod。這種「從前門進來（coming in the front door）」的概念，是 Kubernetes 另外一個中心設計概念。在類似的去耦合中，像是建立多個 Pod 的 ReplicaSet，以及對哪些 Pod 進行負載平衡的 service 也是完全獨立，這些都是獨立的 API 物件。除了支援模塊化之外，Pod 和 ReplicaSet 的去耦化，讓幾個重要的行為成為可能，下文各章節介紹。

領養現有容器

儘管宣告式組態很有價值，但有些時候更容易透過指令建立需要的資源。尤其是一開始你可能會用單 Pod 部署容器，而不會去用 ReplicaSet 來管理。甚至為了這個單一的 Pod 定義一個負載平衡器來提供服務，

但在某些時候，可能需要將單一容器，擴展為多個副本的服務，並建立和管理一組類似的容器。假設 ReplicaSet 擁有它所建立的 Pod，那麼複製 Pod 的唯一方法是刪除它然後通過 ReplicaSet 重新建立 Pod。這可能會造成服務中斷，因為會有一段時間沒有容器的副本在運行。但由於 ReplicaSet 與它們管理的 Pod 是去耦合的，因此可以簡單地建立一個「領養」現有 Pod 的 ReplicaSet，並擴展這些容器的其他副本。通過這種方式，可以從單一且不可移除的 Pod 無縫移動到 ReplicaSet 管理的副本式的 Pod 集合中。

隔離容器

一般來說，當伺服器有問題，Pod 層的健康檢查會自動重啟這個 Pod。但是，如果健康檢查不夠完善，這個 Pod 會仍然存留在這個副本集之中。在這種情況下，雖然可以直接將它移除，但這會讓開發人員只能透過日誌來偵錯問題，取而代之的我們可以透過修改問題 Pod 本身的 label 來將它跟 ReplicaSet（及 Service）分開，接著我們就可以安心的對 Pod 偵錯。ReplicaSet 控制器會注意到 Pod 消失並建立一個新副本，但由於 Pod 仍在運行，開發人員以夠使用它進行交互式偵錯，這比從日誌上進行偵錯要有效多了。

設計 ReplicaSet

ReplicaSet 設計用來表示單一且可擴展微服務。ReplicaSet 的主要特色是，由 ReplicaSet 控制器建立的 Pod 都是完全相同的。一般情況下，這些 Pod 會被 Kubernetes service 的負載平衡器所控制，透過負載平衡器將流量分佈到各個跨 Pod。一般來說，ReplicaSet 是為了狀態服務（或幾乎無狀態的）而設計的。由 ReplicaSet 建立的元素是可以被取代的，當 ReplicaSet 縮小時，任一個的 Pod 就會被刪除。由於這種縮小操作，應用程式的行為不應該被改變。

通常應用程式會透過 Deploymenet 物件來管理，因為這樣可以控制新版本的部署，Deployment 也是利用 ReplicaSet 來運作，了解這樣的關係對於未來偵錯很有幫助。

ReplicaSet 的規格

就像在 Kubernetes 所有的物件概念一樣，ReplicaSet 透過規格來定義。所有的 ReplicaSet 必須有唯一名稱（使用 `metadata.name` 欄位定義），描述在同一時間中，應該運行 Pod（replica）數量的部分，以及描述當 replica 預期數量不符合時，用來建立 Pod 的 Pod 模板。範例 9-1 介紹哪些是必填的 ReplicaSet 欄位。請特別注意 replicas，selector 和 template 的定義，這些關係到 ReplicaSet 如何運作的。

範例 *9-1　kuard-rs.yaml*

```
apiVersion: apps/v1
kind: ReplicaSet
metadata:
  labels:
    app: kuard
    version: "2"
  name: kuard
spec:
  replicas: 1
  selector:
    matchLabels:
      app: kuard
      version: "2"
  template:
    metadata:
      labels:
        app: kuard
        version: "2"
    spec:
      containers:
        - name: kuard
          image: "gcr.io/kuar-demo/kuard-amd64:green"
```

Pod 的模版

之前提到，如果目前的 Pod 數量比預期的來的少，那麼 ReplicaSet 控制器就會透過 ReplicaSet 規範的 Pod 模版來建立 Pod。Pod 的建立方式，與之前章節透過 YAML 一樣，但 ReplicaSet 控制器不是透過檔案建立和提交 Pod manifest 而是基於 Pod 模版，直接交付給 API 伺服器。

以下顯示在 ReplicaSet 中的 Pod 模版範例：

```
template:
  metadata:
```

```
    labels:
      app: helloworld
      version: v1
  spec:
    containers:
      - name: helloworld
        image: kelseyhightower/helloworld:v1
        ports:
          - containerPort: 80
```

Label

在任何大小的叢集中，同一時間有很多不同的 Pod 正在運行，那麼 ReplicaSet 的調節迴圈，要怎麼發現特定 ReplicaSet 的 Pod 呢？ReplicaSet 監控叢集的狀態並透過 Pod label 來篩選 Pod 的列表以及追蹤 Pod 的狀態。當 ReplicaSet 在初始化時，ReplicaSet 會從 Kubernetes API 取得 Pod 的列表，並透過 label 篩選 Pod。為了符合預期 replica 數，根據回傳的 Pod 數，ReplicaSet 會進行建立或刪除。在 ReplicaSet 的 `spec` 欄位中定義篩選的 label，而且 label 是理解 ReplicaSet 運作的關鍵。

ReplicaSet 規格中的選擇器，應該會是在 Pod 模版裡 label 的子集合。

建立 ReplicaSet

透過提交 ReplicaSet 物件到 Kubernetes API，來建立 ReplicaSet 的方式。在此部分中，我們將會建立透過配置文件，和 `kubectl apply` 指令，來建立 ReplicaSet。

在範例 9-1 的 ReplicaSet 配置文件，會確保 `gcr.io/kuar-demo/kuard-amd64:green` 副本的容器會在同一時間運行。利用 `kubectl apply` 指令，提交 `kuard` 的 ReplicaSet 到 Kubernetes API 中。

```
$ kubectl apply -f kuard-rs.yaml
replicaset "kuard" created
```

一旦 `kuard` 的 ReplicaSet 被接受，ReplicaSet 控制器就會發現 Pod 的數量沒有符合預期，再來就會根據 Pod 模板建立新的 `kuard` 的 Pod。

```
$ kubectl get pods
NAME          READY     STATUS    RESTARTS   AGE
kuard-yvzgd   1/1       Running   0          11s
```

檢查 ReplicaSet

與 Pod 和其他的 Kubernetes API 物件一樣，如果你想進一步了解 ReplicaSet，可以從 describe 指令中，取得更多有關 ReplicaSet 的狀態。以下範例是利用 describe 取得之前建立 ReplicaSet 的詳細資訊：

```
$ kubectl describe rs kuard
Name:           kuard
Namespace:      default
Selector:       app=kuard,version=2
Labels:         app=kuard
                version=2
Annotations:    <none>
Replicas:       1 current / 1 desired
Pods Status:    1 Running / 0 Waiting / 0 Succeeded / 0 Failed
Pod Template:
```

可以看到 ReplicaSet 的 label 選擇器，和 ReplicaSet 管理的所有 replica 的狀態。

從 Pod 找到所屬的 ReplicaSet

有時候，可能會想要知道某個 Pod 是否透過 ReplicaSet 所管理，如果是的話，那會是哪個的？為了能夠像這樣的探索，ReplicaSet 控制器對每個新建立的 Pod，增加了 ownerReferences。執行以下指令，尋找 ownerReferences 區塊：

```
$ kubectl get pods <pod-name> -o=jsonpath='{.metadata.ownerReferences[0].name}'
```

如果有的話，會列出管理這個 Pod，ReplicaSet 的名稱。

找到 ReplicaSet 中的 Pod

也可以透過 ReplicaSet 判斷那些被它管理 Pod。首先，可以透過 kubectl describe 指令，取得 label。在之前的範例中，label 選擇器是 app=kuard,version=2。透過 --selector 參數或是簡寫的 -l，找到符合這個選擇器的 Pod：

```
$ kubectl get pods -l app=kuard,version=2
```

這與 ReplicaSet 的查詢完全一樣，可以判斷目前 Pod 的數量。

擴展 ReplicaSet

你可以透過更新 ReplicaSet 物件中 spec.replicas 的欄位來調整副本的數量。當 ReplicaSet 擴展時，新的 Pod 會透過 ReplicaSet 中的 Pod 模版，提交給 Kubernetes API。

透過 kubectl Scale 指令進行擴展

最簡單的操作是透過在 kubectl 中的 scale 指令。例如，你要擴展成 4 個 replica，可以執行：

```
$ kubectl scale replicasets kuard --replicas=4
```

儘管這樣命令式的指令，對於示範和對緊急情況的快速反應（例如：對於突然增加的負載）是有用的，但是也必須修改任何文件檔配置，以符合透過 scale 的指令，設定的 replica 數量。當你看到下面的情境，命令式指令的面臨到問題就變得很明顯：

有天，是由 Alice 擔任 oncall 輪值，突然間，她所管理的服務湧進大量的負載。她用 scale 指令，將請求的伺服器增加為 10，這時問題就解決了。但是 Alice 忘了將 ReplicaSet 中修改的設定，併入到原始碼管理中。

幾天後，Bob 準備每週的 rollout，Bob 為了使用新的容器映像檔，正在編輯在版本控制中的 ReplicaSet 配置，但是他沒有注意到檔案中的 replica 的數量是 5，而不是 Alice 為處理大量負載而設定的 10。Bob 繼續進行 rollout，同時開始更新容器的映像檔，並減少了一半的 replica，這時立即因為過載造成過載或中斷。

這個虛構的故事，描述應該將任何臨時修改的變動寫到宣告的組態，並且送交到版本控制系統中的重要性。事實上，如果需求不是急迫的，通常建議只做如下章節所述的宣告式變更。

透過 kubectl apply 做宣告式縮放

在宣告式的世界中，會透過在版本管理中的修改配置檔，然後套用這個修改到叢集中。為了縮放 kuard 的 ReplicaSet，將 *kuard-rs.yaml* 的配置檔中的 replica 的數量修改為 3：

```
...
spec:
  replicas: 3
...
```

對於多人操作環境下，你會想要讓所有變動紀錄並進行程式碼審查，最後將其併入版本管理中。無論哪種方法，都可以使用 `kubectl apply` 指令，將變更的 kuard ReplicaSet 提交給 API 伺服器：

```
$ kubectl apply -f kuard-rs.yaml
replicaset "kuard" configured
```

現在需要更新 kuard 的 ReplicaSet 已經就定位，ReplicaSet 控制器會檢查預期的 Pod 數量被改變，接下來會做一些行為，以符合預期狀態。除非你在前一個部分，已經使用 `scale` 指令了，那麼 ReplicaSet 控制器就會銷毀一個 Pod，將其數量符合 3 個。不然的話，它就會使用 kuard 的 ReplicaSet 上所定義的 Pod 模板，將兩個新 Pod 提交到 Kubernetes API。無論如何，列用 `kubectl get pods` 指令，列出正在運行的 kuard Pod。你會看到以下輸出中有三個正在運行的 Pod，其中兩個的年紀因為才剛啟動所以比較小：

```
$ kubectl get pods
NAME          READY     STATUS    RESTARTS   AGE
kuard-3a2sb   1/1       Running   0          26s
kuard-wuq9v   1/1       Running   0          26s
kuard-yvzgd   1/1       Running   0          2m
```

ReplicaSet 的自動擴展

雖然有時候，會希望明確控制 ReplicaSet 中的 replica 數量，但我們往往只需要有「足夠」的 replica 就好了。定義會隨著 ReplicaSet 中容器的需求而改變。舉例來說，像 NGINX 這樣的網站伺服器，可能會根據 CPU 使用率而擴展。對於記憶體快取的服務，可能會根據記憶體消耗而擴展。有些情境，你可能也會希望透過自定義的應用程式指標進行擴展。Kubernetes 可以利用 *Horizontal Pod Autoscaling*（HPA），來處理這些情況。

「水平 Pod 自動擴展」聽起來很拗口，你可能會覺得為什麼不乾脆叫「自動擴展」就好。Kubernetes 其實有分成水平及垂直擴展，水平擴展是增加 Pod 的副本數量來達成；垂直擴展則是自動根據 Pod 所使用的資源量來調整 CPU 的請求量。還有其他的解決方案例如叢集自動擴容，會透過自動調整節點數量來滿足更多的資源需求，不過這個超過本章的範疇。

HPA 需要在叢集中安裝 metrics-server，metrics-server 會持續監控指標，以及提供 API 讓 HPA 可以決定是否要擴展。大多安裝 Kubernetes 的方式預設都會包含 metrics-server。可以使用在 kube-system 的 namespace 中，列出所有 Pod 來查看是否存在：

```
$ kubectl get pods --namespace=kube-system
```

應該會看到一個以 metrics-server 開頭的 Pod。如果沒有的話，那麼自動擴展就無法運作。

最常見的 Pod 自動擴展是依據 CPU 使用率來調整，但是你也可以根據記憶體的使用量來調整。用 CPU 的使用率來自動擴展通常比較適合專注於處理請求的應用程式，這些程式通常會因為請求的數量而影響 CPU 的使用量，但是卻不太需要大量的記憶體。

要擴展 ReplicaSet，可以用下面的指令：

```
$ kubectl autoscale rs kuard --min=2 --max=5 --cpu-percent=80
```

這個指令建立了一個自動縮放器，CPU 門檻為 80% 時，它可以在兩到五個 replica 之間做縮放。要查看、修改或是刪除這個資源，可以用 kubectl 指令，配合 horizontalpodautoscalers 的資源。horizontalpodautoscalers 有點長，可以輸入 hpa 就好。

```
$ kubectl get hpa
```

因為 Kubernetes 的去耦合特性，HPA 和 ReplicaSet 之間沒有直接的連結。雖然這對於模組和結構化非常有用，但也造成了一些反面模式，尤其是將自動擴展和 replica 數量的命令式或宣告式管理結合，這會有一點問題，如果你和自動縮放器，都試圖修改 replica 數量，那麼很可能會發生衝突，而導致非預期的行為。

移除 ReplicaSet

當不再需要 ReplicaSet 時，可以使用 kubectl delete 指令刪除它。

預設情況下，也會刪除 ReplicaSet 所管理的 Pod：

```
$ kubectl delete rs kuard
replicaset "kuard" deleted
```

執行 `kubectl get pods` 指令後，會看到由 kuard ReplicaSet 所建立全部 kuard 的 Pod 也跟著被刪除：

```
$ kubectl get pods
```

如果不想刪除由 ReplicaSet 所管理的 Pod，那麼可以將 `--cascade` 參數設為 `false`，只會刪除 ReplicaSet 物件，而不會刪除 Pod：

```
$ kubectl delete rs kuard --cascade=false
```

總結

透過 ReplicaSet 建立 Pod 提供了強壯的應用程式所需具備的自動故障轉移，並實現可擴展且健全的部署模式，讓部署變得很輕鬆。ReplicaSet 應該用於你關心的任何 Pod，即使它是單個 Pod！有些人甚至一開始就選擇使用 ReplicaSet，而不是 Pod。一個典型的叢集會有很多 ReplicaSet，分散在服務所觸及到的區域。

第十章

Deployment

到目前為止，我們已經知道如何將應用程式封裝為容器、建立容器的副本集合，並使用 service 將流量負載平衡到你的應用程式服務。Pod、ReplicaSet、和 Service 這些物件僅用於運行應用程式，並無法幫助你管理每週或每日發布的新版本應用程式，實際上我們也建議 Pod 和 ReplicaSet 都盡量使用固定的映像檔。

本章節介紹 Deployment 物件，它用於管理新版本的發布。Deployment 物件僅代表部署的應用程式本身，但不限於應用程式的特定軟體版本。此外，Deployment 可以輕鬆地從任意版本的程式碼，部署到另一個版本。這個「更新（rollout）」的流程是可以被細心定義的。個別 Pod 在進行輪替更新時的間隔時間可以獨立調整的。也可以透過健康檢查，來確保新版本的應用程式是否正常運行，並且在發生太多錯誤時停止部署。

使用 Deployment 可以可靠地推出新的軟體版本，而不會出現停機或錯誤。由 Deployment 進行的部署實際機制是在 Kubernetes 叢集中運行的 Deployment 控制器所處理，這表示更新的過程可以不需從旁監控但仍然可以正確且安全的進行更新。這讓 Deployment 與其他持續交付（continuous delivery）的工具和服務整合變得很簡單。此外，因為部署流程由伺服器負責，這使得你不需要擔心從網路較差或斷斷續續的環境中執行部署。想像你人在搭地鐵時，用手機部署新版本的應用程式，Deployment 讓這件事情成真且安全！

當 Kubernetes 第一次發布時，最受歡迎的就是「滾動更新（rolling update）」，它展示如何使用一個指令更新正在運行的應用程式，而不用停機或丟失請求。當初示範就是使用 `kubectl rolling-update` 指令，該指令在命令列工具中仍然可以使用，但大部分功能已經包含在 Deployment 物件中了

第一個 Deployment

就像 Kubernetes 中的所有物件一樣，deployment 可以表示為宣告式 YAML 物件，提供所有運行的詳細信息。在以下的例子中，deployment 將建立 kuard 應用程式的單一執行個體：

```
apiVersion: apps/v1
kind: Deployment
metadata:
  name: kuard
  labels:
    run: kuard
spec:
  selector:
    matchLabels:
      run: kuard
  replicas: 1
  template:
    metadata:
      labels:
        run: kuard
    spec:
      containers:
      - name: kuard
        image: gcr.io/kuar-demo/kuard-amd64:blue
```

將 YAML 存為 *kuard-deployment.yaml*，然後可以使用以下命令建立它：

```
$ kubectl create -f kuard-deployment.yaml
```

現在來看看，Deployment 實際上是如何運作的。如同在前面章節所提到的概念，ReplicaSet 用來管理 Pod，而 Deployment 則是管理 ReplicaSet。與 Kubernetes 中所有物件與物件之間的關係相同，由 label 和 label 選擇器來定義。我們可以在 Deployment 物件中看到 label 選擇器：

```
$ kubectl get deployments kuard \
  -o jsonpath --template {.spec.selector.matchLabels}

{"run":"kuard"}
```

從這裡可以看到 Deployment 正在管理一個 label 為 run=kuard 的 ReplicaSet。可以透過 ReplicaSet 的 label 選擇器，篩選特定的 ReplicaSet：

```
$ kubectl get replicasets --selector=run=kuard

NAME               DESIRED   CURRENT   READY     AGE
kuard-1128242161   1         1         1         13m
```

現在看看 Deployment 和 ReplicaSet 之間的關係。可以透過 `scale` 的指令，調整 Deployment 的大小：

```
$ kubectl scale deployments kuard --replicas=2

deployment.apps/kuard scaled
```

現在，如果再次查看 ReplicaSet，應該看到：

```
$ kubectl get replicasets --selector=run=kuard

NAME               DESIRED   CURRENT   READY     AGE
kuard-1128242161   2         2         2         13m
```

當我們擴展 Deployment 的時候，也同時也擴展了 Deployment 控制的 ReplicaSet。

現在反過來試試擴展 ReplicaSet 看看：

```
$ kubectl scale replicasets kuard-1128242161 --replicas=1

replicaset.apps/kuard-1128242161 scaled
```

再次查看 ReplicaSet：

```
$ kubectl get replicasets --selector=run=kuard

NAME               DESIRED   CURRENT   READY     AGE
kuard-1128242161   2         2         2         13m
```

有沒有覺得有點奇怪？即使將 ReplicaSet 縮小成一個 replica，但它的預期狀態仍然是兩個 replica。到底發生什麼事呢？

記住，Kubernetes 是即時自我修護系統。上層的 Deployment 物件，正在管理這個 ReplicaSet。原本 Deployment 的 replica 為 2，當調整 replica 為 1 時，不再符合 Deployment 的預期狀態。Deployment 控制器發現這樣的情形並採取行動，以確保目前狀態符合預期狀態，Deployment 控制器會重新調整 replica 的數量為 2 個。

如果想直接管理該 ReplicaSet，則需要刪除它上層的 Deployment（請記住將 `--cascade` 設置為 `false`，否則它將連同 ReplicaSet 和 Pod 一起刪除！）。

建立 Deployment

當然，正如其他章節所述，應該對您的 Kubernetes 組態進行宣告式管理。這表示需要透過 YAML 或 JSON 檔來維持 Deployment 的狀態。

首先，先下載 YAML 檔格式定義的 Deployment 物件：

```
$ kubectl get deployments kuard -o yaml > kuard-deployment.yaml
$ kubectl replace -f kuard-deployment.yaml --save-config
```

如果你打開檔案看看，你會看到像下面一樣的程式碼（我們有特地將一些唯讀跟預設值的欄位移除以方便閱讀）。可以特別注意一下 annotation，selector 跟 strategy 的欄位，因為這些資訊跟 Deployment 的運作息息相關：

```
apiVersion: apps/v1
kind: Deployment
metadata:
  annotations:
    deployment.kubernetes.io/revision: "1"
  creationTimestamp: null
  generation: 1
  labels:
    run: kuard
  name: kuard
spec:
  progressDeadlineSeconds: 600
  replicas: 1
  revisionHistoryLimit: 10
  selector:
    matchLabels:
      run: kuard
  strategy:
    rollingUpdate:
      maxSurge: 25%
      maxUnavailable: 25%
    type: RollingUpdate
  template:
    metadata:
      creationTimestamp: null
      labels:
        run: kuard
    spec:
      containers:
      - image: gcr.io/kuar-demo/kuard-amd64:blue
        imagePullPolicy: IfNotPresent
        name: kuard
```

```
        resources: {}
        terminationMessagePath: /dev/termination-log
        terminationMessagePolicy: File
      dnsPolicy: ClusterFirst
      restartPolicy: Always
      schedulerName: default-scheduler
      securityContext: {}
      terminationGracePeriodSeconds: 30
status: {}
```

你需要執行 `kubectl replace --save-config`，這樣會增加 annotation 欄位，以便在未來修改時，kubectl 才能知道最後的配置是什麼，進而更聰明的合併組態。如果你經常使用 `kubectl apply` 來執行組態更新的話，這個步驟只需要在你第一次使用 `kubectl create -f` 這個指令建立 Deployment 之後才需要執行。

Deployment 規格與 ReplicaSet 的結構非常相似。Deployment 管理的 replica 透過 Pod 模板建立容器。除 Pod 規格之外，還有 `strategy`（策略）物件：

```
...
  strategy:
    rollingUpdate:
      maxSurge: 25%
      maxUnavailable: 25%
    type: RollingUpdate
...
```

`strategy` 物件決定了滾動更新軟體的方式。Deployment 支援兩種 strategy 方式：`Recreate`（重建）和 `RollingUpdate`（滾動更新），這些在本章後面會詳細介紹。

管理 Deployment

與所有 Kubernetes 物件一樣，可以透過 `kubectl describe` 指令取得有關 Deployment 的詳細資訊，除此之外還會包含 Deployment 設定相關的欄位，像是 selector，replicas，events：

```
$ kubectl describe deployments kuard

Name:                   kuard
Namespace:              default
CreationTimestamp:      Tue, 01 Jun 2021 21:19:46 -0700
Labels:                 run=kuard
```

```
Annotations:            deployment.kubernetes.io/revision: 1
Selector:               run=kuard
Replicas:               1 desired | 1 updated | 1 total | 1 available | 0 ...
StrategyType:           RollingUpdate
MinReadySeconds:        0
RollingUpdateStrategy:  25% max unavailable, 25% max surge
Pod Template:
  Labels:  run=kuard
  Containers:
   kuard:
    Image:        gcr.io/kuar-demo/kuard-amd64:blue
    Port:         <none>
    Host Port:    <none>
    Environment:  <none>
    Mounts:       <none>
  Volumes:        <none>
Conditions:
  Type          Status  Reason
  ----          ------  ------
  Available     True    MinimumReplicasAvailable
OldReplicaSets:  <none>
NewReplicaSet:   kuard-6d69d9fc5c (2/2 replicas created)
Events:
  Type    Reason             Age                   From                Message
  ----    ------             ----                  ----                -------
  Normal  ScalingReplicaSet  4m6s                  deployment-con...   ...
  Normal  ScalingReplicaSet  113s (x2 over 3m20s)  deployment-con...   ...
```

在 describe 的輸出中，有很多重要的資訊。其中兩個最重要的資訊是 OldReplicaSets 和 NewReplicaSet。這些欄位指向目前這個 Deployment 正在管理的 ReplicaSet 物件。如果 Deployment 的狀態是正在更新中，則兩個欄位都會有資料。如果更新完成，那麼 OldReplicaSets 就會被設定為 <none>。

除了 describe 指令之外，還有用於 Deployment 的 kubectl rollout 指令。之後會更詳細地討論這個指令，但是現在，可以使用 kubectl rollout history，取得與某些 Deployment 有關的 rollout 的歷史紀錄。如果 Deployment 現在正在進行更新，則可以使用 kubectl rollout status，取得目前狀態。

更新 Deployment

Deployment 是描述部署應用程式的宣告式物件。Deployment 上最常見兩個操作是應用程式的擴展和更新。

擴展 Deployment

雖然前面已經示範了如何使用 `kubectl scale` 指令擴展 Deployment，但最好的方法是透過 YAML 檔，以宣告式檔案管理 Deployment，再透過 YAML 檔更新 Deployment。要擴展 Deployment，需要編輯 YAML 檔以增加 replica 數：

```
...
spec:
  replicas: 3
...
```

存檔並提交這個更改後，可以使用 `kubectl apply` 指令更新 Deployment：

```
$ kubectl apply -f kuard-deployment.yaml
```

這會更新 Deployment 的預期狀態，導致 ReplicaSet 大小增加，最終新的 Pod 建立在該 Deployment 下：

```
$ kubectl get deployments kuard

NAME    READY   UP-TO-DATE   AVAILABLE   AGE
kuard   3/3     3            3           10m
```

更新容器的映像檔

更新 Deployment 的另一個常見情境是更新容器中軟體的版本，要實現這一點，同樣地要編輯 Deployment 的 YAML 檔，但這次要更新容器映像檔，而不是 replica 數量：

```
...
      containers:
      - image: gcr.io/kuar-demo/kuard-amd64:green
        imagePullPolicy: Always
...
```

在 Deployment 的模板中增加 annotation，記錄有關更新訊息：

```
...
spec:
  ...
  template:
    metadata:
      annotations:
        kubernetes.io/change-cause: "Update to green kuard"
...
```

由於 kubectl apply 指令會使用到 Deployment 模板中的 annotation 欄位，請確保將此 annotation 新增到 Deployment 中的模板區塊，而不是 Deployment 物件本身，並且記得在進行擴展時不要更新 change-cause 的 annotation，因為修改 change-cause 對於模板是重大改變，會導致新的滾動更新發生。

再次執行 kubectl apply 來更新 Deployment：

```
$ kubectl apply -f kuard-deployment.yaml
```

在修改 Deployment 之後會觸發新的更新，然後可以透過 kubectl rollout 指令，進行觀察：

```
$ kubectl rollout status deployments kuard
deployment "kuard" successfully rolled out
```

可以看到由 Deployment 管理的新舊 ReplicaSet，以及正在使用的映像檔。新舊 ReplicaSet 會同時被保存，以防萬一需要回到舊版：

```
$ kubectl get replicasets -o wide

NAME               DESIRED   CURRENT   READY   ...   IMAGE(S)            ...
kuard-1128242161   0         0         0       ...   gcr.io/kuar-demo/   ...
kuard-1128635377   3         3         3       ...   gcr.io/kuar-demo/   ...
```

如果正處於更新階段中，基於某些原因（例如：如果在系統中看到怪異的狀態，並且想要調查）想要暫時停止更新，可以使用暫停指令：

```
$ kubectl rollout pause deployments kuard
deployment.apps/kuard paused
```

檢查過後，你認為更新可以繼續安全進行，可利用 resume 指令從原本暫停的地方繼續：

```
$ kubectl rollout resume deployments kuard
deployment.apps/kuard resumed
```

Rollout 歷史紀錄

Kubernetes 的 Deployment 保存了更新的歷史紀錄，這對於了解 Deployment 的過去的狀態，以及退到某一個特定的版本都是有幫助的。

可以執行以下指令，查看 Deployment 的歷史紀錄：

```
$ kubectl rollout history deployment kuard

deployment.apps/kuard
REVISION  CHANGE-CAUSE
1         <none>
2         Update to green kuard
```

修訂紀錄會從舊到新的順序排序，且每次更新都有一個唯一的修訂版號跟著遞增。到目前為止有兩個版本：一個是初始的 Deployment，另一個是將映像檔更新到 `kuard:green` 的版本。

如果想更深入了解某個版本，可以新增 `--revision` 參數來查看更詳細的資訊：

```
$ kubectl rollout history deployment kuard --revision=2

deployment.apps/kuard with revision #2
Pod Template:
  Labels:       pod-template-hash=54b74ddcd4
        run=kuard
  Annotations:  kubernetes.io/change-cause: Update to green kuard
  Containers:
   kuard:
    Image:      gcr.io/kuar-demo/kuard-amd64:green
    Port:       <none>
    Host Port:  <none>
    Environment:        <none>
    Mounts:     <none>
  Volumes:      <none>
```

現在我們再來更新一個版本，將 `kuard` 版本更新到 `blue`，並修改 `change-cause` 的 annotation，透過 `kubectl apply` 套用它。這時的修訂紀錄應該會有三個：

```
$ kubectl rollout history deployment kuard

deployment.apps/kuard
REVISION  CHANGE-CAUSE
1         <none>
2         Update to green kuard
3         Update to blue kuard
```

假設新版本有任何問題，想要先回到上個版本以便找出問題。可以簡單回到上一個版本：

```
$ kubectl rollout undo deployments kuard
deployment.apps/kuard rolled back
```

undo 指令，無論更新到哪一個階段都能夠作用。可以取消部分完成和完全完成的更新。取消更新的作法，其實是反向部署（例如，從 v2 到 v1），所有用來控制更新的策略也同時適用於取消時。可以發現 Deployment 物件只是單純調整 ReplicaSet 預期的 replica 數：

```
$ kubectl get replicasets -o wide

NAME               DESIRED   CURRENT   READY   ...   IMAGE(S)            ...
kuard-1128242161   0         0         0       ...   gcr.io/kuar-demo/   ...
kuard-1570155864   0         0         0       ...   gcr.io/kuar-demo/   ...
kuard-2738859366   3         3         3       ...   gcr.io/kuar-demo/   ...
```

使用宣告檔來控制生產系統時，會希望盡可能確保存放在版本控制系統中的 manifest 檔與叢集中實際運行中的狀態相符。當執行 kubectl rollout undo 時，其實我們正在忽略版本控制系統中的 manifest 檔狀態並更新生產環境。

另一個（也許是首選）取消 rollout 的方法，是還原（revert）YAML 檔和 kubectl apply 之前的版本。透過這種方式，「更改紀錄組態」會更貼近的紀錄真正運行資訊。

再一次看看 Deployment 修訂紀錄：

```
$ kubectl rollout history deployment kuard

deployment.apps/kuard
REVISION  CHANGE-CAUSE
1         <none>
3         Update to blue kuard
4         Update to green kuard
```

版本 2 消失了！原來是當回到上一個版本時，Deployment 只會重新使用該模板，並對其重新編號，使它成為最新版本，之前的版本 2，現在被重新排序為版本 4。

之前已經知道可以使用 kubectl rollout undo 指令來回到上一個的版本。此外，我們也可以使用 --to-revision 參數，回到到歷史紀錄中的指定版本：

```
$ kubectl rollout undo deployments kuard --to-revision=3
deployment.apps/kuard rolled back
$ kubectl rollout history deployment kuard
deployment.apps/kuard
REVISION  CHANGE-CAUSE
```

```
1         <none>
4         Update to green kuard
5         Update to blue kuard
```

執行 undo 後，我們可以發現 Deployment 回到版本 3，但再一次被重新編號為版本 5。

指定版本為 0，是指定上一個版本的簡寫。所以 kubectl rollout undo 就等同於 kubectl rollout undo --to-revision=0。

預設情況下，Deployment 的最後 10 個更新紀錄會附加到 Deployment 物件上。這邊建議如果你想留下比較長的 Deployment 紀錄，可以設定最大的版本紀錄數量，舉例來說，如果你每天都做更新，可以將版本紀錄設定為 14，這樣你會留下兩週內的所有版本紀錄（如果你不想要回到兩週以前的版本的話）。

要達成這個目的，可以透過設定 Deployment 中的 revisionHistoryLimit 欄位：

```
...
spec:
  # 每日進行版本更新，限制版本紀錄的數量為兩週
  revisionHistoryLimit: 14
...
```

Deployment 策略

當需要更改軟體版本時，Kubernetes Deployment 支援兩種的 rollout 策略，分別是**重建**（Recreate）及**滾動更新**（RollingUpdate）。讓我們各自介紹一下它們之間的差別。

Recreate 策略

Recreate 是這兩個策略中較為單純的。它只更新 ReplicaSet，讓 ReplicaSet 使用新的映像檔，並終止與 Deployment 相關聯的所有 Pod。ReplicaSet 會注意到它不再有任何 replica，並使用新映像檔重新建立所有的 Pod。一旦 Pod 被重新建立就會運行新的版本。

儘管這個策略快速又簡單，但是有可能造成服務中斷，因此，recreate 策略通常只是拿來應用在不怕服務中斷的測試 Deployment 上。

RollingUpdate 策略

RollingUpdate 策略比較推薦給所有面向用戶的服務使用。雖然 RollingUpdate 比 Recreate 速度慢，但它也明顯的更複雜可靠。透過 RollingUpdate 可以在無停機且服務仍在接收流量的情況下，推出新版本。

正如它的名字一樣，RollingUpdate 策略運作方式是每次逐步更新部分 Pod，直到所有的 Pod 都運行新的版本。

管理多個版本的服務

需要注意的是，滾動更新表示在某個時段內，新版和舊版的應用程式服務都會接收到請求。這對如何設計軟體具有相當重大意義，也就是說，能夠將用戶端設計成同時與新舊版本的服務運作是非常重要的一環。

思考一下這個情境：你正在部署前端程式，一半的伺服器運行版本 1，另一半運行版本 2。用戶向服務發出第一次請求，為了使用者界面下載 JavaScript 函式庫。這個請求，由版本 1 的伺服器回應，因此用戶收到版本 1 的函式庫。這個程式庫在瀏覽器中執行，並對服務發出其他的 API 請求。這些請求剛好被導入版本 2 伺服器中。因此，版本 1 的程式庫正在與版本 2 的伺服器溝通。如果沒有確保版本之間的相容性，應用程式將無法正常運作。

這在一開始看起來像不必要的煩惱。但事實上總會有這種問題，只是可能沒有注意到。具體來說，用戶在開始更新之前的 t 時間，發出請求。這請求由版本 1 的伺服器，提供服務。在 t_1 時間，你將服務更新到版本 2。在 t_2 時間，執行在版本 1 程式碼時，遇到由版本 2 伺服器運行的 API 端口。無論如何更新軟體，都必須保持向上和向下的相容性，以實現可靠的更新。RollingUpdate 策略的特性，會讓這個狀況相對明顯，而這是需要納入思考的問題。

這不僅適用於 JavaScript 用戶端，用戶端函式庫也是如此，函式庫被編譯後放在其他的服務，這個服務也會存取你的服務。所以你更新用戶端函式庫，不代表其他人已經更新了。向下相容性，對於服務與依賴於服務的系統去耦合來說相當重要。如果沒有結構化並將 API 去耦合，那麼你將不得不慎重地與其他使用你服務的系統一同管理更新。這種緊耦合，讓每週迅速推出新軟體變得非常困難，更別說每小時或每一天了。在圖 10-1 所示的去耦合的架構中，前端透過 API contract 和負載平衡器與後端隔離，而在耦合的架構中，前端的複雜型用戶端（thick client）用於直接連接後端。

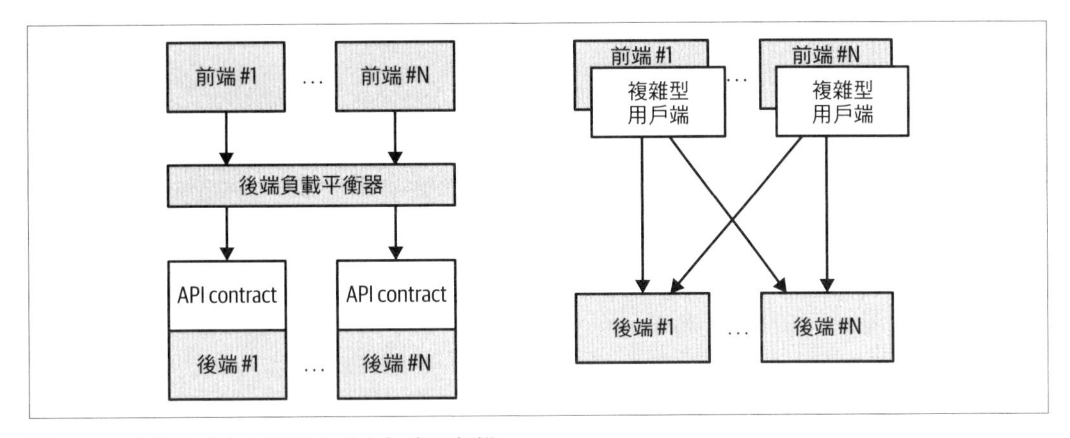

圖 10-1　去耦合（左）和耦合（右）應用架構

配置滾動更新

`RollingUpdate` 是通用的策略；它可以用來更新各種設置中的不同應用程式。因此，滾動更新本身是可配置的；可以調整它的行為來因應特殊需求。可以使用 `maxUnavailable` 和 `maxSurge` 這兩個參數來調整滾動更新的行為。

`maxUnavailable` 參數配置，是在滾動更新期間可以被標記為不可用 Pod 的最大數量。可以設置為絕對值（例如：如果設定 `3`，表示最多 3 個 Pod 可以為不可用），或百分比（例如：如果設定 `20%`，表示最多可以有 20% 的預期 replica 數不可用）。使用百分比表示以大多數服務來說是很好的方法，因為無論 Deployment 中期望的 replica 數是多少，該值都可以正確的被應用。但是，有時可能想要使用絕對值（例如：將最大不可用的限制為一個）。

重要的是 `maxUnavailable` 可用來幫助調整滾動更新的執行速度。舉例來說，如果將 `maxUnavailable` 設為 `50%`，則滾動更新時會立即將舊 ReplicaSet 縮小到原來大小的 50%。如果您有四個 replica，則會縮小為兩個 replica。滾動更新將新的 ReplicaSet 擴展到兩個 replica，來替換被移除的 Pod，現在總共有四個 replica（兩個舊的，兩個新的）。接下來，它會將舊的 ReplicaSet 縮小到 0 個 replica，整體總和為兩個新 replica。最後，它將把新 replica 擴展到四個，然後完成更新。因此，在 `maxUnavailable` 設為 `50%` 的情況下，更新會分四個階段完成，但在某些時間中我們的服務容量將只會有 50%。

那麼改用 `maxUnavailable` 設為 `25%`，會發生什麼情況？這時每個步驟只會調整一個 replica，因此需要兩倍的步驟來完成，但是在更新期間服務容量只降到最低 75%。這說明如何透過設置 `maxUnavailable` 將可用性用來換取部署速度。

在過程中應該會注意到，事實上 recreate 的策略與 `maxUnavailable` 設為 `100%` 的滾動更新策略是一樣的。

無論你的服務是有週期性的流量模式（例如：在夜間流量會比較少）或是當你只有有限的資源，在不可能擴展資源到大於目前 replica 最大數量的狀況下，使用較少的服務容量來達成一個成功的版本更新是非常有用的。

但在某些情況下，不希望低於 100％的性能，但是你願意暫時使用額外的資源來執行更新。在這樣的情境下，可以將 `maxUnavailable` 設為 `0%`，而使用 `maxSurge` 來控制更新。就像 `maxUnavailable` 一樣，可以將 `maxSurge` 設定為特定的數字或是百分比。

`maxSurge` 可以控制建立多少額外的資源來完成更新。為了說明這是如何運作的，想像一下有 10 個 replica 的服務。將 `maxUnavailable` 設為 0，`maxSurge` 設為 `20%`。首先，會將新的 ReplicaSet 擴展到 2 個 replica，服務總共有 12 個（120％）。接下來會講把舊 ReplicaSet 縮減到 8 個 replica，replica 總共有 10 個（8 個舊的，2 個新的）。此過程會一直繼續進行，直到更新完成。這裡的服務性能維持至少為 100%，用於 rollout 的最大額外資源限制在 20%。

將 `maxSurge` 設為 `100%` 相當於藍 / 綠部署（blue/green deployment）。Deployment 控制器會先將新版本擴展成到舊版本的 1 倍。確認新版本是健康的之後，立即將舊版縮小為 0%。

減緩更新速度來確保服務的健康

分階段更新的目的是確保更新能夠運行一個穩定且健康的新版本，為此，Deployment 控制器會一直到 Pod 已準備完成，才再繼續更新下一個 Pod。

Deployment 控制器會根據 readiness 檢查確定 Pod 的狀態。Readiness 檢查是 Pod 健康探測，在第 5 章有詳細介紹。若要使用 Deployment 來可靠地部署新版本，則必須在 Pod 的容器中設定 readiness 檢查，沒有這些檢查的話，Deployment 控制器將會盲目地運行。

然而有時候，Pod 顯示準備就緒，並無法代表足夠的信心說明 Pod 實際上是功能正常的，因為某些錯誤情況需要一定的運行時間。例如，可能有嚴重的記憶體洩漏，需要幾分鐘才能發現，或者有個 bug 只有 1% 的請求會觸發。多半在現實中，需要過一段時間才能夠相信新版本是完成正確，然後才再繼續更新下一個 Pod。

對於 Deployment，這個等待時間由 `minReadySeconds` 定義：

```
...
spec:
  minReadySeconds: 60
...
```

將 `minReadySeconds` 設為 60，表示 Deployment 必須確認 Pod 是健康的後，等待 60 秒，才再繼續更新下一個 Pod。

除了等待 Pod 變得健康之外，還需要設定 timeout 來限制等待的時間。例如，假設新版本有一個錯誤，並立即死鎖（deadlock），它永遠不會到準備就緒的階段，在沒有 timeout 的情況下，Deployment 控制器永遠卡在更新中。

在這樣情況下的正確作法是讓更新超時（timeout），換句話說就是更新失敗。這個故障的狀態可以觸發警報，該警報可以向操作員反應此次更新有問題。

乍看之下限制更新的時間似乎是多餘的。然而，越來越多更新是由系統自動觸發的行為，幾乎是無人工介入的，在這樣情況下，超時（timeout）成為重要的例外事件，它可以自動觸發回到上一版本，也可以建立 ticket 或事件，以人工來介入處置。

要設定超時，使用 Deployment 中的 `progressDeadlineSeconds`：

```
...
spec:
  progressDeadlineSeconds: 600
...
```

這個範例中，將進度最終時間設為 10 分鐘。如果更新中任何階段超過 10 分鐘都沒有進度，則 Deployment 會標記為失敗，接下來的更新也都會中斷。

要注意的是，這個超時是根據 Deployment 的**進度**來計算，而不是 Deployment 的總時間長度，在這個前提之下，任何時候 Deployment 的建立或刪除 Pod 都會定義新的進度，發生這種情況時，超時計時器被重置為 0。圖 10-2 說明了部署生命週期。

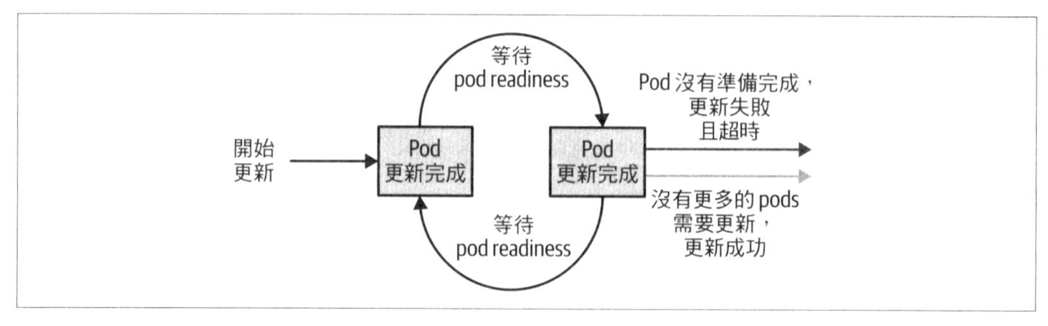

圖 10-2　Kubernetes Deployment 的生命週期

刪除 Deployment

如果想要刪除 Deployment，可以使用命令式指令執行：

```
$ kubectl delete deployments kuard
```

或者使用之前建立的宣告式 YAML 檔：

```
$ kubectl delete -f kuard-deployment.yaml
```

預設這兩種情況下，都會刪除 Deployment，並刪除整個服務。這不僅會刪除 Deployment，還有被管理的 ReplicaSet，以及由 ReplicaSet 所管理的所有 Pod。就如同 ReplicaSet 一樣，如果這不是你預想的行為，可以使用 `--cascade = false` 參數，只刪除 Deployment 物件就好。

監控 Deployment

如果一個 Deployment 在一定的時間內都沒有任何進度，就會超時。這時候 Deployment 的狀態會被標記為失敗。可以從 `status.conditions` 欄位取得這個狀態，其中有個 `Type` 為 `Progressing` 且 `Status` 為 `False` 的條件。在這種狀態下的更新已失敗，並且不會繼續更新，我們可以使用 `spec.progressDeadlineSeconds` 欄位來設置 deployment 控制器需要等待多少時間來將這次更新標記為失敗。

總結

到頭來，Kubernetes 的主要目標是讓你輕鬆構建和部署可靠的分散式系統，這表示不僅要能運行應用程式一次，而且還要管理定期的新版本推出。在你的服務中，Deployment 物件將會是用來管理 rollout 和確保 rollout 是否可靠的關鍵環節。下一個章節我們會談到 DaemonSet，這個物件會確保每一個 Kubernetes 的節點都一定會有單獨一個指定的 Pod 在上面運作。

第十一章

DaemonSet

Deployment 和 ReplicaSet 通常是用於建立具有多個副本的服務（例如網站伺服器）以實現備援性，但是這並不是叢集中複製一組 Pod 的唯一原因。另一個原因是想要為每個節點都安排一個 Pod。一般來說，將 Pod 複製到每個節點的目的是在每個節點上放置某種 agent 或常駐程式，而在 Kubernetes 物件中，可以透過 DaemonSet 來做到。

DaemonSet 會確保 Pod 的副本在每一個節點中運行。DaemonSet 用於部署系統常駐程式（例如：日誌收集器和監控 agent），這些常駐程式通常必須在每一個節點上運行。DaemonSet 與 ReplicaSet 有類似的功能，都會建立長期運行的 Pod，並確保預期的狀態和叢集的目前狀態相符。

考慮到 DaemonSet 和 ReplicaSet 之間很相似，了解哪一種情境需要使用哪一種物件變得很重要。當應用程式與節點完全去耦合，並且在同一個節點上運行多個副本沒有其他疑慮時，應使用 ReplicaSet。當應用程式的單一副本必須在叢集中的所有或部分節點上運行時，應該就使用 DaemonSet。

我們不應該使用調度限制或其他參數來確保 Pod 不在同一個節點上。如果希望每個節點只要有一個 Pod，那麼 DaemonSet 是正確的選擇。同樣，如果發現自己透過一組相同的副本來服務用戶流量，那麼 ReplicaSet 就是正確的選擇。

你可以使用 label 在特定節點上運行 DaemonSet。例如：想在暴露於邊緣的節點上運行入侵檢測軟體。

你也可以使用 DaemonSet 在基於雲端的叢集中的節點上安裝軟體。在許多雲端服務上，叢集的升級或擴展是透過移除或建立新的虛擬機器來達成。如果你希望（或 IT 要求）在每個節點上都安裝特定的軟體，則這種動態的**不可變基礎設施**（*immutable infrastructure*）可能會引起問題。為了確保不論在升級和擴展後，每台伺服器上都安裝了特定的軟件，選擇 DaemonSet 是正確的方法。你甚至可以掛載主機文件系統，並運行腳本將 RPM/DEB 套件包安裝到操作系統中。透過這種方式，你擁有的雲端叢集還是可以滿足 IT 部門的要求。

DaemonSet 調度器

預設情況下，除非使用節點選擇器，否則 DaemonSet 會在每個節點上建立 Pod 的副本，而使用節點選擇器會限制在只有符合條件的節點才會建立這個 Pod。DaemonSet 透過 Pod 規格內的 `nodeName` 欄位，來判斷 Pod 將在哪個節點上運行。如此一來，經由 DaemonSet 所建立的 Pod 將不會被 Kubernetes 的調度器列入排程中。

與 ReplicaSet 一樣，DaemonSet 藉由調節控制迴圈管理，調節迴圈透過目前狀態（某個節點上是否存在 Pod）來量測預期狀態（Pod 都有在所有節點上）。根據這些資訊，DaemonSet 控制器，會在那些尚未存在 Pod 的節點上，建立一個 Pod。

如果將新節點加入到叢集中，則 DaemonSet 控制器會發現這個節點中少了這一個 Pod，並將該 Pod 加入到新節點中。

DaemonSet 和 ReplicaSet 是 Kubernetes 是去耦合重要性的最好證明。正確的設計模式看起來是將 ReplicaSet 擁有它所管理的 Pod，並且將 Pod 視為 ReplicaSet 的子資源。同樣，由 DaemonSet 管理的 Pod，也是 DaemonSet 的子資源。但是這種封裝需要工具來處理 Pod 不同的管理方式，一個 DaemonSet，一個 ReplicaSet。相反的，在 Kurbernetes 使用去耦合的方式中，Pod 是屬於最高層級的物件。這意味著在 ReplicaSet 上所學習到的每個工具（例如：`kubectl logs <pod-名稱>`）同樣適用於由 DaemonSet 建立的 Pod。

建立 DaemonSet

透過向 Kubernetes API 伺服器，提交一個 DaemonSet 配置，來建立 DaemonSet。以下的 DaemonSet，會在叢集中每個 node 上建立一個 `fluentd` 的日誌代理（範例 11-1）。

範例 *11-1　fluentd.yaml*

```
apiVersion: apps/v1
kind: DaemonSet
metadata:
  name: fluentd
  labels:
    app: fluentd
spec:
  selector:
    matchLabels:
      app: fluentd
  template:
    metadata:
      labels:
        app: fluentd
    spec:
      containers:
      - name: fluentd
        image: fluent/fluentd:v0.14.10
        resources:
          limits:
            memory: 200Mi
          requests:
            cpu: 100m
            memory: 200Mi
        volumeMounts:
        - name: varlog
          mountPath: /var/log
        - name: varlibdockercontainers
          mountPath: /var/lib/docker/containers
          readOnly: true
      terminationGracePeriodSeconds: 30
      volumes:
      - name: varlog
        hostPath:
          path: /var/log
      - name: varlibdockercontainers
        hostPath:
          path: /var/lib/docker/containers
```

在同一個的 Kubernetes namespace 中，所有 DaemonSet 的名稱都是唯一的。每個 DaemonSet，都必須包含一個 Pod 規格模板，這個規格用來建立 Pod。這就是 ReplicaSet 與 DaemonSet 相似的地方。與 ReplicaSet 不同的地方，除非使用節點選擇器，不然的話 DaemonSet 預設會在每個節點上建立 Pod。

一旦有了有效的 DaemonSet 配置，就可以使用 `kubectl apply` 指令，將 DaemonSet 提交給 Kubernetes API。在本章節中，我們將建立一個 DaemonSet，來確保叢集中的每個 node 上都運行 `fluentd` 的 HTTP 伺服器：

```
$ kubectl apply -f fluentd.yaml
daemonset.apps/fluentd created
```

一旦 `fluentd` 的 DaemonSet 成功提交給 Kubernetes API，就可以使用 `kubectl describe` 指令，查詢目前狀態：

```
$ kubectl describe daemonset fluentd
Name:           fluentd
Selector:       app=fluentd
Node-Selector:  <none>
Labels:         app=fluentd
Annotations:    deprecated.daemonset.template.generation: 1
Desired Number of Nodes Scheduled: 3
Current Number of Nodes Scheduled: 3
Number of Nodes Scheduled with Up-to-date Pods: 3
Number of Nodes Scheduled with Available Pods: 3
Number of Nodes Misscheduled: 0
Pods Status:  3 Running / 0 Waiting / 0 Succeeded / 0 Failed
...
```

這個輸出表示 `fluentd` Pod，已經成功部署到叢集中的三個節點裡。可以利用 `-o` 參數的 `kubectl get pods` 指令來驗證，以輸出每個 `fluentd` Pod 分配的節點：

```
$ kubectl get pods -l app=fluentd -o wide
NAME            READY   STATUS    RESTARTS   AGE   IP             NODE
fluentd-1q6c6   1/1     Running   0          13m   10.240.0.101   k0-default...
fluentd-mwi7h   1/1     Running   0          13m   10.240.0.80    k0-default...
fluentd-zr6l7   1/1     Running   0          13m   10.240.0.44    k0-default...
```

如果有 `fluentd` DaemonSet 時，每當叢集新增新節點時會自動將一個 `fluentd` 的 Pod 部署到該 node 中：

```
$ kubectl get pods -l app=fluentd -o wide
NAME            READY   STATUS    RESTARTS   AGE   IP             NODE
fluentd-1q6c6   1/1     Running   0          13m   10.240.0.101   k0-default...
fluentd-mwi7h   1/1     Running   0          13m   10.240.0.80    k0-default...
```

```
fluentd-oipmq   1/1     Running   0          43s   10.240.0.96    k0-default...
fluentd-zr6l7   1/1     Running   0          13m   10.240.0.44    k0-default...
```

這正是我們在管理日誌常駐程式和其他叢集服務時所需要的。我們不需要手動處理任何的動作，這就是 Kubernetes DaemonSet 控制器如何確保當前狀態與預期的狀態一致的表現。

限制 DaemonSet 在某些節點

使用 DaemonSet 最常見的例子，是在 Kubernetes 叢集的每個節點上運行一個 Pod。但是，在某些只想將 Pod 部署到部分的 node 情況下，例如，可能有一個工作負載，只能在部分有 GPU 或具備存取快速儲存空間的節點上運行。在這樣的情況下，節點 label 可以用來標記符合工作負載，只要求的特定節點。

新增 label 到節點

限制 DaemonSet 到某些節點的第一步，是將所需的一組 label 加入到部分的節點中。這可以使用 `kubectl label` 指令來完成。

以下指令將 `ssd=true` 標籤加入到某個節點中：

```
$ kubectl label nodes k0-default-pool-35609c18-z7tb ssd=true
node/k0-default-pool-35609c18-z7tb labeled
```

就像使用其他 Kubernetes 資源一樣，列出沒有指定 label 選擇器的節點，將會回傳所有叢集中的節點：

```
$ kubectl get nodes
NAME                            STATUS   ROLES    AGE   VERSION
k0-default-pool-35609c18-0xnl   Ready    agent    23m   v1.21.1
k0-default-pool-35609c18-pol3   Ready    agent    1d    v1.21.1
k0-default-pool-35609c18-ydae   Ready    agent    1d    v1.21.1
k0-default-pool-35609c18-z7tb   Ready    agent    1d    v1.21.1
```

使用 label 選擇器，可以根據 label 篩選節點。要只列出 label `ssd` 為 `true` 的 node，可以使用 `kubectl get nodes` 指令，搭配 `--selector` 參數：

```
$ kubectl get nodes --selector ssd=true
NAME                            STATUS   ROLES    AGE   VERSION
k0-default-pool-35609c18-z7tb   Ready    agent    1d    v1.21.1
```

Node 選擇器

節點選擇器，可用於限制 Pod 在某些節點中才可以運行。建立 DaemonSet 時，節點選擇器被定義為 Pod 規格的一部分。以下 DaemonSet 的配置，將 NGINX 限制在具有 ssd=true label 的節點上運行（範例 11-2）。

範例 *11-2　nginx-fast-storage.yaml*

```
apiVersion: apps/v1
kind: "DaemonSet"
metadata:
  labels:
    app: nginx
    ssd: "true"
  name: nginx-fast-storage
spec:
  selector:
    matchLabels:
      app: nginx
      ssd: "true"
  template:
    metadata:
      labels:
        app: nginx
        ssd: "true"
    spec:
      nodeSelector:
        ssd: "true"
      containers:
        - name: nginx
          image: nginx:1.10.0
```

讓我們看看在將 nginx-fast-storage 的 DaemonSet，提交給 Kubernetes API 時會發生什麼：

```
$ kubectl apply -f nginx-fast-storage.yaml
daemonset.apps/nginx-fast-storage created
```

因為只有一個 node 具有 ssd = true 的 label，所以 nginx-fast-storage Pod，只能在那個 node 上運行：

```
$ kubectl get pods -l app=nginx -o wide
NAME                      READY   STATUS    RESTARTS   AGE   IP            NODE
nginx-fast-storage-7b90t  1/1     Running   0          44s   10.240.0.48   ...
```

將 `ssd=true` 的 label 加入到其他節點，會讓這些節點上也部署 `nginx-fast-storage` Pod。反過來也是如此：如果從節點中移除了所需的 label，那麼 Pod 將被 DaemonSet 控制器刪除。

從 DaemonSet 的節點選擇器中移除所需的 label 會導致由該 DaemonSet 管理的 Pod 從節點中被刪除。

更新 DaemonSet

DaemonSet 非常適合在整個叢集中部署服務，那麼更新升級呢？在 Kubernetes 1.6 之前，更新由 DaemonSet 管理的 Pod 的唯一方法是更新 DaemonSet，然後手動刪除由 DaemonSet 管理的每個 Pod，讓它能夠利用新的配置重新建立 Pod。隨著 Kubernetes 1.6 的發布，DaemonSet 也有與 Deployment 物件一樣的 rollout 物件。

你可以透過 Deployment 所用的 `RollingUpdate` 來 roollout DaemonSet。使用 `spec.updateStrategy.type` 欄位更新策略，將值設為 `RollingUpdate`。當 DaemonSet 為 `RollingUpdate` 更新策略時，在 DaemonSet 中的 `spec.template` 欄位（或子欄位），有任何更改都將啟動滾動更新。

與 deployment 的滾動更新一樣（請參閱第 10 章），`RollingUpdate` 逐步地更新 DaemonSet 的 Pod，直到所有的 Pod 都運行新的配置。控制 DaemonSet 的滾動更新有兩個參數：

`spec.minReadySeconds`
: 在決定升級下一個 Pod 之前，這一個 Pod「ready（準備就緒）」的時間

`spec.updateStrategy.rollingUpdate.maxUnavailable`
: 它表示可以同時滾動更新多少個 Pod

您可能想把 `spec.minReadySeconds` 設定一個相當久的值（例如：30-60 秒），以確保 Pod 在 rollout 之後是真正健康的。

而 `spec.updateStrategy.rollingUpdate.maxUnavailable` 的設定，比較是取決於應用程式。將其設定為 `1` 是個安全且通用的策略，但是也需要一段時間才能 rollout 完畢（節點數 × `maxReadySeconds`）。增加 maxUnavailable，可以將其 rollout 變得更快，但會增加

rollout 失敗的「爆炸半徑」。應用程式和叢集環境的特點，決定了速度與安全性的相對值。一個好的方法可能是將 `maxUnavailable` 設為 1，在用戶或管理員抱怨 DaemonSet 的 rollout 速度時才增加它。

當滾動更新開始，可以使用 `kubectl rollout` 指令，查看目前 DaemonSet rollout 的狀態。例如，`kubectl rollout status daemonSets my-daemon-set`，會顯示名為 `my-daemon-set` 的 DaemonSet 的目前 rollout 狀態。

刪除 DaemonSet

使用 `kubectl delete` 指令刪除一個 DaemonSet 非常簡單。只要確保需要刪除的 DaemonSet 的正確名稱：

```
$ kubectl delete -f fluentd.yaml
```

刪除 DaemonSet 也會刪除該 DaemonSet 管理的所有 Pod。利用 `--cascade` 參數設為 `false`，以確保只有 DaemonSet 被刪除，而不是 Pod。

總結

DaemonSet 為每個節點上運行的一組 Pod 提供一個易用的抽象，或在需要的情況下，在基於 label 的節點上運行一組 Pod。它提供了自己的控制器和調度器，以確保像是監控 agent 這種關鍵服務始終在正確的節點上運行。

對於某些應用程式，只需要安排一定數量的 replica，且有足夠的資源和分配來運作，並不用關心它們在哪裡運行。但是，有一種應用程式（例如：代理和監控應用程式），需要在叢集中的每台機器上都能運行。這些 DaemonSet 並不是傳統的服務應用程式，而是 Kubernetes 叢集本身所新增額外的功能和特性。由於 DaemonSet 是控制器所管理的主動宣告式物件，不必特別設定它就會在每台機器上運行。這在自動擴展的 Kubernetes 叢集下特別有用，無須動手即可縮放。在這種情況下，DaemonSet 會自動將適當的 agent 加入到每個節點，因為它是由自動縮放器加入到叢集中的。

第十二章

Job

到目前為止，我們專注於長時間執行的程序，如資料庫和網站應用程式。這類型的程序會持續運行，直到升級或不再需要該服務後才會停止。雖然在 Kubernetes 叢集中大部分都是長時間運行的程序，但通常也需要執行短暫且一次性的工作。Job 就適用於處理這類型的工作。

一個 Job 建立一組 Pod，直到程序執行成功才結束（程序結束時回傳 0）。相對的來說，一般的 Pod 則是不論程序結束的狀態為何，都會不斷的重啟。Job 對於一次性的任務非常好用，例如資料庫遷移或批次處理作業。如果以一般 Pod 的形式運行，你的資料庫遷移任務將會不斷被重複執行，且每次遷移任務結束重啟後會再次對資料庫寫入遷移的資料。

在本章中，我們將探討 Kubernetes 中常見的 Job 模式，並透過真實情境的範例下使用這些模式。

Job 物件

Job 物件負責建立和管理在 Job 規格中所定義的模板中的 Pod。這些 Pod 運行直到回傳成功為止。Job 物件會同時協調運行多個 Pod。

如果 Pod 在成功結束之前出錯，此時 Job 控制器會根據 Job 規格中的 Pod 模板再建立一個新的 Pod。由於新的 Pod 必須調度後才能運行，如果調度器找不到需要的資源，就有可能無法執行你的 Job，此外，由於分散式系統的特性，在某些故障情況下，會有機會重複建立特定工作的 Pod。

Job 的模式

Job 設計來管理批次處理類型的工作負載，而工作負載由一個或多個 Pod 處理。預設情況下，每個 Job 都會運行一個 Pod，直到成功終止。Job 模式由 Job 的兩個主要屬性定義，即 Job 完成的數量與平行運行的 Pod 數量。在「運行一次直到完成」模式下，completions 與 parallelism 參數設置為 1。表 12-1 透過基於 completion 與 parallelism 組合的 Job 配置來凸顯 Job 模式。

表 12-1　Job 模式

型態	使用場景	行為	Completions	Parallelism
單一次數	資料庫遷移	單一 Pod 執行程式直到成功結束	1	1
固定次數，平行運作	多個 Pod 同步處理一批工作	一或多個 Pod 重複執行一到多次直到固定次數被執行完成	1+	1+
工作佇列：平行運作	多個 Pod 處理集中佇列中的任務	一或多個 Pod 持續消化佇列直到成功結束	1	2+

單一次數模式

單一次數 Job 提供一種運行單個 Pod 直到成功終止的方法。雖然這感覺起來是簡單的事，但它其實還是需要額外的設定工作。首先，必須建立 Pod 並將其提交給 Kubernetes API，這透過 Job 配置中所定義的 Pod 模板來完成，一旦 Job 啟動並運行後，必須監控 Job 所使用的 Pod 直到成功結束。Job 可能有很多原因而失敗，包括應用程式錯誤、運行時未捕捉的例外或當 Job 快完成工作前的發生節點故障，在任何情況下，Job 控制器會負責重新建立 Pod，直到成功的結束。

在 Kubernetes 中建立單一次數 Job 有多種方法。最簡單的方法是使用 kubectl 命令列工具：

```
$ kubectl run -i oneshot \
  --image=gcr.io/kuar-demo/kuard-amd64:blue \
  --restart=OnFailure \
  --command /kuard \
  -- --keygen-enable \
     --keygen-exit-on-complete \
     --keygen-num-to-gen 10

...
```

```
(ID 0) Workload starting
(ID 0 1/10) Item done: SHA256:nAsUsG54XoKRkJwyN+OShkUPKew3mwq7OCc
(ID 0 2/10) Item done: SHA256:HVKX1ANns6SgF/er1lyo+ZCdnB8geFGt0/8
(ID 0 3/10) Item done: SHA256:irjCLRov3mTT0P0JfsvUyhKRQ1TdGR8H1jg
(ID 0 4/10) Item done: SHA256:nbQAIVY/yrhmEGk3Ui2sAHuxb/o6mYO0qRk
(ID 0 5/10) Item done: SHA256:CCpBoXNlXOMQvR2v38yqimXGAa/w2Tym+aI
(ID 0 6/10) Item done: SHA256:wEY2TTIDz4ATjcr1iimxavCzZzNjRmbOQp8
(ID 0 7/10) Item done: SHA256:t3JSrCt7sQweBgqG5CrbMoBulwk4lfDWiTI
(ID 0 8/10) Item done: SHA256:E84/Vze7KKyjCh9OZh02MkXJGoty9PhaCec
(ID 0 9/10) Item done: SHA256:UOmYex79qqbI1MhcIfG4hDnGKonlsij2k3s
(ID 0 10/10) Item done: SHA256:WCR8wIGOFag84Bsa8f/9QHuKqF+0mEnCADY
(ID 0) Workload exiting
```

有一些事情要注意：

- `kubectl` 的 `-i` 選項表示這是一個互動式指令，`kubectl` 會一直等到 Job 開始運行，然後顯示從 Job 中第一個 Pod 輸出的日誌（只有在互動式指令的情況之下）。
- 當 `kubectl` 要建立一個 Job 物件時，`--restart=OnFailure` 參數會傳遞給它。
- 在 `--` 之後的所有選項都是容器映像檔的命令列參數，這些參數會傳遞給我們的測試服務器（`kuard`）產生 10 個 4096 位元的 SSH 密鑰，然後退出。
- 你的輸出可能跟本書範例不一樣，使用 `-i` 參數時，`kubectl` 經常會忽略輸出的前幾行。

當 Job 完成後，Job 物件和相關的 Pod 仍然還在，你可以輸出日誌。請注意，除非你設定 `-a` 參數，否則當使用 `kubectl get jobs` 並不會列出這個 Job。沒有這個參數的話，`kubectl` 會隱藏已完成的 Job。在繼續之前先刪除 Job：

```
$ kubectl delete pods oneshot
```

建立一次性 Job 的另一個方法是使用配置文件，如範例 12-1 所示。

範例 *12-1 job-oneshot.yaml*

```
apiVersion: batch/v1
kind: Job
metadata:
  name: oneshot
spec:
  template:
    spec:
      containers:
      - name: kuard
        image: gcr.io/kuar-demo/kuard-amd64:blue
```

```
          imagePullPolicy: Always
          command:
          - "/kuard"
          args:
          - "--keygen-enable"
          - "--keygen-exit-on-complete"
          - "--keygen-num-to-gen=10"
        restartPolicy: OnFailure
```

透過 kubectl apply 指令提交 job：

```
$ kubectl apply -f job-oneshot.yaml
job.batch/oneshot created
```

然後透過 describe 指令，查詢 oneshot Job。

```
$ kubectl describe jobs oneshot

Name:           oneshot
Namespace:      default
Selector:       controller-uid=a2ed65c4-cfda-43c8-bb4a-707c4ed29143
Labels:         controller-uid=a2ed65c4-cfda-43c8-bb4a-707c4ed29143
                job-name=oneshot
Annotations:    <none>
Parallelism:    1
Completions:    1
Start Time:     Wed, 02 Jun 2021 21:23:23 -0700
Completed At:   Wed, 02 Jun 2021 21:23:51 -0700
Duration:       28s
Pods Statuses:  0 Running / 1 Succeeded / 0 Failed
Pod Template:
  Labels:  controller-uid=a2ed65c4-cfda-43c8-bb4a-707c4ed29143
           job-name=oneshot
Events:
  ... Reason            Message
  ... ------            -------
  ... SuccessfulCreate  Created pod: oneshot-4kfdt
```

你可以透過查看已經建立的 Pod 日誌來觀察 Job 的運行結果：

```
$ kubectl logs oneshot-4kfdt

...
Serving on :8080
(ID 0) Workload starting
(ID 0 1/10) Item done: SHA256:+r6b4W81DbEjxMcD3LHjU+EIGnLEzbpxITKn8IqhkPI
(ID 0 2/10) Item done: SHA256:mzHewajaY1KA8VluSLOnNMk9fDE5zdn7vvBS5Ne8AxM
(ID 0 3/10) Item done: SHA256:TRtEQHfflJmwkqnNyGgQm/IvXNykSBIg8c03h0g3onE
```

```
(ID 0 4/10) Item done: SHA256:tSwPYH/J347il/mgqTxRRdeZcOazEtgZlA8A3/HWbro
(ID 0 5/10) Item done: SHA256:IP8XtguJ6GbWwLHqjKecVfdS96B17nnO21I/TNc1j9k
(ID 0 6/10) Item done: SHA256:ZfNxdQvuST/6ZzEVkyxdRG98p73c/5TM99SEbPeRWfc
(ID 0 7/10) Item done: SHA256:tH+CNl/IUl/HUuKdMsq2XEmDQ8oAvmhMO6Iwj8ZEOj0
(ID 0 8/10) Item done: SHA256:3GfsUaALVEHQcGNLBOu4Qd1zqqqJ8j738i5r+I5XwVI
(ID 0 9/10) Item done: SHA256:5wV4L/xEiHSJXwLUT2fHf0SCKM2g3XH3sVtNbgskCXw
(ID 0 10/10) Item done: SHA256:bPqqOonwSbjzLqe9ZuVRmZkz+DBjaNTZ9HwmQhbdWLI
(ID 0) Workload exiting
```

恭喜，你的 Job 已經成功執行了！

你可能已經注意到，我們在建立 Job 物件時沒有指定任何 label。與透過 label 識別每一組 Pod 的其他控制器一樣（DaemonSet、ReplicaSet、deployment 等），如果 Pod 在不同的物件中被重複使用，則可能會發生意外行為。

因為 Job 的開始和結束時間點都是有限的，所以使用者常常建立很多 Job。這使得選擇獨特的 label 變得更困難且重要。因此，Job 物件會自動選擇一個獨特的 label，並用它來標識該 Job 所建立的 Pod。在進階的使用情境下（例如：更改正在運行的 Job，但不移除其管理中的 Pod），使用者可以選擇關閉此自動行為，並透過手動指定 label 和選擇器。

我們剛剛看到一個 Job 如何成功執行。但是如果失敗了會發生什麼？讓我們試試看。在配置檔中修改 kuard 的參數，使它在生成三個密鑰後，以 nonzero 的退出碼失敗，如例 12-2 所示。

範例 *12-2 job-oneshot-failure1.yaml*

```
...
spec:
  template:
    spec:
      containers:
        ...
        args:
        - "--keygen-enable"
        - "--keygen-exit-on-complete"
        - "--keygen-exit-code=1"
        - "--keygen-num-to-gen=3"
...
```

現在執行 kubectl apply -f jobs-oneshot-failure1.yaml. 來運行它。讓它運行一下，然後看看 Pod 的狀態：

```
$ kubectl get pod -l job-name=oneshot

NAME           READY     STATUS             RESTARTS   AGE
oneshot-3ddk0  0/1       CrashLoopBackOff   4          3m
```

在這裡我們看到同一個 Pod 已經重啟了四次。Kubernetes 表示這個 Pod 正在 CrashLoopBackOff 的狀態下。當程式一啟動就崩潰，這樣的錯誤是很常見的。在這樣的情況下，Kubernetes 會在重新啟動 Pod 之前等待一陣子，以避免故障循環耗盡節點資源。這一切都是由 kubelet 在 node 本地處理的，完全無關於 Job。

讓我們刪掉 Job（kubectl delete jobs oneshot），然後嘗試點別的方法。再次修改配置檔，把 restartPolicy，從 OnFailure 改為 Never。執行 kubectl apply -f jobs-oneshot-failure2.yaml 來運行 Job。

如果我們讓它運行一陣子，然後查看相關的 Pod，我們會發現一些有趣的東西：

```
$ kubectl get pod -l job-name=oneshot -a

NAME           READY     STATUS    RESTARTS   AGE
oneshot-0wm49  0/1       Error     0          1m
oneshot-6h9s2  0/1       Error     0          39s
oneshot-hkzw0  1/1       Running   0          6s
oneshot-k5swz  0/1       Error     0          28s
oneshot-m1rdw  0/1       Error     0          19s
oneshot-x157b  0/1       Error     0          57s
```

我們可以看到已經有多個 Pod 出現錯誤了。設定 restartPolicy: Never，讓 kubelet 在 Pod 發生錯誤時不重啟，而只是宣告 Pod 為失敗。Job 物件察覺後建立一個替換的 Pod。如果你沒有多加留意，這將會在你的叢集中產生很多「垃圾」。因此，建議你使用 restartPolicy: OnFailure，這樣可以讓故障的 Pod 重啟。執行 kubectl delete jobs oneshot 以刪除 Job。

到目前為止，看到一個程式故障的狀況是跳出程式時會回傳非 zero 碼。但 worker 也有可能會以其他方式故障。具體來說，它們可能會卡住導致沒有任何進度。為了解決這種情況，可以在 Job 中使用 liveness 探測器。如果 liveness 探測器的策略，確認 Pod 已經失效了，它將會幫你重啟或置換 Job。

平行處理

用剛剛的例子來看，產生密鑰的工作可能會很慢。讓我們同時啟動一群 worker 來加速密鑰生產。我們將會同時使用 completions 和 parallelism 參數。目標是透過每次產生 10 個密鑰，執行 10 次，讓 kuard 產生共 100 個密鑰。但是我們不想讓叢集忙得不可開交，所以我們將會限制一次只能有五個 Pod 工作。

這意思是說要把 completions 設為 10，parallelism 設為 5。設定方式在範例 12-2。

範例 *12-3　job-parallel.yaml*

```
apiVersion: batch/v1
kind: Job
metadata:
  name: parallel
  labels:
    chapter: jobs
spec:
  parallelism: 5
  completions: 10
  template:
    metadata:
      labels:
        chapter: jobs
    spec:
      containers:
      - name: kuard
        image: gcr.io/kuar-demo/kuard-amd64:blue
        imagePullPolicy: Always
        command:
        - "/kuard"
        args:
        - "--keygen-enable"
        - "--keygen-exit-on-complete"
        - "--keygen-num-to-gen=10"
      restartPolicy: OnFailure
```

接下來執行它：

```
$ kubectl apply -f job-parallel.yaml
job.batch/parallel created
```

現在看著 Pod 出現，完成它們該做的事之後結束。新的 Pod 被建立，直到 10 個 Pod 都執行完後，才算是全部完成。在這裡，我們可以使用 `--watch` 參數，讓 `kubectl` 即時輸出變化的狀態：

```
$ kubectl get pods -w
NAME              READY     STATUS              RESTARTS   AGE
parallel-55tlv    1/1       Running             0          5s
parallel-5s7s9    1/1       Running             0          5s
parallel-jp7bj    1/1       Running             0          5s
parallel-lssmn    1/1       Running             0          5s
parallel-qxcxp    1/1       Running             0          5s
NAME              READY     STATUS              RESTARTS   AGE
parallel-jp7bj    0/1       Completed           0          26s
parallel-tzp9n    0/1       Pending             0          0s
parallel-tzp9n    0/1       Pending             0          0s
parallel-tzp9n    0/1       ContainerCreating   0          1s
parallel-tzp9n    1/1       Running             0          1s
parallel-tzp9n    0/1       Completed           0          48s
parallel-x1kmr    0/1       Pending             0          0s
...
```

可以查看已經完成的 Job，並在日誌中查看產生的公開密鑰指紋。可以利用 `kubectl delete job parallel`，刪除已完成的 Job 物件。

工作佇列（Work Queue）

Job 的常見使用場景是從工作佇列中處理工作。在這種情況下，某些任務會建立大量工作項目，並將其發布到工作佇列中。運行 Job 來處理工作佇列中的工作項目，直到工作佇列變成空的為止（圖 12-1）。

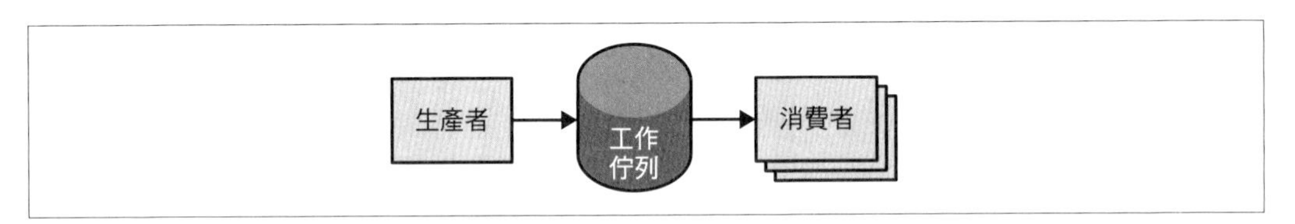

圖 12-1　平行 Job

開始一個工作佇列

首先啟動一個中心化工作佇列服務。`kuard` 內建了一個基於記憶體的工作佇列系統。我們將啟動一個 `kuard` 執行個體，作為所有工作的協調器。

透過建立一個簡單的 ReplicaSet，來確保只有一個工作佇列常駐程式在運作，並且就算遇到機器故障，新的 Pod 也會被重新建立，如範例 12-4 所示。

範例 12-4　rs-queue.yaml

```
apiVersion: apps/v1
kind: ReplicaSet
metadata:
  labels:
    app: work-queue
    component: queue
    chapter: jobs
  name: queue
spec:
  replicas: 1
  selector:
    matchLabels:
      app: work-queue
      component: queue
      chapter: jobs
  template:
    metadata:
      labels:
        app: work-queue
        component: queue
        chapter: jobs
    spec:
      containers:
      - name: queue
        image: "gcr.io/kuar-demo/kuard-amd64:blue"
        imagePullPolicy: Always
```

使用以下指令運行工作佇列：

```
$ kubectl apply -f rs-queue.yaml
replicaset.apps/queue created
```

此時，工作佇列程式應該啟動並正常運行了。讓我們使用連接埠轉發連結它。讓這個指令在終端窗口中運行：

```
$ kubectl port-forward rs/queue 8080:8080
Forwarding from 127.0.0.1:8080 -> 8080
Forwarding from [::1]:8080 -> 8080
```

你可以打開瀏覽器，進入 *http://localhost:8080*，查看 kuard 界面。切換到「MemQ Server」分頁，注意正在發生什麼事情。

使用工作佇列服務器的話，我們應該透過 service 來開放它。這讓生產者（producer）和消費者（consumer）可以通過 DNS 輕鬆找到工作佇列，如範例 12-5 所示。

範例 *12-5　service-queue.yaml*

```
apiVersion: v1
kind: Service
metadata:
  labels:
    app: work-queue
    component: queue
    chapter: jobs
  name: queue
spec:
  ports:
  - port: 8080
    protocol: TCP
    targetPort: 8080
  selector:
    app: work-queue
    component: queue
```

使用 `kubectl` 建立佇列服務：

```
$ kubectl apply -f service-queue.yaml
service/queue created
```

載入佇列

我們現在準備把一堆工作項目放在佇列中。為了簡單明瞭，我們將使用 `curl` 來調用工作佇列服務器的 API，並插入一堆工作項目。`curl` 會透過我們之前設置的 `kubectl port-forward` 與工作佇列溝通，如範例 12-6 所示。

範例 *12-6　load-queue.sh*

```
# 建立一個稱為 "keygen" 的工作佇列
curl -X PUT localhost:8080/memq/server/queues/keygen

# 建立 100 個工作物件到佇列中
for i in work-item-{0..99}; do
  curl -X POST localhost:8080/memq/server/queues/keygen/enqueue \
    -d "$i"
done
```

執行這些指令，你應該看到 100 個 JSON 物件，輸出到你的終端畫面上，而且每個工作項目都帶有唯一的訊息識別碼。可以透過查看「MemQ Server」頁面來確認佇列的狀態，也可以執行以下指令直接從工作佇列的 API 取得狀態：

```
$ curl 127.0.0.1:8080/memq/server/stats
{
    "kind": "stats",
    "queues": [
        {
            "depth": 100,
            "dequeued": 0,
            "drained": 0,
            "enqueued": 100,
            "name": "keygen"
        }
    ]
}
```

現在我們準備啟動一個 Job 來消化工作佇列中的工作項目。

建立消費者（consumer）工作佇列的 Job

事情開始變得有趣了！ 因為 kuard 也能夠在消費者模式下工作。我們在這裡將它設置為每次從工作佇列中取出一個工作項目，且建立一個密鑰，然後在佇列為空時退出，如範例 12-7 所示。

範例 *12-7 job-consumers.yaml*

```
apiVersion: batch/v1
kind: Job
metadata:
  labels:
    app: message-queue
    component: consumer
    chapter: jobs
  name: consumers
spec:
  parallelism: 5
  template:
    metadata:
      labels:
        app: message-queue
        component: consumer
        chapter: jobs
    spec:
      containers:
```

```
- name: worker
  image: "gcr.io/kuar-demo/kuard-amd64:blue"
  imagePullPolicy: Always
  command:
  - "/kuard"
  args:
  - "--keygen-enable"
  - "--keygen-exit-on-complete"
  - "--keygen-memq-server=http://queue:8080/memq/server"
  - "--keygen-memq-queue=keygen"
restartPolicy: OnFailure
```

我們讓 Job 同時啟動 5 個 Pod 來平行處理這些工作項目。由於 completions 參數並未設置，因此我們將 Job 預設為 worker-pool 模式。一旦第一個 Pod 正常結束退出後，Job 會開始減少 Pod 的數量，並且將不會再建立新的 Pod。這意味著直到工作項目都被完成之前，所有的 worker 都要一起幫忙處理，沒有任何一個 worker 可以提前結束運行。

透過以下指令建立消費者 Job：

```
$ kubectl apply -f job-consumers.yaml
job.batch/consumers created
```

你可以透過以下指令查看正在作業的 Pod：

```
$ kubectl get pods
NAME              READY     STATUS    RESTARTS   AGE
queue-43s87       1/1       Running   0          5m
consumers-6wjxc   1/1       Running   0          2m
consumers-7l5mh   1/1       Running   0          2m
consumers-hvz42   1/1       Running   0          2m
consumers-pc8hr   1/1       Running   0          2m
consumers-w20cc   1/1       Running   0          2m
```

注意到有五個 Pod 正在平行運行著。這些 Pod 將會持續運行，直到工作佇列內沒有任何工作項目。你可以在工作佇列服務器上的 UI 中查看。隨著佇列被清空後，消費者的 Pod 將會完全結束，而消費者的 Job 才會被視為完成。

清除

透過 label，我們可以清除在本章節建立的所有東西：

```
$ kubectl delete rs,svc,job -l chapter=jobs
```

CronJob

有時你應該會想安排一些工作是定期執行的。現在可以在 Kubernetes 中宣告一個 CronJob，它負責在特定的時間定期建立一個新的 Job 物件。範例 12-8 為 CronJob 的宣告：

範例 *12-8　job-cronjob.yaml*

```
apiVersion: batch/v1
kind: CronJob
metadata:
  name: example-cron
spec:
  # 每五個小時執行一次
  schedule: "0 */5 * * *"
  jobTemplate:
    spec:
      template:
        spec:
          containers:
          - name: batch-job
            image: my-batch-image
          restartPolicy: OnFailure
```

請注意 `spec.schedule` 欄位，其中包含標準 `cron` 格式，也就是 CronJob 的間隔時間。

你可以將該文件另存為 job-cronjob.yaml，並使用 `kubectl create -f cron-job.yaml`，建立 CronJob。如果你對 CronJob 的目前的狀態有興趣，可以透過 `kubectl describe <cron-job>` 來取得更多詳細資訊。

總結

在單個叢集上，Kubernetes 可以處理長期運行的工作負載（如網站應用程式）和短期工作負載（如批次作業）。Job 抽象概念允許你塑造不同的批次作業模式，不管是簡單的一次性任務，或者是多個工作同時平行處理多個項目，直到所有項目完成為止。

Job 是低階的元素，可以被直接用於簡單的工作負載。不過 Kubernetes 是從基礎開始構築起來的，因此可以被更高階的物件延伸。Job 當然也不例外，它可以很輕易地被更高階的編排系統用來承擔更複雜的任務。

第十三章

ConfigMap 和 Secret

實務上較好的做法，是盡可能將映像檔設計成可以重複使用。相同的映像檔應該設計成能夠使用在不同的執行環境，像是開發環境（Develop）、測試環境（Staging）和生產環境（Production）等等。一個映像檔的通用性足以跨越不同的服務及應用程式，是再好不過的。如果需要為了每一個環境都建立不同的映像檔，則在測試跟版本控制上會變得更具風險和複雜。我們該如何在不同的使用環境下使用相同的映像檔呢？

這時候就要介紹到本章節的 ConfigMap 跟 Secret 了。ConfigMap 是用來提供應用程式或服務執行時所需要的設定組態。它的內容可以是很短的設定參數（字串、數字），也可以是一個複雜的檔案格式（YAML 或 JSON）組成的參數。Secret 的功能類似於 ConfigMap，但更著重於存放程式或服務所需的敏感資訊。它們可能是密碼或 TLS 憑證等等。

ConfigMap

我們可以把 ConfigMap 想像成透過 Kubernetes 物件定義的小型檔案系統。或是將它視為在容器中執行應用程式或命令列所需要的一組變數。關鍵在於 Pod 執行前會將 ConfigMap 的資訊合併。也就是說我們可以透過修改 ConfigMap 的方式，讓應用程式或服務重複使用相同的容器映像檔及 Pod 的定義。

建立 ConfigMap

那就讓我們開始建立 ConfigMap 吧。與 Kubernetes 中的大多數物件一樣，你可以透過命令列指令馬上建立這些物件，或者利用 manifest 檔建立。我們先從命令列指令開始。

首先，假設我們有個檔案在本機中（稱為 *my-config.txt*），並且希望讓 Pod 可以使用它，如範例 13-1 所示。

範例 *13-1 my-config.txt*

```
# 這是一個用來設定應用程式參數的範例設定檔
parameter1 = value1
parameter2 = value2
```

接著，我們使用剛剛的檔案建立 ConfigMap。我們同時也加入一些簡單的主鍵 / 值組。也就是我們常常在命令列中所使用的參數：

```
$ kubectl create configmap my-config \
  --from-file=my-config.txt \
  --from-literal=extra-param=extra-value \
  --from-literal=another-param=another-value
```

建立出來的 ConfigMap 物件相應的 YAML 檔如下：

```
$ kubectl get configmaps my-config -o yaml

apiVersion: v1
data:
  another-param: another-value
  extra-param: extra-value
  my-config.txt: |
    # 這是一個用來設定應用程式參數的範例設定檔
    parameter1 = value1
    parameter2 = value2
kind: ConfigMap
metadata:
  creationTimestamp: ...
  name: my-config
  namespace: default
  resourceVersion: "13556"
  selfLink: /api/v1/namespaces/default/configmaps/my-config
  uid: 3641c553-f7de-11e6-98c9-06135271a273
```

如你所見，ConfigMap 實際上只是存在物件中的一些主鍵 / 值組而已，你會發現真正有趣的是當你試著使用 ConfigMap 時。

使用 ConfigMap

使用 ConfigMap 主要有三種不同的方式：

檔案系統

　你可以將 ConfigMap 當作目錄掛載到 Pod 中。每一個主鍵會根據它的名稱建立一個對應的檔案。而主鍵的值則會成為檔案的內容。

環境變數

　ConfigMap 也可以用來動態地設定環境變數。

命令列參數

　容器運行時，Kubernetes 支援根據 ConfigMap 的值來動態組合出命令列指令。

讓我們運用上述的方法為 kuard 建立一個 manifest 檔，如範例 13-2 所示。

範例 *13-2　kuard-config.yaml*

```
apiVersion: v1
kind: Pod
metadata:
  name: kuard-config
spec:
  containers:
    - name: test-container
      image: gcr.io/kuar-demo/kuard-amd64:blue
      imagePullPolicy: Always
      command:
        - "/kuard"
        - "$(EXTRA_PARAM)"
      env:
        # 一個在容器中使用環境變數的範例
        - name: ANOTHER_PARAM
          valueFrom:
            configMapKeyRef:
              name: my-config
              key: another-param
        # 一個將環境變數傳遞給應用程式當成啟動參數的範例
        - name: EXTRA_PARAM
          valueFrom:
            configMapKeyRef:
```

```
              name: my-config
              key: extra-param
      volumeMounts:
        # 將 ConfigMap 作為檔案使用的範例
        - name: config-volume
          mountPath: /config
  volumes:
    - name: config-volume
      configMap:
        name: my-config
  restartPolicy: Never
```

採用檔案系統的作法，我們在 Pod 內建立一個新的磁碟區，並且命名為 `config-volume`。然後我們將這個磁碟區定義為 ConfigMap 的磁碟區，並指向該 ConfigMap 進行掛載。我們還必須利用 `volumeMount` 欄位來指定該磁碟區掛載於 `kuard` 容器內的哪一個目錄。這個範例中我們將它掛載在 `/config`。

採用環境變數的作法，則是由欄位 `valueFrom` 來指定環境變數的名稱以及它的值。這會參考 configMapKeyRef 所指定的 ConfigMap 名稱，並將當中主鍵的值當作環境變數的值。使用在命令列參數，則是透過環境變數傳入。Kubernetes 將替換使用 `$(<環境變數名稱>)` 語法定義的參數。

啟動這個 Pod，讓我們來看看應用程式如何看待這些設定：

```
$ kubectl apply -f kuard-config.yaml
$ kubectl port-forward kuard-config 8080
```

打開你的瀏覽器並且進入 *http://localhost:8080*。我們可以看見利用三種不同的方式將組態值插入到程式中的結果。點擊左邊的「Server Env」分頁。這裡會顯示程式啟動時的環境變數，如圖 13-1 所示。

在這裡我們可以發現剛剛新增的兩個環境變數（`ANOTHER_PARAM` 和 `EXTRA_PARAM`），它們的值都是透過 ConfigMap 所設定的，同時我們根據 `EXTRA_PARAM` 的值，為 `kuard` 的命令列新增了一個參數。

接下來，點擊「File system browser」的分頁（圖 13-2）。這可以讓你以應用程式的角度瀏覽檔案系統。你應該可以看見一個名為 `/config` 的目錄。這就是根據 ConfigMap 所建立的磁碟區。假如進入到目錄中，你會看到 Kubernete 為 ConfigMap 的每個項目建立了檔案。除此之外你還會看到一些隱藏檔（以 .. 開頭），這些是用來讓 ConfigMap 更新時可以更乾淨的替換資料夾中的檔案用的。

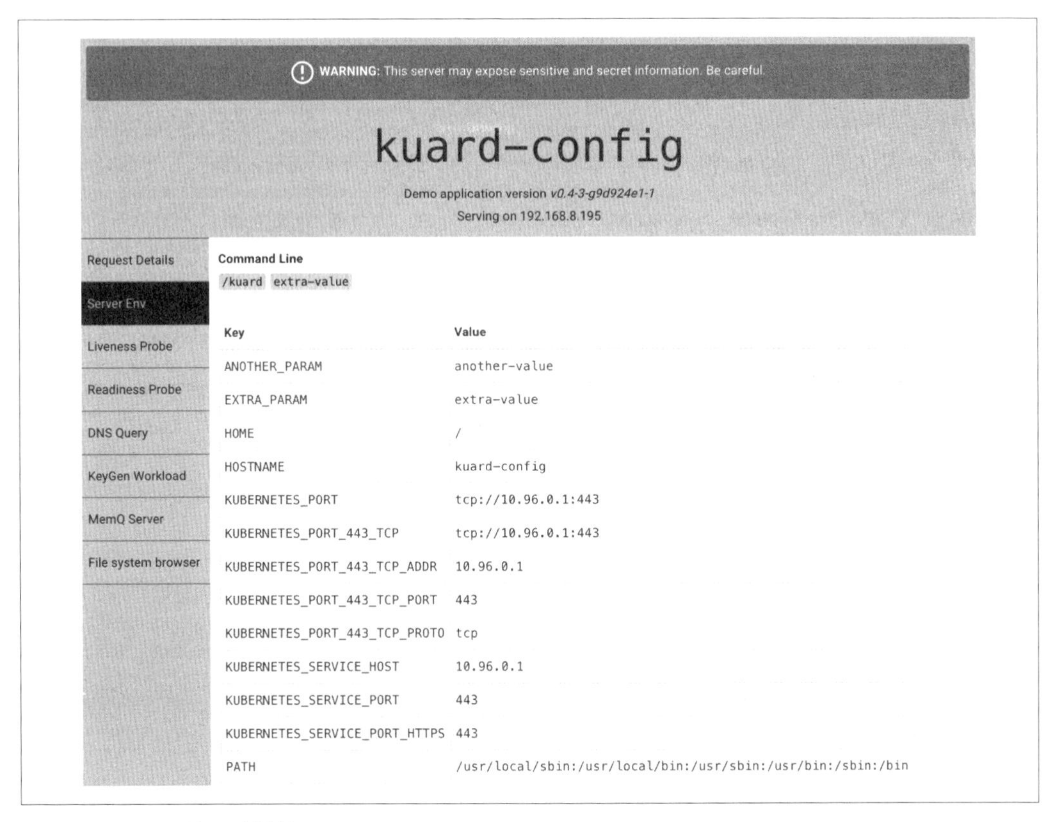

圖 13-1　kuard 的環境變數

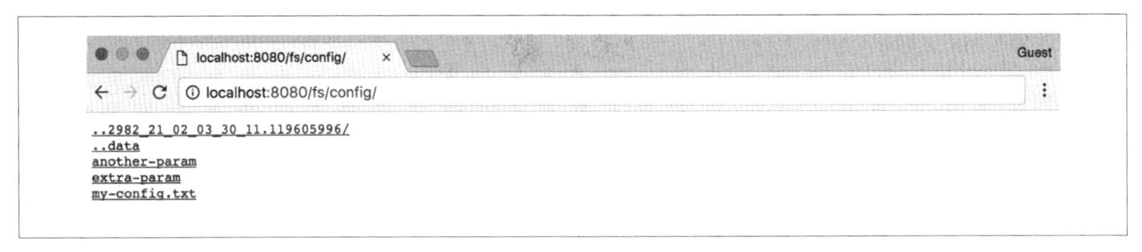

圖 13-2　透過 kuard 所看到的 /config 目錄

Secret

雖然 ConfigMap 適用於大部分的組態，但有些敏感的資料。像是密碼，安全金鑰（security token）或者其他類型的私鑰（private key）。我們統稱這種類型的資料為「Secret」。Kurbernetes 原生就具有儲存以及處理這類敏感資料的能力。

Secret 使建立容器映像檔時，不需要將敏感資料直接儲存在映像檔中。這允許容器在不同的環境間保持可移植性。Pod 根據在 Pod manifest 檔中的明確宣告（explicit declaration）和 Kubernetes API 來取得 Secret。Kubernetes Secrets API 提供僅限應用程式可以存取其敏感設定的機制。換句話說，這樣的設計讓我們可以確保作業系統跟應用程式是各自獨立的，對於稽核作業也會更加容易。

接下來的章節我們將探討如何建立跟管理 Kubernetes 的 Secret，並提供如何在 Pod 中存取 Secret 的最佳實踐。

Kubernetes Secrets 預設使用純文字將敏感資訊儲存在叢集中的 `etcd` 儲存區。根據你的需求，這種方式可能無法滿足你對安全性的要求。也就是說，任何擁有叢集管理員權限的人都可以存取你叢集中的敏感資訊。

在最近的 Kubernetes 版本更新中，開始支援使用雲端加密儲存區（cloud key store）存放敏感資訊。除此之外，大多數的雲端加密儲存區也支援整合 Kubernetes Secret Store CSI 驅動程式（*https://oreil.ly/DRHt6*），讓你可以完全不使用 Kubernetes 內建的 Secret 機制，改用雲供應商所提供的雲端加密儲存區取代。這些不同的方式應該可以提供你足夠的工具，來搭建符合需求的敏感資料儲存方式。

建立 Secret

Secret 可以透過 Kubernetes API 或 `kubectl` 命令列工具建立。Secret 可以儲存一組或多組資料元件並儲存為主鍵 / 值組的集合。

在本節中，我們將前面所介紹過利用磁碟掛載的方式建立一個 Secret 並為 `kuard` 應用程式存放 TLS 密鑰和證書。

kuard 的容器映像檔，並不包含 TLS 證書或密鑰。這使得 `kuard` 容器，可以在各種環境中使用並保持可移植性，且能發布在公開的 Docker 儲存庫。

我們需要先取得想要儲存的敏感資訊的原始資料，才能開始建立第一個 Secret。我們可以透過下列指令來為 kuard 應用程式建立 TLS 密鑰及憑證：

```
$ curl -o kuard.crt  https://storage.googleapis.com/kuar-demo/kuard.crt
$ curl -o kuard.key https://storage.googleapis.com/kuar-demo/kuard.key
```

世界上所有人都可以分享使用這組 TLS 密鑰以及憑證，因此並無法提供任何安全性。所以除了練習本章節的內容，請不要在正式環境使用這個 TLS 密鑰及憑證。

取得 *kuard.crt* 及 *kuard.key* 並儲存在本機後，我們可以開始建立第一個 Secret。我們將利用下列的指令建立名為 kuard-tls 的 Secret：

```
$ kubectl create secret generic kuard-tls \
  --from-file=kuard.crt \
  --from-file=kuard.key
```

kuard-tls 會建立兩個資料元件。執行下面的指令以取得詳細資訊：

```
$ kubectl describe secrets kuard-tls

Name:         kuard-tls
Namespace:    default
Labels:       <none>
Annotations:  <none>

Type:         Opaque

Data
====
kuard.crt:    1050 bytes
kuard.key:    1679 bytes
```

成功建立 kuard-tls 的 Secret 後，我們可以在 Pod 中掛載這組 Secret 磁碟區。

使用 Secret

應用程式經過設計後可以直接透過 Kubernetes REST API 來存取這些 Secret。但我們的最終目的是保持應用程式的可移植性。讓它們不僅是能在 Kubernetes 中運行，就算換到其他平台或環境中也不需要修改。

所以我們使用 *Secret 磁碟區*而不是 Kubernetes API 來存取這些 Secret。在 Pod 中我們可以透過 Secret 磁碟區存取 Secret。kubelet 會負責管理這些 Secret 磁碟區，並在 Pod 產生時一併建立。Secret 是儲存在 tmpfs 磁碟區中（也稱作 RAM 磁碟），所以它們並不會真正被寫到 node 的硬碟中。

每一個 Secret 資料元件都會儲存成獨立檔案，並將這些檔案掛載在目標掛載點下。kuard-tls 的 Secret 包含下列兩個資料元件：*kuard.crt* 和 *kuard.key*。掛載 kuard-tls 的 Secret 磁碟區後，我們可以在掛載點 /tls 目錄中看到下列兩個檔案：

```
/tls/kuard.crt
/tls/kuard.key
```

範例 13-3 的 Pod manifest 檔示範如何宣告 Secret 磁碟區，並將 kuard-tls 的 Secret 掛載在 kuard 容器中的目錄 /tls 下。

範例 *13-3　kuard-secret.yaml*

```
apiVersion: v1
kind: Pod
metadata:
  name: kuard-tls
spec:
  containers:
    - name: kuard-tls
      image: gcr.io/kuar-demo/kuard-amd64:blue
      imagePullPolicy: Always
      volumeMounts:
      - name: tls-certs
        mountPath: "/tls"
        readOnly: true
  volumes:
    - name: tls-certs
      secret:
        secretName: kuard-tls
```

透過 kubectl 建立 kuard-tls 的 Pod，並觀察 Pod 的日誌輸出：

```
$ kubectl apply -f kuard-secret.yaml
```

透過下列指令，連接到 Pod 中：

```
$ kubectl port-forward kuard-tls 8443:8443
```

打開瀏覽器並進入 *https://localhost:8443*。由於這些憑證是自我簽署憑證，因此你應該會看到瀏覽器出現 *kuard.example.com* 包含無效憑證的警告。如果略過這個警告，你應該會看到使用 HTTPS 協定的 `kuard` 伺服器。可以在「File system browser」的頁面中，在 `/tls` 目錄下找到磁碟中的憑證。

私有容器儲存庫

使用 Secret 的另一個情境，是儲存私有容器儲存庫的存取憑證。Kubernetes 支援使用私有容器儲存庫中的映像檔，但存取這些映像檔需要憑證來驗證身分。私有映像檔可儲存在一到多個私有儲存庫中。身分驗證對於叢集中需要存取各個私有儲存庫的節點無疑是個挑戰。

定義 Pod 所使用的映像檔時，使用 *Image pull Secrets* 來指定 Kubernetes 存取私有映像檔時需要使用哪個憑證。*Image pull Secrets* 就像一般的 Secret，但必須透過 Pod 規格中的 `spec.imagePullSecrets` 欄位來指定。

利用 `create secret docker-registry`，來建立這種特別的 Secret：

```
$ kubectl create secret docker-registry my-image-pull-secret \
  --docker-username=<username> \
  --docker-password=<password> \
  --docker-email=<email-address>
```

透過參考 Pod manifest 檔的 `image pull secret` 來啟用對私有儲存庫的存取權限，如範例 13-4 所示。

範例 *13-4 kuard-secret-ips.yaml*

```
apiVersion: v1
kind: Pod
metadata:
  name: kuard-tls
spec:
  containers:
    - name: kuard-tls
      image: gcr.io/kuar-demo/kuard-amd64:blue
      imagePullPolicy: Always
      volumeMounts:
      - name: tls-certs
        mountPath: "/tls"
        readOnly: true
  imagePullSecrets:
  - name:  my-image-pull-secret
```

```
volumes:
  - name: tls-certs
    secret:
      secretName: kuard-tls
```

如果你需要重複使用相同的私有儲存庫，可以考慮將 Secret 加入到 Pod 所使用的預設 Service Account 中，這樣就不需要為了每一個 Pod 的額外定義 `Image Pull Secret`。

命名限制

在 Secret 或 ConfigMap 中定義各資料的主鍵名稱後，這些名稱會被用來當作實際環境變數的名稱。它們有可能會使用點（.） 開頭，後面跟著字母或數字，後面可以再接著的字元包含點（.）、破折號（-） 或底線（_）。但是不能使用兩個連續的點，而點（.）、破折號（-）以及底線（_）不能相鄰。更嚴謹的來說，命名規則必須要符合正規表示式 `^[.]?[a-zAZ0-9]([.]?[a-zA-Z0-9]+[-_a-zA-Z0-9]?)*$.`。表 13-1 列出了一些關於 ConfigMap 或 Secret 的有效和無效名稱範例。

表 13-1　ConfigMap 和 Secret 的主鍵名稱範例

有效名稱	無效名稱
`.auth_token`	`Token..properties`
`Key.pem`	`auth file.json`
`config_file`	`_password.txt`

在選擇主鍵的名稱時，請考慮到這些主鍵將會透過磁碟區掛載的方式給 pod 使用。挑選一個在命令列或是配置檔中使用時具有意義的名稱。當在配置應用程式存取 Secret 時，把 TLS 密鑰的名稱取名為 `key.pem` 會比 `tls-key` 更為容易了解。

ConfigMap 的資料值以 UTF-8 文字格式直接明文儲存於 manifest 中。Secret 的資料值皆使用 base64 加密儲存。採用 base64 加密使得 Secret 可以儲存 binary 資料。這樣的做法使得管理 YAML 檔案中的 Secret 更為困難，因為 base64 加密過後的值必須存放在 YAML 檔案中。請留意，每一個 ConfigMap 或 Secret 最大不得超過 1MB。

管理 ConfigMap 和 Secret

我們可以透過 Kubernetes API 管理 Secret 跟 ConfigMap，經常使用的 `create`、`delete`、`get` 和 `describe` 都可以拿來操作這些物件。

列表

你可以使用 `kubectl get secrets` 指令，列出目前在 namespace 的所有 secret：

```
$ kubectl get secrets

NAME                  TYPE                                  DATA      AGE
default-token-f5jq2   kubernetes.io/service-account-token   3         1h
kuard-tls             Opaque                                2         20m
```

同樣地，你可以列出該 namespace 中所有的 ConfigMap：

```
$ kubectl get configmaps

NAME        DATA      AGE
my-config   3         1m
```

`kubectl describe` 指令，可以用來取得單獨物件的詳細資訊：

```
$ kubectl describe configmap my-config

Name:           my-config
Namespace:      default
Labels:         <none>
Annotations:    <none>

Data
====
another-param:  13 bytes
extra-param:    11 bytes
my-config.txt:  116 bytes
```

最後，你可以透過像是 `kubectl get configmap my-config -o yaml` 或 `kubectl get secret kuard-tls -o yaml` 的指令，來看見原始資料（包括 Secret 的值！）。

建立

建立 Secret 或 ConfigMap 最簡單的方法，是透過指令 `kubectl create secret generic` 或 `kubectl create configmap`。有多種方法能夠具體地指定 Secret 或 ConfigMap 的資料項目。以下的命令列參數可以被結合在單一的指令中使用：

`--from-file=<檔案名稱>`
: 從檔案載入，Secret 資料的主鍵名稱會與檔案名稱相同。

`--from-file=<主鍵>=<檔案名稱>`
: 從檔案載入，使用指定的名稱當成 secret 資料的主鍵名稱。

`--from-file=<目錄>`
: 載入指定目錄中的所有檔案，而檔案名稱必須是可接受的主鍵名稱。

`--from-literal=<主鍵>=<值>`
: 直接使用指定的主鍵 / 值組。

更新

你可以更新 ConfigMap 或 Secret，並使其套用到正在運行的程式容器中。如果應用程式設定為每次重新讀取組態值，則你不需要重新啟動應用程式即可讓新的組態生效。接著我們介紹三種方法來更新 ConfigMap 或者 Secret。

從檔案更新

如果你有一個 ConfigMap 或 Secret 的 manifest 檔，你可以直接編輯它，然後利用 `kubectl replace -f <檔案名稱>` 指令更新為一個新的版本。如果你之前是使用 `kubectl apply` 建立資源的話，你也可以使用 `kubectl apply -f <檔案名稱>` 來更新這些值。

由於檔案資料被編碼之後儲存於物件中，而 `kubectl` 並沒有提供從直接使用外部檔案載入資料的方法，所有資料必須直接儲存在 YAML 格式的 manifest 檔中，這會使更新組態有一點麻煩。

最常見的情況是在版本控制中，ConfigMap 的 manifest 被列為目錄或資源的一部分，所有內容都會隨著 ConfigMap 一起在版本控制更新中建立與更新。

把 Secret 存放在 YAML 中可能不是一個好主意，因為這些檔案太容易被放到公開的版本控制系統中而將敏感資訊洩漏出去，造成風險。

重建和更新

如果你是將 ConfigMap 或 Secret 存於獨立的檔案中（而不是在 YAML 檔裡），則你可以使用 kubectl 重新建立 manifest 檔，然後透過這個檔案來更新物件。

```
$ kubectl create secret generic kuard-tls \
  --from-file=kuard.crt --from-file=kuard.key \
  --dry-run -o yaml | kubectl replace -f -
```

這個指令第一行是先建立一個 Secret，且與現有的 Secret 相同名稱。但如果我們止步於此，Kubernetes API 的伺服器會回傳錯誤，抱怨我們正在建立一個已經存在的 Secret。相反的，我們告訴 kubectl 不要真的發送資料至伺服器，而是將本來要發送到 API 伺服器的 YAML 檔轉儲至標準輸出（stdout）。然後我們使用管線命令（pipe）將 YAML 檔傳送給 kubectl replace，並且使用 -f - 來告知它從標準輸入（stdin）讀取。通過這種方式，我們可以從本機硬碟的檔案更新 Secret，而不必手動對檔案進行 base64 編碼。

編輯目前的版本

更新 ConfigMap 的最後一種方法是透過 kubectl edit 指令，直接用你的編輯器開啟 ConfigMap 目前的版本，接下來你就可以修改它了（你也可以對 Secret 進行一樣的操作，但是你會發現還是得處理那些 base64 加密後的資料）：

```
$ kubectl edit configmap my-config
```

你應該會在編輯器中看到 ConfigMap 的定義內容。進行你所需的更動，然後儲存並關閉編輯器。新版本的物件將被推送到 Kubernetes API 的伺服器上。

即時更新

當使用 API 更新 ConfigMap 或 Secret 後，更新將會被自動推送到正在使用該 ConfigMap 或 Secret 的所有磁碟區。這可能需要幾秒鐘，但 kuard 所看到的檔案列表和檔案內容，將會使用這些新的值。使用這個即時更新的功能，你可以不重新啟動應用程式就更新應用程式的組態。

目前在部署新版本的 ConfigMap 時，Kubernetes 並沒有內建發送信號通知應用程式的功能。一切都取決於應用程式的實作方式（或透過一些額外的工具或腳本）來決定何時該套用新的組態設定。

想更加了解應用程式如何處理這些動態更新的 Secret 和 ConfigMaps，一個不錯的方法是透過 `kuard` 中的檔案瀏覽器（使用 `kubectl port-forward` 指令訪問）來觀察它們的變化。

總結

ConfigMap 和 Secret 是在應用程式中提供動態組態的好方法。它們允許你只需建立一個容器映像檔（和 pod 定義），就可以在不同的情境下重複使用它。這可以讓你從開發（Development）、測試（staging）甚至是生產環境（production），都使用完全相同的映像檔。甚至包含跨團隊和跨服務也使用單一個映像檔。因此將組態與應用程式代碼拆開，將使你的應用程式更加可靠且可重複使用。

第十四章

角色存取權控管（RBAC）

到目前為止，幾乎所有的 Kubernetes 叢集都會啟用角色型存取權控管（Role-Based Access Control，以下簡稱 RBAC）。所以你可能曾經使用過一部分的 RBAC 設定，例如一開始你可能無法存取叢集，但是在使用一些神奇的咒語把你的使用者加入角色綁定之後，就可以存取叢集了。儘管你曾經操作過 RBAC，但是可能沒有機會真正了解 Kubernetes 的 RBAC 機制，以及如何善用它。

RBAC 提供一個同時存取以及操作 Kubernetes API 的權限控制，以確保只有授權的用戶可以執行特定的操作。RBAC 在你部署應用程式的 Kubernetes 叢集中扮演關鍵的角色，它不但可以保護 Kubernetes 叢集的安全性，也同時確保不會有人自以為正在刪除自己命名空間的測試叢集，但實際上卻把正式的生產環境給移除了（或許這個比其他都還要重要許多）。

儘管 RBAC 在限制 Kubernetes API 存取上蠻好用的，但是請記得，任何可以在 Kubernetes 叢集裡執行程式碼的使用者都有機會可以取得整個 Kubernetes 叢集最高權限（root），因此如何在 Kubernetes 中為多租戶（Multitenant）環境設定安全性其實非常複雜，它的篇幅甚至多到可以另外寫一本書。正確的設定 RBAC 只是眾多防護中的其中一種，有更多更安全但更昂貴的方法可以提高這種攻擊的難度。因此如果你的焦點是如何提供一個多租戶的 Kubernetes 叢集，千萬不要以為 RBAC 設定好就夠了，你一定要隔離每一個在叢集中執行的 Pod，而通常這種作法可能會需要使用到虛擬機層級的容器隔離功能，或者是容器沙箱。

在我們更深入的探討 Kubernetes RBAC 的細節之前，值得花一點時間了解基本的 RBAC，以及身分認證與授權的概念。

每一個 Kubernetes 的請求第一步都需要先進行**身分認證**，身分認證可以提供系統辨識請求的使用者是誰，它可以簡單到只告訴你請求者是否未經授權，或是用可插拔的第三方認證系統（例如：Azure Active Directory）來提供複雜的使用者驗證。有趣的是，Kubernetes 並沒有內建任何身分驗證的儲存區，反而是著重在如何整合其他身分認證的服務。

一旦請求者的身分經過驗證之後，授權機制就可以判斷使用者是否可以執行這個請求。授權是由使用者的身分、所存取的資源（通常是 HTTP 的路徑）以及想要進行的操作所組合而成的。如果這名使用者是授權可以執行某一個資源的操作，這個請求才會被真正的執行，否則 API 會回傳 HTTP 403 的錯誤代碼。讓我們來看看這是怎麼運作的。

角色型存取權控管

要正確的管理 Kubernetes 的權限，首先你需要了解身分、角色、以及角色綁定之間的關係，才有辦法有效的控制什麼人可以對什麼資源執行什麼樣的操作。一開始你可能會覺得瞭解 RBAC 以及它中間一連串的關聯和抽象觀念是一大挑戰，但是一旦理解其中的奧秘之後，叢集的權限管理就非常安全且直觀了。

Kubernetes 的身分認證

任何一個到 Kubernetes 的請求都會帶著身分認證的資訊，就算它無法經過身分認證，請求也會視為 `system:unauthenticated` 的群組身分。Kubernetes 會分辨請求的身分是使用者帳號還是 service account，service account 通常被建立來管理 Kubernetes，且跟某一個叢集中的元件是有關連的。使用者帳號則是跟真正叢集的使用者有所關連，通常也包含運行在叢集外像是持續部署服務這種自動化工具。

Kubernetes 提供授權供應商使用通用介面。每一個供應商提供使用者名稱，以及使用者所屬的額外群組資訊。Kubernetes 提供下列幾種授權供應商：

- HTTP 基本身分驗證（已大幅淘汰）
- x509 用戶端憑證
- 主機上的固定金鑰檔案

- 雲端身分驗證供應商，像是 Azure Active Directory 和 AWS Identity and Access Management（IAM）
- 呼叫其他網頁服務來驗證身分（webhook）

大多數的 Kubernetes 安裝流程都會自動幫你設定好身分驗證機制，但是如果你需要使用你自己的身分驗證機制，則需要正確的設定 Kubernetes API 伺服器的參數。

我們通常會建議為叢集中的不同應用程式使用不同的身分。舉例來說，你可能會有一個生產環境前端程式使用的身分，也有另一個生產環境後端所使用的，然後這些生產環境的身分也需要跟開發者所使用的分開，同時也應該考慮不同的叢集用不同的身分。這些身分都應該是專門提供給機器或服務使用，而不是跟其他人類使用者共享。你可以選擇使用 Kubernetes 提供的服務帳戶（Service Account），或其他身分認證系統提供的 Pod 身分認證服務（identity provider）來做到。舉例來說，Azure Active Directory 就有提供給 Pod 使用的開源身分認證服務（*https://oreil.ly/YLymu*），也有其他熱門的身分認證服務可供選擇。

瞭解角色以及角色綁定

確認身分只是授權的第一步。可以辨識請求者的身分之後，還需要進一步判斷這個請求是否可以被使用者所執行，為了達到這個目的，我們使用角色及角色綁定的概念。

*角色*是一系列的抽象化能力。舉例來說，角色 `appdev` 可能代表著可以建立 Pod 跟 Service 的能力。而*角色綁定*則是指定一個或多個身分給某一個角色。因此，綁定角色 `appdev` 跟身分 `alice` 代表著 Alice 可以建立 Pod 及 Service。

Kubernetes 的角色及角色綁定

在 Kubernetes 中，有兩組資源代表著角色及角色綁定，一組是提供給命名空間使用的（Role 和 RoleBinding），另一組則是給整個叢集使用的（ClusterRole 和 ClusterRoleBinding）。

我們先來看看 Role 和 RoleBinding。Role 存在於命名空間中，代表著某一個命名空間中可以執行的能力。你無法使用命名空間的 role 來操作非命名空間的資源（像是：CustomResourceDefinition），而綁定一個 RoleBinding 只會在同時擁有 Role 和 RoleDefinition 的 Kubernetes 命名空間中生效。

這裡舉一個具體的例子，我們新增一個簡單的 Role，它可以建立跟修改 Pod 和 Service：

```
kind: Role
apiVersion: rbac.authorization.k8s.io/v1
metadata:
  namespace: default
  name: pod-and-services
rules:
- apiGroups: [""]
  resources: ["pods", "services"]
  verbs: ["create", "delete", "get", "list", "patch", "update", "watch"]
```

將這個 Role 跟 `alice` 綁定，我們需要建立一個 RoleBinding，這個角色綁定同時綁定群組 `mydevs`：

```
apiVersion: rbac.authorization.k8s.io/v1
kind: RoleBinding
metadata:
  namespace: default
  name: pods-and-services
subjects:
- apiGroup: rbac.authorization.k8s.io
  kind: User
  name: alice
- apiGroup: rbac.authorization.k8s.io
  kind: Group
  name: mydevs
roleRef:
  apiGroup: rbac.authorization.k8s.io
  kind: Role
  name: pod-and-services
```

有時候你可能也會想要把角色套用在整個叢集，或者是你想要限制叢集等級的資源，你需要使用 `ClusterRole` 和 `ClusterRoleBinding`。它們大致上跟命名空間裡的功能相同，只是套用的範圍比較廣。

Kubernetes Role 的操作權限

角色的定義包含可用的資源（例如：Pod）和可以進行的操作，大致上這些行為可以對應到 HTTP 的方法。Kubernetes 中 RBAC 常用的操作如表 14-1：

表 14-1 常見的 Kubernetes RBAC 操作

操作	HTTP 方法	描述
create	POST	建立新的資源
delete	DELETE	刪除現有資源
get	GET	取得一個資源
list	GET	取得一個資源的列表
patch	PATCH	修改現有資源的其中一些設定
update	PUT	修改現有資源的整個物件
watch	GET	觀看資源更新的即時狀態
proxy	GET	透過 WebSocket proxy 連接到資源中

使用內建的角色

規劃角色是一個既花時間又複雜的過程。除此之外，Kubernetes 有大量的系統身分（例如：Scheduler）需要特定的操作權限組合，你可以透過下列指令查看：

```
$ kubectl get clusterroles
```

大多數的內建 Role 都是給系統使用，但是有四個是給一般使用者的通用設定：

- `cluster-admin` 提供完整的叢集操作權限
- `admin` 提供特定命名空間的操作權限
- `edit` 提供更改命名空間中資源的權限
- `view` 提供只能讀取命名空間資源的權限

大多數的叢集已經包含許多 ClusterRole 的綁定，你可以透過下列指令查詢 `kubectl get clusterrolebindings`

內建角色會自動復原

Kubernetes API 伺服器啟動時，會自動安裝一些定義在 API 伺服器程式碼中的預設 ClusterRole。也就是說如果你修改內建的 ClusterRole，它的效果只會短暫存在一陣子，當你重新啟動 API 伺服器的時候（例如：更新 API 伺服器），你做的變更就會被複寫成預設值。

如果你不想讓它們恢復預設值，在做任何修改之前，可以為這個內建 ClusterRole 加上一個 `rbac.authorization.kubernetes.io/autoupdate` 的 `annotation`，並設定它的值是：`false`。如果這個標註是 `false`，則 API 伺服器啟動的時候就不會複寫你改過的 ClusterRole。

Kubernetes API 伺服器預設會設定一組 Cluster Role，允許判定為 `system:unauthenticated` 的使用者存取 API 自動發現服務。假設你的叢集是開放在較為不安全的環境（例如：公開網路中），這就會是一個非常不好的設計，因為你至少暴露了一個嚴重的系統弱點。假設你的 Kubernetes 叢集是放在公開網路，或其他比較不安全的環境中，你需要確保 `--anonymous-auth=false` 這個參數在 API 伺服器啟動的時候有設定好。

管理 RBAC 的一些技巧

管理叢集的 RBAC 有時候真的複雜又充滿挫折感。尤其是當這些設定錯誤的時候，可能帶來一些安全性的問題。還好有許多工具跟技巧可以讓管理 RBAC 更加簡單一些。

利用 can-i 這個工具檢查授權

第一個有幫助的工具是 `kubectl` 的 `auth can-i`。這個工具非常適合用來測試某一個使用者是否可以執行特定的操作。當你在設定叢集的權限時，可以用 `can-i` 來驗證設定是否正確，也可以請你的使用者利用這個工具來檢驗他們的權限是否回報錯誤。

最簡單的使用方法是利用 `can-i` 搭配資源以及操作。舉例來說，下列這個指令就可以測試現在的使用者是否可以使用 `kubectl` 建立 Pod：

```
$ kubectl auth can-i create pods
```

你也可以利用參數 `--subresource` 測試相關聯的資源，像是 log 或 port forwarding 是否正常：

```
$ kubectl auth can-i get pods --subresource=logs
```

在版本控制中管理 RBAC

如同 Kubernetes 中的其他資源，RBAC 也是利用 YAML 設定。把這些純文字類型的設定檔案放在版本控制系統中，這樣對於未來的稽核，權責管控以及設定還原都非常有幫助。

命令列工具 kubectl 提供指令 reconcile，與 kubectl apply 類似，差別是它可以根據這些設定檔自動與現有的資源做比較，並且自動調整相應角色跟角色綁定。你可以執行：

```
$ kubectl auth reconcile -f some-rbac-config.yaml
```

如果你想要先檢查指令執行後的改變，你可以透過參數 --dry-run 輸出所有尚未生效的變動。

進階技巧

熟悉 Kubernetes 叢集的 RBAC 之後，你會發現管理權限並不會太困難。但是當你需要處理大量的使用者或角色的時候，其實還有一些適用於大量管理 RBAC 的方法可以使用。

組合 ClusterRoles

有時候你會需要定義一個角色是由其他角色組合而來的。其中一種最簡單的方法是把你需要的條件從一個 ClusterRole 中複製到另一個 ClusterRole，但是這樣既複雜也容易出現錯誤，因為假設你改變其中一個 ClusterRole 的設定，它並不會自動被套用在你複製的 ClusterRole 中。但是在 Kubernetes 的 RBAC 中，支援一種**組合規則**（*aggregation rule*），它可以用多個角色來組合成新的角色。這個新的角色會包含所有組合在一起的角色權限，而其中任何一個角色的權限調整後，都會反映到這個新的組合角色中。

跟 Kubernetes 中的群組使用方式雷同，要組合 ClusterRole 只需要加上 label 選擇器即可。在這個範例中，ClusterRole 中的資源 aggregationRule 包含一個當作 label 選擇器的欄位 clusterRoleSelector。所有符合這個 label 選擇器的 ClusterRole 都會動態的將 rule 清單中的 ClusterRole 資源組合在一起。

對於管理 ClusterRole 資源比較好的作法，是建立數個權限分割清楚的叢集角色，然後將它們組合在一起，成為較高階層的物件，之後再指定給所需要的使用者。這也是定義內建叢集角色的做法。舉例來說，你可以用下列指令查詢內建的 edit 角色：

```
apiVersion: rbac.authorization.k8s.io/v1
kind: ClusterRole
metadata:
  name: edit
  ...
aggregationRule:
  clusterRoleSelectors:
  - matchLabels:
```

```
        rbac.authorization.k8s.io/aggregate-to-edit: "true"
...
```

這個範例可以說明 `edit` 角色其實是把所有具有 label 主鍵為 `rbac.authorization.k8s.io/aggregate-to-edit` 的值設為 `true` 的 ClusterRole 角色組合在一起。

群組綁定

當你需要管理大量來自不同組織的使用者，但是又要使用類似的權限時，比起個別指定角色綁定，最好的做法是用群組來指定叢集權限。當你將群組綁定到 ClusterRole 或 Role，任何在群組中的使用者都可以獲得兩者定義中可操作資源的權限。也因此，為了讓使用者存取群組定義的資源，該名使用者也必須要被加入到群組中才可以使用。

在大型環境中，有許多理由來解釋為什麼使用群組是一個比較好的選擇。第一個是大型組織中，通常叢集的權限規劃是跟隨著不同團隊而定義的，比較少會為個別使用者定義權限。舉例來說，前端運維團隊對於前端資源需要讀取及編輯的權限，但對後端資源卻僅需要讀取的權限即可。利用群組來給予權限讓整個團隊分工更為明確，假設我們以個別使用者為基礎設定權限，會很難清楚的界定這樣的權限安排對於團隊而言是否妥當（例如：最小權限），特別是在有些使用者跨團隊的情況下。

比起將角色個別綁定，另一個綁定群組的好處是能更清楚且更容易維持一致性。當某一個成員加入或離開一個團隊，你可以很直覺的將它加入或移除某一個群組，如果你需要移除綁定在使用者上的數個角色，你可能最後會發現，不是你移除太多權限，不然就是留了太多不必要的權限給使用者。另外就是當你只需要維護一組群組綁定，就不需要一直重複的比對每一個使用者權限是否相同。

大多數的雲端供應商都有將平台本身的身分認證機制整合 Kubernetes 的 RBAC。

有很多群組管理系統提供暫時的權限，也就是說你不需要給定一個固定的權限，而是在使用者需要的時候可以短暫的擁有某些權限（例如：半夜三更需要更新一個頁面）。也就是說，你可以確保隨時能夠查核某一個使用者在某一段時間是否擁有某些權限，同時也可以保證即使某一個使用者的帳號被攻破也無法影響整個線上基礎建設。

最後，在大多數的環境中，同樣的群組規劃也應用在不同的地方，像是文件系統的權限管理，或者機器的登入資訊。因此使用同樣的群組在 Kubernetes 中做權限管理，是再簡單不過的了。

如果你需要將群組綁定 ClusterRole，可以在 `subject` 裡面使用 Group 資源設定：

```
...
subjects:
- apiGroup: rbac.authorization.k8s.io
  kind: Group
  name: my-great-groups-name
...
```

在 Kubernetes 中，群組資訊是由身分驗證提供者所提供。Kubernetes 中並沒有很強的群組概念，只有一個使用者屬於一個或數個群組，然後這些群組可以跟 Role 或 ClusterRole 進行綁定。

總結

當你的團隊跟叢集都還很小的時候，每一個成員在叢集中擁有相同的權限並沒有太大的問題。但是當你的團隊不斷成長，產品變得更加重要的時候，有效的限制存取叢集的權限就顯得格外重要。一個設計良好的叢集權限，應該要確保每一位使用者都能以最低限度的權限有效地管理應用程式。

對於叢集管理員跟開發者來說，了解 Kubernetes 如何實作 RBAC 以及可以做到的權限管理程度是很重要的。從開始建構測試基礎建設時就設計並設定好 RBAC，會是比較好的做法。從正確的基礎開始做起永遠比事後再重新設計簡單。希望這個章節所提供的資訊足夠讓你將 RBAC 權限控管加入到你的叢集中。

第十五章

服務網格

除了容器之外，近期雲端原生開發的第二個代名詞可以算是**服務網格**。不過就跟容器一樣，服務網格也是由很多不同的開放原始碼專案及商業產品所組合而成。了解雲端原生架構中服務網格擔任的角色會很有幫助，本章將會介紹不同的服務網格專案如何實作，以及最重要的事在開發軟體的時候應該在什麼樣的情境下套用服務網格，抑或是選擇較為簡單的架構。

在許多抽象化的雲端原生架構圖中，常常會以為服務網格是雲端原生架構下必須的元件。但這並不是全貌，當我們考慮採用服務網格的時候，應該要評估在應用程式中新增一個新的相依性元件（通常由第三方提供）的複雜度。在許多情況中，如果 Kubernetes 內建的元件就可以滿足應用程式的需求相對來說簡單又可靠。

這些 Kubernetes 現有的核心網路機能已經很完善了，為什麼還需要在上面多疊加額外的功能來增加其複雜度呢？回過頭來說還是因為應用程式需要服務網格這樣的附加能力，

在 Kubernetes 提供的核心網路機能，只能提供最基本的應用程式到應用程式之間的通訊。不論是 Service 還是 Ingress 都是透過標籤選擇器來決定要把流量轉送到某一組 Pod，相較於服務網格所提供的功能來說非常精簡，Ingress 提供的功能稍微強大一些，但是要設計一組通用 API 來對應廣大且不同實作方式的 HTTP 附載平衡器確實讓 Ingress API 有許多功能上的限制。一個「雲端原生」的 HTTP 路由 API 要怎麼樣才能真正地相容於各種不同的附載平衡器以及代理伺服器，尤其是那些沒有考慮到雲端原生開發的實體網路設備或公有雲提供的 API？

我們可以發現這個挑戰最終是由 Kubernetes 之外所開發的服務網格 API 來解決。Ingress API 把 HTTP（S）的流量從世界各地帶入雲端原生的應用程式，Kubernetes 上的雲端原生應用程式可以不需要思考如何與現有的基礎建設相容，而服務網格 AP 則提供額外的雲端原生網路能力，這些能力包含什麼呢？大部分的服務網格提供三種主要的能力：網路加密與認證、流量塑形（traffic shaping）、網路可視性（observability），接著將對上述三種功能進行介紹。

利用 Mutal TLS 進行加密及認證

在微服務架構中，對 Pod 之間的網路流量進行加密是一個很重要的功能。雙向網路層安全協定（Mutual Transport Layer Security），或稱 *mTLS* 的加密方式是服務網格中最常見的使用情境，儘管開發人員可以將這些功能實作在應用程式中，但是憑證的處理以及流量的加密其實蠻複雜且不容易做到非常完善，如果讓這些加密的實作交給每個開發團隊來自行開發，最後常見的結果都是忘記加密，或者做的不夠完善，當這些加密機制沒有完善的實作，只會負面的影響程式的穩定性，更糟的情況是沒有提升任何的安全性。相較之下，直接將服務網格安裝在 Kubernetes 叢集之中，就可以自動提供 Pod 之間流量的加密機制，服務網格通常會將邊車容器（sidecar container）加到每一個 Pod 之中自動攔截所有的網路通訊。除了增加通訊的安全性之外，mTLS 也透過客戶端的憑證來提供身分識別的機制，所以你的應用程式也能識別每一個不同的客戶端身分。

流量塑型

剛開始設計你的應用程式時，通常我們會用非常乾淨的圖表，例如一個簡單的盒子來表示一個微服務，或者不同應用程式之間的階層（例如前端服務、使用者偏好服務等等）。但是當我們實際實作的時候，通常應用程式中的每一個微服務都會有多個實體在運行。舉例來說，當你需要從版本 X 更新到版本 Y 的時候，會有一個時間點應用程式同時有兩個不同的版本在運行中，雖然這個狀態會是暫時性的，但是有時候還是會需要建立一個長時間的測試機制來延長不同版本存在的時間。業界常見的模式稱為「吃自己家的狗糧（dog-fooding）」，意思是公司內部在正式發布前先自行測試過新版本的應用程式。在這樣的模式之下，你可能會需要將版本 Y 的應用程式在正式開放給所有人使用前，對特定的一群使用者開放數天甚至是數週（或更久），這樣的測試需要透過**流量塑形**的功能來做到，也就是說針對特定的服務請求將流量送到指定的服務實作中。在上述的範例中，你可能會進行實驗，將所有公司內部使用者的流量送到服務 Y，而公司以外的其他流量則依舊送到服務 X。

這樣的實驗適用於許多不同的場景，例如開發過程中，程式設計師可能會將一小部分的真實流量（通常是小於 1%）送到測試的後端，或者透過 A/B 實驗，也就是新舊服務個別分配 50% 的使用者來統計哪一種設計更為有效率。這種實驗對於應用程式的可靠性及敏捷性都很有幫助，甚至可以透過上述的 A/B 實驗來洞悉應用程式的狀態，但這在過去的環境中要實作有一定的難度存在，所以也鮮少被使用。

服務網格提供這種實驗方法的實作，免除自行實作流量分配的實驗機制或是在一組新的基礎建設上部署新的應用程式，服務網格提供簡單的宣告組態參數來提供實驗功能（10% 流量到版本 Y，90% 流量到版本 X）。同時身為開發者，你可以自行定義更多不同的測試來增加應用程式的可靠度、敏捷性以及洞悉應用程式的特徵，讓服務網格自動幫忙處理流量分配的細節。

內省（Introspection）

如同大多數的開發者，當你寫了一個程式之後，就需要不斷地針對新的錯誤進行偵錯。在應用程式中尋找錯誤，通常會佔去多數開發者一天工作的時間。這個偵錯過程在分散式微服務的環境更加艱難。有時候很難將分散在不同 Pod 處理的單一請求資訊結合在一起，這些偵錯所需要的資訊必須要從不同的來源重新組合在一起，才能假設一開始蒐集到的原始資訊是什麼。

自動內省（automatic introspection）是另一個服務網格提供的能力，因為服務網格介入在所有 Pod 之間的通訊，所以能夠知道每一個請求是如何被分配到不同的目的地，因此也具有將原始請求重新組合的資訊。比起僅看見在不同微服務中四處亂竄的請求，開發者可以透過簡單的請求集合來判斷使用者在應用程式中的體驗，而且服務網格會直接部署在整個叢集中，也就是說同樣的流量追蹤功能可以適用於不同團隊開發的服務中，一致的觀測資料可以透過服務網格提供橫跨整個叢集上的服務資訊。

你真的需要服務網格嗎？

目前提到的優點可能會讓你想要立刻安裝服務網格到叢集中，但是在真的安裝之前，還是值得多考慮一下你的應用程式是不是真的需要這些功能。服務網格本身是一個分散式的服務，會增加應用程式設計上的複雜度，而且會深入的整合在微服務的通訊過程中，也就是說，當服務網格失效，你的整個應用程式也會停止運作，在真正採用服務網格前，先確保有足夠的信心解決額外機制帶來的問題，同時也需要準備好跟進服務網格的版本更新，因為這些更新會包含安全性的修補，功能性的修補。同時，在這些修補釋出的時候，也需要準備好在套用新版本的同時能確保服務不會中斷。這些額外的維運成本對於某些小型應用程式來說，是沒有必要增加的複雜性。

如果你選擇的受託管的 Kubernetes 服務同時提供服務網格的功能，對於使用上來說會方便許多，因為雲端供應商會提供服務網格必要的支援、偵錯以及新版本的釋出。但是就算雲端供應商提供服務網格的功能，對於開發者而言還是一項必須要額外學習的知識。總體來說，服務網格所帶來的好處及成本，是值得應用程式或平台開發團隊從整個叢集的角度好好評估的，最好是一次將叢集中的所有微服務一次套用服務網格來最大化所能帶來的好處。

研究服務網格實作

雲端原生生態系中有許多不同的服務網格專案及實作，但大多數都是採用類似的設計模式與技術。因為服務網格設計的目的，就是希望在 Pod 之中的應用程式不知情的情況下，攔截網路流量並進行修改或重新導向，所以必須要存在於每一個 Pod 之中。強迫開發者自己將服務網格的容器映像檔定義在應用程式的規格中，需要額外克服來自開發者的抵抗。同時也不容易統一控管整個叢集中的服務網格版本。因此，大多數的服務網格實作方式都是在每一個 Pod 中增加邊車容器（sidecar container），因為邊車容器跟應用程式存在於同一個網路堆疊中，所以可以透過像是 `iptables` 或最近常見的 `eBPF`，來攔截容器內的程序或應用程式的流量，並轉交給服務網格處理。

當然，當然，要求每個開發者自己在 Pod 的定義檔中增加一個額外的容器映像檔，就跟要求他們修改原本容器的映像檔一樣，是不可能的。為了解決這個問題，大多數的服務網格實作都會透過變更申請控制器（mutating admission controller）來自動為叢集中的 Pod 增加額外的服務網格邊車。所有透過 REST API 提交的 Pod 建立請求都會先經過這個申請控制器（admission controller），服務網格的變更申請控制器修改 Pod 的定義來增加額外的邊車。由於申請控制器是由叢集管理員安裝，所以這個控制器會在叢集中無形且持續的將服務網格放到每個應用程式中。

但是服務網格不是只有修改 Pod 的網路設定，也許我們也會需要控制服務網格的行為，舉例來說，為測試環境或管制存取的目的調整服務流量的路徑。如同 Kubernetes 中其他的物件，服務網格的資源也是透過 JSON 或 YAML 的格式進行定義宣告，然後透過 `kubectl` 或其他工具提交到 Kubernetes 的 API 伺服器上。服務網格是利用 Kubernetes 叢集中額外安裝的**自訂義資源**（*custom resource definitions*，*CRDs*）來實作，大多數的狀況，這些特定的自訂義資源都是跟服務網格的實作緊密關聯的。目前 CNCF 正努力制定一組不與特定實作掛鉤的標準服務網格介面（Service Mesh Interface，SMI）來讓未來的服務網格專案可以遵循實作。

服務網格的近況

近期最艱難的課題應該就是從眾多服務網格之中挑選一個來使用，直到目前為止，並沒有任何一個服務網格成為業界標準。雖然說很難透過統計數據來說明，但是目前最受歡迎的服務網格應該是 Istio 專案。除了 Istio 專案之外，還有許多開源的服務網格，例如 Linderd, Consul Connect, Open Service Mesh 等等，同時也有商用服務網格，例如 AWS App Mesh。我們期許接下來幾年透過雲端原生的社群，可以持續將服務網個的標準化介面定義出來。

那對於開發者與叢集管理員來說要怎麼選擇呢？事實上，最合適的服務網格可能還是由你的雲端供應商所提供的版本，在日常繁複的叢集維運任務中增加服務網格是額外的負擔，且可以說是不必要的，所以讓雲端供應商來幫你管理是比較好的方法，

如果這個選項不適合你，可能需要再多做一些額外的研究，但是千萬別被炫麗的展示或承諾的功能給弄昏了，服務網格會深入的整合在你的基礎建設中，任何的錯誤都有可能大幅度的影響應用程式的可用性。除此之外，服務網格的 API 通常實作上有蠻大的差異，所以假設你的應用程式已經圍繞著某一種實作開發，要更換的時間成本會非常高。最終可能會發現，最好的服務網格就是不需要服務網格。

總結

服務網格包含強大的功能可以帶給你的應用程式額外的安全性跟彈性，也會在叢集的維運上增加額外的複雜度，同時增加應用程式中斷服務的來源。仔細的思考增加服務網格到基礎建設中的優點跟缺點，如果你選擇使用服務網格，盡可能的採用代管的服務網格，讓其他的團隊負起管理責任，而你們只需要使用服務網格所帶來的好處即可。

第十六章

Kubernetes 和整合儲存解決方案

很多情況下，盡可能將程式設計成去耦合狀態，並確保微服務保持在無狀態（stateless）下，可以讓應用程式更可靠且方便管理。

但是，從資料庫的紀錄到搜尋引擎中的索引分片（shard），幾乎所有複雜的系統都還是有可能需要保留狀態，因此，你需要一個儲存資料的地方。

設計及建立分散式系統最複雜的一個環節就是該如何在個別容器與大量容器集群之間整合資料儲存的方式。如此複雜的原因是，容器化架構朝向去耦合、不可變性以及宣告式應用程式發展，這樣的模式相對容易運用在網頁應用程式，但即便是 Cassandra 或 MongoDB 這種以「雲端架構」為主設計的儲存方案，依舊需要手動處理一些步驟才能建立可靠的副本解決方案。

例如，考慮在 MongoDB 中建置一個 ReplicaSet，包括部署 Mongo 常駐程式、執行指令參數來決定 Mongo 叢集中的 leader（領導）以及 participant（參與者）角色這些步驟當然可以寫成腳本，但在容器世界中，很難將這些指令整合到 deployment 中。同樣地，即便是在副本容器集（replicated set）中取得個別容器中可解析的 DNS 名稱，也是有一定難度的。

額外的挑戰則來自於大多數的容器化應用程式都不是從頭開始使用容器化架構，它們通常是從現有在虛擬機上的應用程式改編而來，已經有著大量儲存的資料，需要透過導入或遷移流程才能在容器化架構中使用。

最後，演變為雲端，意味著大多時候的儲存實際上是一種外部的雲服務，在這種情況下，它永遠不會存在於 Kubernetes 叢集內。

本章會介紹在 Kubernetes 中，將儲存整合到容器化微服務的各種方法。我們首先介紹如何將現有的外部儲存解決方案（雲服務或虛擬機）導入到 Kubernetes。接下來，將探討如何在 Kubernetes 內部運行可靠的機器，讓你擁有與之前部署儲存解決方案的虛擬機時大致相同的環境。最後，將會介紹 StatefulSet，它仍然在開發階段，但它代表了 Kubernetes 中有狀態運行容器的未來。

匯入外部服務

在一般環境中，你可能已經有正在運行的資料庫系統。在這樣的情況下，我們可能不會想馬上把資料庫搬到容器化的 Kubernetes 之中，有可能是資料庫是由其他團隊維運的，或者是你想要一步一步地慢慢遷移，也或許是資料遷移的流程所帶來的價值低於它所造成的問題。

無論原因是哪些，這種舊的伺服器或服務都不會放進 Kubernetes 之中，但是卻仍然需要被 Kubernetes 中的程式所使用。當你遇到這樣的情況時，就蠻適合使用 Kubernetes 內建的命名及服務探索功能。更棒的是，這讓你 Kubernetes 中的所有程式都可以把資料庫當作在 Kubernetes 叢集中的服務來使用。這樣的好處是，未來你可以很輕易的利用 Kubernetes 的服務來更換資料庫。舉例來說，在線上環境中，你可能持續的在使用傳統的資料庫運作，但是對於持續測試的環境，可以將測試用的資料庫部署成臨時的容器。因為它可以根據每一次的測試生成新的資料庫，並在結束後刪除，因為資料的持久性並不重要。將這兩種不同的資料庫設計成 Kubernetes 的服務，讓你可以在測試及線上環境中保持同樣的配置而不需要改變。讓測試及生產環境保持高擬真度，確保測試的結果跟線上環境中沒有差異。

要具體了解如何在開發及線上環境中保持高擬真度，我們將所有 Kubernetes 物件都部署到 *namespace* 中。想像一下，我們已經定義好 `test` 環境以及 `production` 環境所需要的 namespace。測試服務使用下列物件所建立：

```
kind: Service
metadata:
  name: my-database
  # 注意「test」的 namespace
  namespace: test
...
```

生產環境則是完全相同，只是使用不同的 namespace：

```
kind: Service
metadata:
  name: my-database
  # 注意「prod」的 namespace
  namespace: prod
...
```

將 Pod 部署到 test 的 namespace 後，在查詢名為 my-database 的 service 時，它將收到一個指向 my-database.test.svc.cluster.internal 的指標，該指標又指向測試資料庫。對比之下，當 Pod 部署在 prod 的 namespace 中，這時查詢找同名（my-database）時，它將收到一個指向 my-database.prod.svc.cluster.internal 的指標，而這是生產環境的資料庫。因此，在兩個不同的 namespace 中相同的 service 名稱，會解析為兩個不同的 service。更多的細節，可以參考第 7 章。

接下來的範例及技巧都是使用資料庫或其他儲存服務當代表，但同樣的方法也可以運用在所有不在 Kubernetes 叢集中的其他服務。

沒有選擇器的 Service

當我們一開始介紹 service 時，詳細討論了 label 的功能，以及如何利用 label 作為特定 service 後端的動態 Pod 集合。但是使用外部服務時，不會有這樣的 label 供查詢。取而代之的，你可能使用 DNS 來解析資料庫的位置。舉例來說，我們假設資料庫的位置是 database.company.com。要將這個外部資料庫導入到 Kubernetes 中，必須先建立一個不指定 Pod 選擇器的 service，但引用資料庫 DNS 的名稱（範例 16-1）

範例 *16-1　dns-service.yaml*

```
kind: Service
apiVersion: v1
metadata:
  name: external-database
spec:
  type: ExternalName
  externalName: database.company.com
```

建立一般的 service 時，也會建立 IP 位址，並且 DNS 服務會配置一個 A 紀錄指向這個 IP。當建立 ExternalName 類型的 service 時，Kubernetes DNS 服務則是配置一個 CNAME 紀錄，這個紀錄會指向指定的外部名稱（這邊的例子是 database.company.com）。

當叢集中的應用程式在解析 `external-database.svc.default.cluster` 時，DNS 將會回應別名「`database.company.com`」給應用程式，然後再將其解析為外部資料庫的 IP 位置。透過這樣方式，Kubernetes 中的所有容器，都認為自己正在與其他容器的 service 通訊，而事實上它們正被重導向到外部資料庫。

請記得一件事，這不限於在你自己基礎架構中的資料庫，許多雲端資料庫和其他服務供應商都會提供 DNS 名稱來讓你存取服務（例如：`my-database.databases.cloudprovider.com`），你就可以使用 `externalName` 來定義 DNS 的別名，讓雲端資料庫可以順利導入到 Kubernetes 叢集的 namespace 中。

但有的時候，外部資料庫並沒有提供 DNS 名稱，而只有一個 IP 位址，在這樣的情況下，仍可將該伺服器作為 service 導入，但操作方法有些不同。首先建立沒有 label 選擇器，也沒有剛剛使用的 `ExternalName` 的 service。（範例 16-2）。

範例 16-2　*external-ip-service.yaml*

```
kind: Service
apiVersion: v1
metadata:
  name: external-ip-database
```

Kubernetes 將為這個 service 分配一個虛擬 IP 位址，並為其配置一個 DNS 的 A 紀錄。但由於這個 service 沒有選擇器，因此不會有任何的端點可供負載平衡器來使用。

而且由於這是外部服務，用戶需要利用 `Endpoint` 資源來手動配置端點（範例 16-3）。

範例 16-3　*external-ip-endpoints.yaml*

```
kind: Endpoints
apiVersion: v1
metadata:
  name: external-ip-database
subsets:
  - addresses:
    - ip: 192.168.0.1
    ports:
    - port: 3306
```

如果有多組備援 IP，可以在 `addresses` 清單中設定。一旦端點被配置，負載平衡器將可以開始把流量，從 service 重新指向到 IP 位址的端點。

由於使用者或應用程式會假設端點的位置永遠是最新的，因此你必須確保端點的位置永遠不會改變，或者使用自動化的流程更新端點的紀錄。

外部 Service 的限制：服務健康狀態檢查

Kubernetes 的外部 service 有主要的限制：它不會主動進行健康檢查。因此用戶有責任確保設定給 Kubernetes 的端點或 DNS 名稱保持可靠供應用程式使用。

運行可靠的單一個體

通常 ReplicaSet 在原始的設計上，是希望每一個容器都是獨立且可以隨時被替換的個體，但大多數的儲存方案卻不是這樣子運作，因此在 Kubernetes 上設計運行儲存方案是一大挑戰。其中一種方式是使用 Kubernetes 的基本資源，並且不要複製儲存空間，並且只運行單一 Pod 的資料庫或其他儲存方案。透過這樣的方式就不會發生 Kubernetes 中複製儲存空間的行為，因為它根本不會複製。

乍看之下，這似乎與建立高可靠度分散式系統的原則背道而馳，但其實它跟你把你的資料庫或儲存架構執行於目前大部分人所採用的單一虛擬機或實體機一樣，並沒有比較不可靠。事實上，如果正確地構建系統，唯一犧牲的就是升級或機器故障的潛在停機時間。雖然對於大規模或關鍵任務型系統來說，這可能無法被接受，但對於小規模來說，這種短暫的停機，對於降低複雜性來說是一個合理的折衷方案。如果這不適用於讀者的情境，可以跳過這個部分，並按照上一節介紹的方式，導入現有服務，或轉到 Kubernetes 原生的 StatefulSets，如下節所述。對於其他人而言，我們將討論如何為資料儲存構建可靠的單一個體。

運行一個 MySQL 單個體

在本節中，將介紹如何在 Kubernetes 中以 Pod 的形式，運行可靠的 MySQL 資料庫單個體，以及如何將該個體介紹給叢集中的其他應用程式使用。為此，我們將建立三個基本的物件：

- persistent volume：獨立於 MySQL 應用程式生命週期中的永久磁碟區，這個磁碟區在硬碟上擁有自己的生命週期。
- Pod：一個運行 MySQL 應用程式的 Pod。
- service：該 service 會將這個 Pod 開放到叢集中的其他容器中。

在第 5 章，我們介紹了持久性儲存區（Persistent volume），一個獨立於任何 Pod 或容器生命週期的資料儲存區。persistent volume 對於像是資料庫這種需要如同硬碟一般，在容器當機或移動到其他機器的過程中不會改變的永久性儲存方案非常適合。如果應用程式移動到不同的機器上，磁碟區也要隨著移動並且保留資料。將資料磁碟區分離為 persistent volume 就能夠達到這樣的目的。

首先，先為 MySQL 建立一個 persistent volume。這個例子使用 NFS 來實現最大的可移植性，不過 Kubernetes 也支援各種不同的 persistent volume 實作方法，像是主要公共雲供應商，以及大部分私有雲供應商都有 persistent volume 現成的實作方法可供使用。要使用這些解決方案，只需將 `nfs` 替換為適當的雲端供應商（例如：`azure`、`awsElasticBlockStore` 或 `gcePersistentDisk`）即可。在大多數的情況下，你只需要改變這個設定即可。Kubernetes 知道如何在相應的雲端供應商中，建立適合的儲存空間。這也是 Kubernetes 如何簡化可靠分散式系統開發的一個很好的例子。以下是 `PersistentVolume` 物件的範例（範例 16-4）。

範例 16-4　nfs-volume.yaml

```
apiVersion: v1
kind: PersistentVolume
metadata:
  name: database
  labels:
    volume: my-volume
spec:
  accessModes:
  - ReadWriteMany
  capacity:
    storage: 1Gi
  nfs:
    server: 192.168.0.1
    path: "/exports"
```

這裡定義了 1GB 儲存空間的 NFS `PersistentVolume`。可以像之前介紹的方式使用命令列指令建立這個 persistent volume：

```
$ kubectl apply -f nfs-volume.yaml
```

現在建立了一個 persistent volume，這時需要在 Pod 中宣告這個 persistent volume，我們需要使用到 `PersistentVolumeClaim` 物件來設定（範例 16-5）。

範例 16-5　nfs-volume-claim.yaml

```
kind: PersistentVolumeClaim
apiVersion: v1
metadata:
  name: database
spec:
  accessModes:
  - ReadWriteMany
  resources:
    requests:
      storage: 1Gi
  selector:
    matchLabels:
      volume: my-volume
```

在 `selector` 欄位中，填入之前定義的 persistent volume 的 label。

這種設定方式不直覺且看似複雜，但其實它的目的是把 Pod 的定義以及磁碟區的定義分開。你可以直接在 Pod 規格中宣告磁碟區，但這會將該 Pod 規格限制在某個磁碟區供應商（例如，特定的公共雲或私有雲）。透過磁碟區宣告，你可以定義出與底層實作方法無關的 Pod 規格，然後再透過建立本地或雲端磁碟區，使用 `PersistentVolumeClaim` 將它們綁定在一起即可。更棒的是，大多數的 persistent volume 控制器會自動幫你建立所需要的磁碟區，更多的細節會在後續章節中介紹。

現在我們已經宣告了磁碟區，可以使用 ReplicaSet 來構建單個體的 Pod。使用 ReplicaSet 來管理單個體 Pod 看似奇怪，但對於可靠性來說是很重要的。記得一件事，當 Pod 被安排到某一台機器，就會永久地被綁定在該機器上。如果機器發生故障，那麼該機器中沒有被更上層的控制器（像是 ReplicaSet）所管理的 Pod 會隨機器一起消失，並且不會被重新分配到另外的機器上。因此，為了確保資料庫的 Pod 在出現機器故障時能夠重新被分配，我們使用較上層的 ReplicaSet 控制器來管理資料庫的 Pod，但設定 replica 大小為 1（範例 16-6）。

範例 16-6　mysql-replicaset.yaml

```
apiVersion: extensions/v1
kind: ReplicaSet
metadata:
  name: mysql
  # 使用 Label 來讓 Service 指向這個 Pod
  labels:
    app: mysql
spec:
```

```
  replicas: 1
  selector:
    matchLabels:
      app: mysql
  template:
    metadata:
      labels:
        app: mysql
    spec:
      containers:
      - name: database
        image: mysql
        resources:
          requests:
            cpu: 1
            memory: 2Gi
        env:
        # 環境變數並不是真正安全的參數設定方式
        # 但我們先用這種方式來簡化這個範例。
        # 可以參考 11 章來選擇更好的方式。
        - name: MYSQL_ROOT_PASSWORD
          value: some-password-here
        livenessProbe:
          tcpSocket:
            port: 3306
        ports:
        - containerPort: 3306
        volumeMounts:
          - name: database
            # /var/lib/mysql 是 MySQL 資料庫存放資料的地方
            mountPath: "/var/lib/mysql"
      volumes:
      - name: database
        persistentVolumeClaim:
          claimName: database
```

當建立 ReplicaSet 後，它將建立一個運行 MySQL 的 Pod 並使用之前建立的持久性儲存空間（persistent disk）。最後一步，是將其作為 service 開放出來（範例 16-7）。

範例 16-7　mysql-service.yaml

```
apiVersion: v1
kind: Service
metadata:
  name: mysql
spec:
  ports:
```

```
  - port: 3306
    protocol: TCP
  selector:
    app: mysql
```

現在在叢集中，有個單機版 MySQL 以名為 `mysql` 的 service 公開給其他人使用，可以透過完整的域名 `mysql.svc.default.cluster` 存取它。

像這樣的方式，可以用於各種資料儲存，如果需求很簡單，並且面臨機器故障或需要升級資料庫時，可以接受短暫的停機，那麼對於你的應用程式來說，單機版的 MySQL 是好的方法。

動態磁碟區擴充

很多叢集也包含**動態磁碟區擴充**。透過動態磁碟區擴充，讓叢集操作人員建立一到多個 `StorageClass` 物件。不同類型的儲存方式在 Kubernetes 中透過 `StorageClass` 封裝起來，一個叢集可以安裝多種不同的 `StorageClass`。舉例來說，你可能會需要一個使用 NFS 的 storage class，或者是另一個由 iSCSI 提供的區塊儲存 storage class。同時，Storage class 也可以封裝不同可靠度或效能的儲存產品。以下為在 Microsoft Azure 上，利用預設儲存類別（storage class）自動配置硬碟的範例（範例 16-8）

範例 *16-8　storageclass.yaml*

```
apiVersion: storage.k8s.io/v1
kind: StorageClass
metadata:
  name: default
  annotations:
    storageclass.beta.kubernetes.io/is-default-class: "true"
  labels:
    kubernetes.io/cluster-service: "true"
provisioner: kubernetes.io/azure-disk
```

當叢集建立儲存類別（storage class）後，可以在 persistent volume claim 中引用此儲存類別，而不是引用某個 persistent volume。當磁碟區擴充器發現這個儲存宣告時，它將使用適用的磁碟區驅動器建立磁碟區，並將其綁定到 persistent volume claim。

以下使用 `PersistentVolumeClaim` 的範例，它使用剛剛定義的 `default` 儲存等級來宣告新建立的 persistent volume（範例 16-9）。

範例 16-9 *dynamic-volume-claim.yaml*

```
kind: PersistentVolumeClaim
apiVersion: v1
metadata:
  name: my-claim
  annotations:
    volume.beta.kubernetes.io/storage-class: default
spec:
  accessModes:
  - ReadWriteOnce
  resources:
    requests:
      storage: 10Gi
```

`volume.beta.kubernetes.io/storage-class` 的 annotation 表示將此宣告連結到剛剛所建立的儲存類別上。

自動建立的永久磁碟區讓你在 Kubernetes 中建立 Stateful 的應用程式更加方便，但是它的生命週期卻是被磁碟區宣告的回收政策所控制，而預設的設定會跟建立的 Pod 的生命週期所綁定。

也就是說，你如果剛好刪除了自動建立磁碟區的 Pod（例如透過減少 Pod 的數量或其他事件），磁碟區也會跟著被刪除。在某些使用環境中，或許這樣的設計是符合你的需求的，但也就代表你需要更小心，不要因為調整 Pod 數量而誤刪你的永久磁碟區。

persistent volume 適用於需要硬碟儲存的傳統應用程式，但如果需要以原生 Kubernetes 開發高可用性，可擴展儲存空間，則可以使用新發布的 StatefulSet 物件。因此，將在下一節介紹如何使用 StatefulSet 部署 MongoDB。

讓 StatefulSet 使用 Kubernetes 的儲存空間

在 Kubernetes 開發之初，重點強調所有 replica 的同質性。在這種設計中，沒有任何一個 replica 有獨立的設定組態以及識別方式。需由開發人員自行設計一套方式讓應用程式分辨 replica 的個體。

雖然這種方法讓編排系統有很大程度的隔離，但這也使得開發有狀態的應用程序變得很困難。經過社群的大量投入及對各種現有的有狀態應用程式的測試之後，StatefulSet 在 Kubernetes 1.5 版中推出了。

StatefulSet 的特性

StatefulSet 的 Pod 副本群組類似 ReplicaSet，但又與 ReplicaSet 不同，它具有某些獨特的特性：

- 每個 replica 具有永久主機名加上唯一的索引值（例如：`database-0`、`database-1` 等）。
- 每個 replica 依照低到高的索引建立，並且會等到前一個的 Pod 正常且可運作，才會建立下一個，而這也適用於擴展 replica。
- 而刪除 Pod 時，每個 replica 也會按照從高到低的索引依序刪除，這個特性也同樣適用於縮小 replica。

而這樣的特性恰巧特別適合用來在 Kubernetes 上部署儲存類型的應用程式。舉例來說，這種可靠的名稱（例如：`database-0`）以及依序建立的特性，可以讓除了第一個建立的 `database-0` 以外的副本 Pod 都參考 `database-0` 來做為副本伺服器的設定，並且依序建立達到設定的副本數量。

使用 StatefulSet 手動複製 MongoDB

在本節中，我們將部署副本式的 MongoDB 叢集。為便於了解 StatefulSet 的運作模式，副本設定會以手動方式進行，但最終目的還是以自動化的方式完成這個配置。

首先，利用 StatefulSet 物件，建立三個包含 MongoDB 的 Pod 副本集合（範例 16-10）。

範例 *16-10　mongo-simple.yaml*

```
apiVersion: apps/v1
kind: StatefulSet
metadata:
  name: mongo
spec:
  serviceName: "mongo"
  replicas: 3
  selector:
    matchLabels:
      app: mongo
  template:
    metadata:
      labels:
        app: mongo
    spec:
      containers:
      - name: mongodb
```

```
      image: mongo:3.4.24
      command:
      - mongod
      - --replSet
      - rs0
      ports:
      - containerPort: 27017
        name: peer
```

你可以發現，這與前面章節中介紹的 ReplicaSet 定義類似，唯一的不同的是 apiVersion 和 kind 欄位。

接下來建立 StatefulSet：

```
$ kubectl apply -f mongo-simple.yaml
```

一旦建立後，ReplicaSet 和 StatefulSet 就有明顯的差別。這時執行 kubectl get pods，會看到：

```
NAME      READY     STATUS            RESTARTS   AGE
mongo-0   1/1       Running           0          1m
mongo-1   0/1       ContainerCreating 0          10s
```

這與 ReplicaSet 有兩個重要的差別。第一個是每個副本的 Pod 都有一個以數字表示的索引（0，1，...），而不像 ReplicaSet 控制器附加的亂數後綴字串。第二個是 Pod 按順序慢慢建立，而不像 ReplicaSet 一次全部建立。

StatefulSet 建立後，還需要建立「headless」的 service，管理 StatefulSet 的 DNS 項目。在 Kubernetes 中，如果 service 沒有 cluster IP 位址，就稱為「headless」service。由於 StatefulSet 中每個 Pod 都有唯一的標記，因此提供負載平衡器的 IP 位址給副本式的 service，並無意義。可以在 service 規格中，利用 clusterIP: None 建立 headless 的 service（範例 16-11）。

範例 *16-11　mongo-service.yaml*

```
apiVersion: v1
kind: Service
metadata:
  name: mongo
spec:
  ports:
  - port: 27017
    name: peer
  clusterIP: None
```

```
    selector:
      app: mongo
```

一旦建立了這個 service，通常會配置四個 DNS 項目。像之前建立 service 相同，會產生 mongo.default.svc.cluster.local，但與標準的 service 不同的是在這主機名上執行 DNS 解析，會得到 StatefulSet 中的所有位址。除此之外，也會建立 mongo-0.mongo.default.svc.cluster.local、mongo-1.mongo 和 mongo-2.mongo 紀錄。每一個都解析為 StatefulSet 裡 replica 的特定 IP 位址。因此，透過 StatefulSet 可以讓集合中的每個 replica 產生永久且定義明確的名稱。這對於配置副本式儲存解決方案時非常有用。可以透過在其中一個 Mongo 的 replica 中，執行指令查看這些 DNS 項目：

```
$ kubectl run -it --rm --image busybox busybox ping mongo-1.mongo
```

接下來，將會使用這些不重複的 Pod 主機名稱，手動設定 Mongo 副本配置。選擇 mongo-0.mongo 作為主要（primary）節點。在這個 Pod 中，執行 mongo 指令：

```
$ kubectl exec -it mongo-0 mongo
> rs.initiate( {
  _id: "rs0",
  members:[ { _id: 0, host: "mongo-0.mongo:27017" } ]
 });
 OK
```

這指令指定 mongodb，使用 mongo-0.mongo 作為主要的副本來初始化 ReplicaSet 的 rs0。

rs0 的名稱是可以自行決定的，但需要在 *mongo.yaml* 的 StatefulSet 定義中改變。

初始化 Mongo 的 ReplicaSet 之後，可以透過在 mongo-0.mongo Pod 的 mongo 工具中，執行以下指令新增其他的副本：

```
> rs.add("mongo-1.mongo:27017");
> rs.add("mongo-2.mongo:27017");
```

可以發現，我們使用 replica 特定的 DNS 名稱，來將它們新增為 Mongo 叢集中的 replica。就這樣，完成了。副本式的 MongoDB 已經啟動並正在運行。但這並不像我們所希望的自動化，因此在下一節中我們將介紹如何使用 script 來自動化設置。

自動化建立 MongoDB 叢集

為了自動部署 StatefulSet 的 MongoDB 叢集，會新增額外的容器執行初始化。在不需額外構建新的 Docker 映像檔的前提下要配置這個 Pod，可以使用 ConfigMap 將 script 新增到現有的 MongoDB 映像檔中。

我們將透過*初始化容器*（*initialization container*）來執行設定腳本。初始化容器（或稱「init」containers）是特別針對 Pod 啟動時進行一次性操作所設計，通常會用在類似目前的情境執行設定腳本，這些設定作業可能是需要在主要應用程式啟動前所做的準備，在 Pod 的定義檔中，有一個獨立的 `initContainers` 清單，可以在這個清單中定義一系列的初始化容器，我們看下列的範例：

```
...
      initContainers:
      - name: init-mongo
        image: mongo:3.4.24
        command:
        - bash
        - /config/init.sh
        volumeMounts:
        - name: config
          mountPath: /config
  ...
      volumes:
      - name: config
        configMap:
          name: "mongo-init"
```

注意這個容器正在掛載名為 `mongo-init` 的 ConfigMap 磁碟區。這個 ConfigMap 包含執行初始化的 script。這個 script 的第一步會確定它是否在 `mongo-0` 上執行。如果是的話，它會使用之前執行同樣的指令，建立 ReplicaSet。如果是在其他的 Mongo 副本上，會將等到 ReplicaSet 存在，才會將自己註冊為這個 ReplicaSet 的成員。

範例 16-12：有完整的 ConfigMap 物件定義。

範例 16-12　mongo-configmap.yaml

```
apiVersion: v1
kind: ConfigMap
metadata:
  name: mongo-init
data:
  init.sh: |
    #!/bin/bash
```

```
# 需要等待 readiness 檢查做完後才有辦法解析到 Mongo 的名稱
# 增添了一點不確定性
until ping -c 1 ${HOSTNAME}.mongo; do
  echo "waiting for DNS (${HOSTNAME}.mongo)..."
  sleep 2
done

until /usr/bin/mongo --eval 'printjson(db.serverStatus())'; do
  echo "connecting to local mongo..."
  sleep 2
done
echo "connected to local."

HOST=mongo-0.mongo:27017

until /usr/bin/mongo --host=${HOST} --eval 'printjson(db.serverStatus())'; do
  echo "connecting to remote mongo..."
  sleep 2
done
echo "connected to remote."

if [[ "${HOSTNAME}" != 'mongo-0' ]]; then
  until /usr/bin/mongo --host=${HOST} --eval="printjson(rs.status())" \
        | grep -v "no replset config has been received"; do
    echo "waiting for replication set initialization"
    sleep 2
  done
  echo "adding self to mongo-0"
  /usr/bin/mongo --host=${HOST} \
     --eval="printjson(rs.add('${HOSTNAME}.mongo'))"
fi

if [[ "${HOSTNAME}" == 'mongo-0' ]]; then
  echo "initializing replica set"
  /usr/bin/mongo --eval="printjson(rs.initiate(\
      {'_id': 'rs0', 'members': [{'_id': 0, \
       'host': 'mongo-0.mongo:27017'}]}))"
fi
echo "initialized"
```

你會注意到這個腳本運作完後立刻結束，這對於初始化容器來說非常重要，每一個初始化容器都會等待前一個初始化容器順利結束，主程式的容器會等到所有初始化容器都執行完成，所以如果腳本無法順利結束，Mongo 的主程式會永遠無法啟動。

將所有的元素組合在一起，範例 16-13 是一個使用 ConfigMap 的完整 StatefulSet。

範例 *16-13　mongo.yaml*

```
apiVersion: apps/v1
kind: StatefulSet
metadata:
  name: mongo
spec:
  serviceName: "mongo"
  replicas: 3
  selector:
    matchLabels:
      app: mongo
  template:
    metadata:
      labels:
        app: mongo
    spec:
      containers:
      - name: mongodb
        image: mongo:3.4.24
        command:
        - mongod
        - --replSet
        - rs0
        ports:
        - containerPort: 27017
          name: web
      # 這個容器初始化 MongoDB 後就進入休息狀態
      - name: init-mongo
        image: mongo:3.4.24
        command:
        - bash
        - /config/init.sh
        volumeMounts:
        - name: config
          mountPath: /config
      volumes:
      - name: config
        configMap:
          name: "mongo-init"
```

有了這些檔案，就可以用下面的指令建立一個 Mongo 叢集：

```
$ kubectl apply -f mongo-config-map.yaml
$ kubectl apply -f mongo-service.yaml
$ kubectl apply -f mongo-simple.yaml
```

或者，如果你想要全部合併成一個 YAML 檔，可以將每個物件透過「---」來區隔，但你需要確保它們維持相同的排序，因為 StatefulSet 定義需要依賴 ConfigMap 的內容。

Persistent Volume 和 StatefulSet

對於持久性儲存空間，需要將 persistent volume 掛載到 */data/db* 目錄中。在 Pod 模板中，需要對其進行更新，並將 persistent volume，宣告掛載到該目錄中：

```
...
            volumeMounts:
            - name: database
              mountPath: /data/db
```

雖然這種方法與可靠的單個體類似，但由於 StatefulSet 有多個 Pod，因此不能單純地引用 persistent volume claim。取而代之的是需要新增 *persistent volume claim* 的模版。可以將 claim 模板想成 Pod 模板，但不是建立 Pod 而是建立 volume claim。將以下內容新增到 StatefulSet 定義底下：

```
  volumeClaimTemplates:
  - metadata:
      name: database
      annotations:
        volume.alpha.kubernetes.io/storage-class: anything
    spec:
      accessModes: [ "ReadWriteOnce" ]
      resources:
        requests:
          storage: 100Gi
```

當 volume claim 模板新增至 StatefulSet 的定義之後，在每一次建立 Pod 時 StatefulSet 控制器會根據此模板建立一個 persistent volume claim。

為了讓這些副本式 persistent volume 正常運作，persistent volume 需要設定自動配置，或是預先配置 persistent volume 的集合，以供 StatefulSet 控制器使用。如果沒有可以被建立的 claim，則 StatefulSet 控制器無法建立對應的 Pod。

最後一項：Readiness 探測器

構建 MongoDB 叢集，最後的階段是為 Mongo 容器新增 liveness 檢查。正如在第 53 頁的「健康檢查」小節中介紹的那樣，liveness 探測器用於確認容器是否正常運行。

對於 liveness 檢查，可以利用以下 mongo 工具，新增至 StatefulSet 物件的 Pod 模板中：

```
...
 livenessProbe:
   exec:
     command:
     - /usr/bin/mongo
     - --eval
     - db.serverStatus()
   initialDelaySeconds: 10
   timeoutSeconds: 10
 ...
```

總結

一旦結合 StatefulSet、persistent volume claim 和 liveness 探測，就可以在 Kubernetes 上運行可靠且具有擴展性的 MongoDB。雖然這裡範例只提到 MongoDB，但透過 StatefulSet 我們同樣可以遵循相似的模式，來建立並管理其他的儲存解決方案。

第十七章

擴充 Kubernetes

打從一開始，Kubernetes 就不會只有核心 API，一旦應用程式被部署在叢集中之後，我們就會發現有更多好用的工具以及程式可以被部署成 Kubernetes API 的物件。也因此，管理叢集的挑戰變成我們該如何使用這些大量出現的物件，卻又不會讓 API 成長到漫無邊際的地步。

要解決不斷延伸的需求以及 API 數量的增長，我們把最主要的心力放在如何保持 Kubernetes API 的可擴充性。這個擴充性包含叢集管理員可以客製化叢集中額外的元件來符合使用需求，也開放大家強化他們自己的叢集，使用社群開發的外掛工具，甚至是在外掛生態體系中銷售自己開發並設計的外掛工具。擴充性甚至已經在系統管理中成為一種很重要的模式，像是操作員模式（operator pattern）。

不論你是要建立自己的擴充工具，或者是使用生態系中的操作員模式，了解 Kubernetes 的 API 是如何建立、擴充以及部署之後，就可以體會到 Kubernetes 及其生態系的強大能力。隨著越來越多先進的工具跟平台是建立在 Kubernetes 的擴充機制上，了解這個機制如何運作，對於未來在 Kubernetes 叢集上設計應用程式會有很大的幫助。

什麼是 Kubernetes 的擴充性？

Kubernetes 的擴充性可以定義成為 Kubernetes 的 API 伺服器增加新的功能，或者調整、限制使用者跟叢集的互動方式。Kubernetes 有豐富的外掛生態系可供叢集管理員用來增加額外的叢集服務或者能力。值得注意的是，你需要足夠的權限，才能擴充叢集。

任意的使用者或程式碼是沒有能力擴充叢集的，只有叢集管理員有能力可以執行這項任務。就算是叢集管理員在安裝第三方工具的時候都應該特別小心。有些擴充工具，像是申請控制器（admission controller）可以查看每一個剛剛在叢集中建立的物件，就很有可能被用來竊取機敏資訊或執行惡意程式。除此之外，叢集經過擴充之後，就會讓這個叢集跟官方 Kubernetes 有所不同，所以當你有多個叢集同時運作的時候，可以考慮建立一些工具來維持一致的叢集使用體驗以及所安裝的擴充工具。

擴充的方式

Kubernetes 有很多種不同的擴充方式，可以從 CustomResourceDefinitions（自定義資源）到 Container Network Interface（CNI）外掛程式。本章節將專注於擴充 API 伺服器來使用新的資源種類或申請控制器（admission controllers），雖然 Kubernetes 叢集供應商經常使用不同的 CNI/CSI/CRI（Container Network Interface/Container Storage Interface/Container Runtime Interface）來擴充功能，但是對於本書的讀者將更專注在使用者的層面。

除了申請控制器和擴充 API 之外，其實還有許多種方法能在不改動 API 伺服器的前提下「強化」你的叢集。像是部署 DaemonSets 來做自動日誌蒐集以及監控，或者持續掃描你的服務是否有跨站腳本（XSS）的漏洞等等。再真正選擇擴充你的叢集之前，可以考慮再重新檢視一下現有 Kubernetes API 的所有可能性。

為了瞭解申請控制器以及自定義資源（CRD）的角色，我們可以先了解 Kubernetes API 伺服器是如何處理請求的，如圖 17-1。

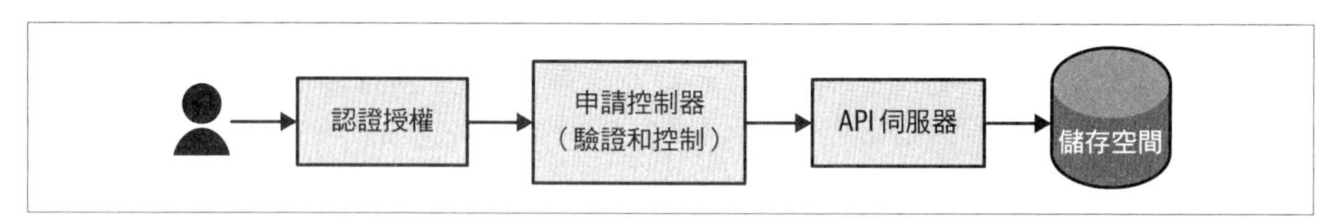

圖 17-1　API 伺服器的請求處理流程

申請控制器會在 API 物件被寫入 Kubernetes 之前介入，申請控制器可以用來拒絕或者修改 API 請求。Kubernetes API 伺服器有許多內建的申請控制器，像是資源限制控制器（limit range admission controller）會自動為沒有設定預設資源的 Pod 加上限制。有些系統使用客製化申請控制器來自動為 Pod 加入邊車容器（sidecar container），讓使用者體驗有如魔法般的自動化體驗。

可以跟申請控制器一起使用的還有自定義資源，有了自定義資源之後，Kubernetes API 伺服器就可以使用全新的 API 物件，這個新的 API 物件可以在 namespace 中使用，同樣受到 RBAC 的管理，也可以被現有的 Kubernetes API 透過 `kubectl` 工具操作。

接下來的章節將介紹如何使用這些 Kubernetes 不同擴充方式的細節，以及適合的使用環境以及範例來擴充你的叢集。

建立自定義資源的第一步就是建立 CustomResourceDefinition，這個物件事實上就只是一個用來定義另一個資源的詮釋資料（meta-resource）。

為了更清楚瞭解使用方式，我們可以建立一個壓力測試的物件在你的叢集裡面，當一個新的壓力測試物件建立的時候，會在你的 Kubernetes 叢集中導入流量到你的服務之中。

第一步是透過 CustomResourceDefinition 建立一個自定義資源，例如下：

```
apiVersion: apiextensions.k8s.io/v1beta1
kind: CustomResourceDefinition
metadata:
  name: loadtests.beta.kuar.com
spec:
  group: beta.kuar.com
  versions:
    - name: v1
      served: true
      storage: true
  scope: Namespaced
  names:
    plural: loadtests
    singular: loadtest
    kind: LoadTest
    shortNames:
    - lt
```

你會發現這跟其他的 Kubernetes 物件沒什麼兩樣，裡面有 `metadata` 並在其中定義資源的名稱。但在自定義資源中，命名是很特別的，需要遵守 `<資源名稱-複數>.<API-群組>` 的格式。這個命名規範的目的是為了確保每一個叢集中的資源是唯一的，自定義資源才能夠找到對應的目標，而且叢集中不能有兩個相同名稱的物件，這樣我們才能確保不會有兩個自定義資源使用相同的資源。

除了 metadata 之外，自定義資源的 `spec`，就是拿來定義資源的細節，在 `spec` 中，我們可以找到 `apigroup` 的欄位用來定義這個資源的 API 群組。如同前述，它的命名一定要符合自定義資源名稱的前綴名稱。

此外，還有一系列資源版本的定義，包含資源的版本名稱（例如：v1, v2 等等），還有些欄位用來定義現在 API 伺服器應該使用哪一個版本的資源來儲存物件以及提供服務。如果這個資源只有一個版本，storage 這個欄位一定要設定為 true。有一個欄位 scope 是用來定義這個資源是否只可以在 namespace 中使用（預設是在 namespace 中使用），及一個 names 的欄位用來定義它的單數以及複數名稱，還有一個 kind 的欄位用來定義資源類型。同時你也可以為了使用上的方便定義額外的「簡短名稱」，來給 kubectl 或其他地方使用。

使用上述的資源範例，你可以在 Kubernetes API 伺服器上建立自定義資源，但是為了展示 Kubernetes 動態資源種類的能力，你可以用下列 kubectl 指令列出我們的 loadtests 資源：

```
$ kubectl get loadtests
```

你會發現，現在沒有任何相對應的資源被建立，接著我們使用 *loadtest-resource.yaml* 來建立這個資源：

```
$ kubectl create -f loadtest-resource.yaml
```

Then get the loadtests resource again:

```
$ kubectl get loadtests
```

這一次你將會發現有一個 LoadTest 的資源被定義，但是還是沒有任何使用這個資源的實體。我們可以建立一個新的物件來使用 LoadTest 資源。

如同所有的 Kubernetes API 物件，你可以使用 YAML 或者 JSON 來定義這些自定義資源，像是我們的範例 LoadTest：

```
apiVersion: beta.kuar.com/v1
kind: LoadTest
metadata:
  name: my-loadtest
spec:
  service: my-service
  scheme: https
  requestsPerSecond: 1000
  paths:
  - /index.html
  - /login.html
  - /shares/my-shares/
```

你會發現我們從來沒有在 CustomResourceDefinition 中定義過 schema 這個欄位，雖然使用 OpenAPI 的標準（原先被稱為 Swagger）來定義自定義資源是可行的，但我們會發現它對於一些簡單的資源定義所增加的複雜度並不值得。下面章節將介紹如何註冊一個驗證申請控制器。

現在你可以像是使用任何內建資源一樣，使用 *loadtest.yaml* 來建立資源：

```
$ kubectl create -f loadtest.yaml
```

接著你就能看到剛剛建立的 `loadtests` 資源：

```
$ kubectl get loadtests
```

這或許看起來很令人興奮，但是其實它什麼事都沒做。當然你可以利用簡單的 CRUD（Create/Read/Update/Delete） API 來操作這些 LoadTest 的資源，但是事實上 API 建立這些物件的時候並沒有任何的負載測試真正開始執行。自定義的 LoadTest 物件只是組成這個功能的其中一半，另一半則是需要一些程式碼來不斷地監控叢集中 LoadTest 自定義資源的建立、修改或刪除時的行為，而這是擴充 API 所必須的。

如同 API 的使用者，控制器用來跟 API 伺服器互動，可以列出 LoadTest 資源並且持續關注它的變化。圖 17-2 顯示控制器跟 API 伺服器之間的互動關係。

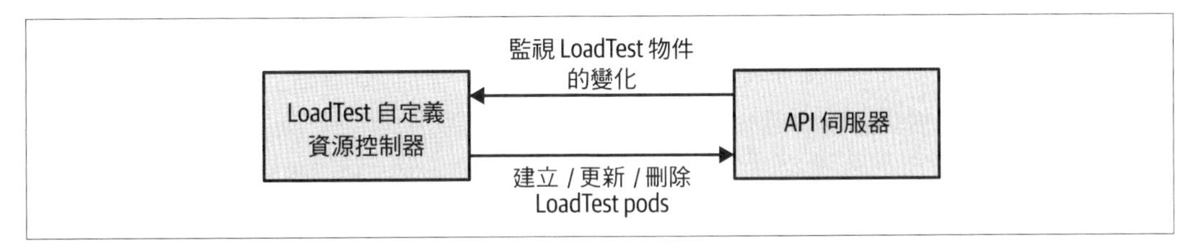

圖 17-2 自定義資源與 API 伺服器之間的互動關係

控制器的程式碼可以很簡單也可以很複雜，簡單的控制器不斷的在迴圈中向 API 伺服器拉取資料，取得新建立的自定義物件，並且對建立或刪除資源採取行動（例如：建立或刪除負載測試用的 Pod）。

但是，這種拉取資料的方式比較沒有效率，太長的資料拉取區間造成不必要的延遲，太短的區間又會造成 API 伺服器不必要的負擔。比較有效率的做法是使用 API 伺服器所提供的 watch API，這個 API 會在資料變動的時候主動送出資料流，消除資料拉取時不必要的延遲或負擔。不過目前要使用這個 API 而不出錯是非常複雜的。因此如果你想要使用 watch，建議可以使用廣為支援的機制，像是 *client-go* 程式庫（*https://oreil.ly/L0QK2*）中所提供的 `Informer` 模式。

在建立了自定義資源，以及用控制器實作它的行為之後，我們終於在叢集中有了最基本的新資源可以使用。但是還有許多讓這個資源更完善的部分還沒提到，最重要的兩樣就是驗證以及預設處理。驗證是一系列的流程來確保 LoadTest 物件送到 API 伺服器的時候包含正確的資訊可以用來建立負載測試，而**預設處理**則是提供使用者透過一些預設值來更輕易的使用這個物件。接下來我們將介紹如何為自定義資源增加這兩種能力。

如同稍早我們所提到的，其中一種增加驗證的方法是在物件中遵循 OpenAPI 的定義，這在基本的驗證中非常好用，可以檢查必要的欄位是否有正確的值，也可以檢查是否存在未知的欄位。完整的 OpenAPI 教學已經超出本書的範圍，但你可以在很多線上資源找到，包含整套的 Kubernetes API 定義（*https://oreil.ly/u3rRl*）。

一般來說，API schema 其實不足以驗證 API 物件，以 `loadtests` 範例來說，我們也許需要驗證 LoadTest 物件有著有效的 schema（例如：*http* 或 *https*），或者 `requestsPerSecond` 是個非零正整數。

為了達成這個目標，我們需要使用到驗證申請控制器，如前面所說，申請控制器在 API 請求到達 API 伺服器前進行攔截，並在 API 伺服器處理之前決定是否拒絕或修改請求內容。申請控制器可以透過動態申請控制器系統直接加入到叢集中。一個動態申請控制器其實就是一個簡單的 HTTP 應用程式，API 伺服器利用 Kubernetes 服務物件或任意 URL 存取申請控制器。這代表著申請控制器也可以在叢集外運作，例如公有雲供應商的 Function-as-a-Service，像是 Azure Functions 或 AWS Lambda。

為了安裝驗證申請控制器，我們需要指定它是 Kubernetes 的 ValidatingWebhook Configuration，這個物件定義申請控制器的端點、資源（這裡我們指的是 LoadTest）以及操作（這裡用到的是 `CREATE`）應該在哪裡被執行，完整的驗證申請控制器定義檔如下：

```
apiVersion: admissionregistration.k8s.io/v1beta1
kind: ValidatingWebhookConfiguration
metadata:
  name: kuar-validator
webhooks:
- name: validator.kuar.com
  rules:
  - apiGroups:
    - "beta.kuar.com"
    apiVersions:
    - v1
    operations:
    - CREATE
    resources:
    - loadtests
```

```
  clientConfig:
    # 可以替換成實際在使用的 IP 位置
    url: https://192.168.1.233:8080
    # 這個應該是透過 base64 編碼後的 CA 憑證
    # you can find it in your ${KUBECONFIG} file
    caBundle: REPLACEME
```

Kubernetes API 伺服器只能存取 HTTPS 協定的 webhook，好處是安全性高，但是相反的增加了設定的複雜度，所以我們需要為了 webhook 端點產生憑證，最簡單的方式是使用叢集內的憑證頒發機構（CA）產生新的憑證。

首先，我們需要一把私鑰以及證書簽發請求（CSR）。下面是一個簡單的 Go 語言程式可以用來產生憑證：

```
package main

import (
	"crypto/rand"
	"crypto/rsa"
	"crypto/x509"
	"crypto/x509/pkix"
	"encoding/asn1"
	"encoding/pem"
	"net/url"
	"os"
)

func main() {
	host := os.Args[1]
	name := "server"

	key, err := rsa.GenerateKey(rand.Reader, 1024)
	if err != nil {
		panic(err)
	}
	keyDer := x509.MarshalPKCS1PrivateKey(key)
	keyBlock := pem.Block{
		Type:  "RSA PRIVATE KEY",
		Bytes: keyDer,
	}
	keyFile, err := os.Create(name + ".key")
	if err != nil {
		panic(err)
	}
	pem.Encode(keyFile, &keyBlock)
	keyFile.Close()
```

```go
        commonName := "myuser"
        emailAddress := "someone@myco.com"

        org := "My Co, Inc."
        orgUnit := "Widget Farmers"
        city := "Seattle"
        state := "WA"
        country := "US"

        subject := pkix.Name{
                CommonName:         commonName,
                Country:            []string{country},
                Locality:           []string{city},
                Organization:       []string{org},
                OrganizationalUnit: []string{orgUnit},
                Province:           []string{state},
        }

        uri, err := url.ParseRequestURI(host)
        if err != nil {
                panic(err)
        }

        asn1, err := asn1.Marshal(subject.ToRDNSequence())
        if err != nil {
                panic(err)
        }
        csr := x509.CertificateRequest{
                RawSubject:         asn1,
                EmailAddresses:     []string{emailAddress},
                SignatureAlgorithm: x509.SHA256WithRSA,
                URIs:               []*url.URL{uri},
        }

        bytes, err := x509.CreateCertificateRequest(rand.Reader, &csr, key)
        if err != nil {
                panic(err)
        }
        csrFile, err := os.Create(name + ".csr")
        if err != nil {
                panic(err)
        }

        pem.Encode(csrFile, &pem.Block{Type: "CERTIFICATE REQUEST", Bytes: bytes})
        csrFile.Close()
}
```

你可以用下列指令執行：

```
$ go run csr-gen.go <URL-for-webhook>
```

接著會產生兩個檔案，分別是 *server.csr* 和 *server-key.pem*。

接著你可以利用下列的 YAML 檔在 Kubernetes API 伺服器建立憑證：

```
apiVersion: certificates.k8s.io/v1beta1
kind: CertificateSigningRequest
metadata:
  name: validating-controller.default
spec:
  groups:
  - system:authenticated
  request: REPLACEME
  usages:
  usages:
  - digital signature
  - key encipherment
  - key agreement
  - server auth
```

你可以注意到檔案中 `request` 欄位的值是 `REPLACEME`，你需要使用下列指令產生 base64 編碼過後的證書籤發請求（CSR），並放在這個欄位中：

```
$ perl -pi -e s/REPLACEME/$(base64 server.csr | tr -d '\n')/ \
admission-controller-csr.yaml
```

這樣你就會取得經過 base64 編碼的證書籤發請求（CSR），接著將 YAML 檔發送給 API 伺服器來取得憑證：

```
$ kubectl create -f admission-controller-csr.yaml
```

然後你需要允許這個憑證的頒發：

```
$ kubectl certificate approve validating-controller.default
```

允許後，你就可以用下列指令下載憑證：

```
$ kubectl get csr validating-controller.default -o json | \
  jq -r .status.certificate | base64 -d > server.crt
```

拿到憑證後，你終於可以建立 SSL 的申請控制器（呼！喘口氣）。當申請控制器接收到請求時，會帶著 `AdmissionReview` 的物件，物件中會包含著請求的中繼資料，我們的驗證申請控制器只有註冊一種資源以及一種操作（`CREATE`），所以我們不需要檢查請求中的中繼資料，我們只需要直接驗證請求中的 requestsPerSecond 是正整數，以及 URL 的格式是正確的即可，如果請求內的資料有誤，我們可以回傳一個 JSON 來拒絕這個請求。

實作一個申請控制器提供預設值的作法跟上面描述的步驟類似，但我們不使用 ValidatingWebhookConfiguration 而改用 MutatingWebhookConfiguration，然後你需在物件被儲存之前提供一個 JSON Patch 物件來修改這個請求。

這裡有一個用 TypeScript 寫的程式碼片段，可以用來加到你的驗證申請控制器之中提供預設值，如果 loadtest 中的 path 欄位的值長度是零，則使用預設值 /index.html：

```
if (needsPatch(loadtest)) {
    const patch = [
        { 'op': 'add', 'path': '/spec/paths', 'value': ['/index.html'] },
    ]
    response['patch'] = Buffer.from(JSON.stringify(patch))
        .toString('base64');
    response['patchType'] = 'JSONPatch';
}
```

你可以簡單的修改 YAML 檔中的 kind 欄位並儲存為 *mutating- controller.yaml* 來註冊這個 webhook 為 MutatingWebhookConfiguration，然後執行下列指令來套用這個設定：

```
$ kubectl create -f mutating-controller.yaml
```

到這裡，你已經看過如何使用自定義資源及申請控制器來擴充 Kubernetes API 伺服器的範例，接下來的章節將提供一些常見的模式用來擴充 Kubernetes API 伺服器。

常見的自定義資源模式

你可能有各種不同的原因會想要擴充 Kubernetes 的 API，但是做法卻不盡相同，下面我們討論幾種比較常見的模式供你參考。

純資料模式

API 擴充最簡單的方式是使用「純資料」物件。在這種模式裡，你只是單純使用 API 伺服器來為你的應用程式提供額外的資訊，但這裡你需要注意的是*不應該*拿 Kubernetes 的 API 伺服器來當作應用程式的資料儲存區，Kubernetes API 伺服器並非設計用來當應用程式的主鍵 / 值儲存區，擴充的 API 應該是負責控制或設定物件並幫助你管理應用程式的部署及運作。使用「純資料」模式最簡單的案例是用在應用程式的金絲雀（canary）部署組態，例如分配 10% 的流量到測試後端。雖然說理論上這種組態應該儲存在

ConfigMap，但 ConfigMap 是沒有型態的，有時候提供強型態的 API 擴充物件可以清楚的定義用途，增加使用上的便利性。

純資料的擴充模式並不需要有相對應的控制器來啟動它的功能，但你有可能會需要用到驗證或者突變（Mutating）型的申請控制器來確保所有資料格式都是正確的。以金絲雀部署的案例來說，你可能會需要一個驗證控制器來保證所有的流量加總達到 100%，以免有部分流量不知何去何從。

編譯器模式

稍微複雜一點的則是「編譯器」或「抽象」模式，在這個模式中，API 擴充物件代表著比較高階抽象的資料，並且「編譯」成較底層的 Kubernetes 物件。前一章節中提到的 LoadTest 擴充就是屬於這種類型，使用者將擴充物件視為比較高階的概念，像是這邊提到的 `loadtest` 物件，但最後在 Kubernetes 中會部署成 Pod 跟 Service 的組合。為了達到這個目的，編譯或抽象模式會需要在叢集中運行 API 控制器來觀察 LoadTest 物件的建立，並實際部署相對應的底層物件（或反過來說刪除不需要的物件）。與操作者模式比起來，編譯或抽象模式沒有線上狀態維護程式，反而是單純將所有物件轉化成底層的代表物件（像是：Pod）。

操作者模式

儘管編譯器擴充模式非常好用，但是「操作者」模式更提供線上、主動的擴充資源管理。這種擴充模式同樣提供高階的抽象物件（像是資料庫），並且一路編譯為底層的代表物件，但是它同時提供線上功能，像是資料庫的快照備份，或者是軟體更新通知。為了達到這個目的，控制器不只監控擴充 API 物件的建立跟刪除，同時還監控擴充物件中應用程式運行的狀態（像是資料庫），並且在資料庫不健康的時候採取行動，進行快照，並自動從快照中復原資料庫。

操作者模式是 Kubernetes 中最複雜的 API 擴充模式，但是也是最強大的一種，它提供使用者非常簡易的全自動抽象物件，除了部署之外同時還監控物件的健康狀態並自動維修。

開始擴充 API

擴充 Kubernetes API 是非常辛苦且令人感到疲憊的經驗。幸好，有好的參考資料可以幫助建立屬於你的擴充物件，Kubebuilder 專案（*https://kubebuilder.io/*）中包含程式庫，可以幫助你從頭輕易地建立可靠的擴充 Kubernetes API。

總結

Kubernetes 的一項「超能力」來自於它的生態系，而持續讓生態系茁壯的就是 Kubernetes API 的擴充能力。不論你是要設計自己的擴充物件，還是要客製化你的叢集，或者使用一些現成的工具、叢集服務或是 operator，擴充 API 都是讓你建立適合快速開發並可靠部署叢集的關鍵。

第十八章

利用常見的程式語言存取 Kubernetes

儘管本書大部分的內容都是使用宣告式的 YAML 組態，並透過 `kubectl` 或 Helm 這類的工具來跟 Kubernetes 互動，但是還是有某些情境需要直接透過程式語言來呼叫 Kubernetes 的 API。舉例來說，Helm 工具（*https://helm.sh*）的開發團隊就必須要透過程式語言來存取 Kubernetes 的 API，更常見的狀況是當你需要開發一些額外的工具，例如 `kubectl` 的外掛程式，或者更複雜一點，像是 Kubernetes 的 operator 的時候，才會特別需要自己寫程式。

大多數的 Kubernetes 生態系都是使用 Go 程式語言，因此 Go 的相關開發資源跟客戶端也是最豐富且支援性最廣的。不過我們還是可以找到大多數程式語言品質不錯的 Kubernetes 客戶端（甚至是某些比較特別的程式語言都能找到）。因為已經有許多採用 Go 撰寫的範例跟文件，這個章節我們將會利用 Python、Java 與 .NET 來做為示範與 Kubernetes API 互動。

以客戶端的角度來看 Kubernetes 的 API

回過頭來，Kubernetes 的 API 其實就是一個 HTTP（S）的伺服器，而這也是每個客戶端程式庫所看見的面向，每個客戶端都有額外的邏輯來跟 Kubernetes 的 API 互動，並且對傳遞的物件進行 JSON 的序列化。你也許會想說，那我用單純的 HTTP 客戶端來跟 Kubernetes 的 API 互動不就好了嗎？但是客戶端程式庫會將這些 API 轉成有意義的程式碼，增加程式的可讀性（例如：`readNamespacedPod(...)`），或者定義好的物件，在程式碼撰寫的過程中方便型別確認來減少程式碼的臭蟲（例如：`Deployment`）。更重要的是，這些客戶端程式庫也同時實作了 Kubernetes 特有的功能，例如從 *kubeconfig* 中讀取 Pod 環境的認證資訊。客戶端也同時會實作一些非 RESTful 的 Kubernetes API，例如 port-forward、日誌、物件狀態監看等等，後續會對這些進階的功能進行說明。

OpenAPI 與自動產生的客戶端程式庫

Kubernetes API 的資源跟功能數量龐大。每一個不同的 API 群組都有許多不同的資源跟可以進行的操作項目，要能夠持續手動維護這麼龐大數量的 API 資源跟版本幾乎是不可能的事（而且也無比的無趣），更別說還要自己寫各種不同語言的客戶端。取而代之的做法，客戶端跟 Kubernetes API 互動的基本功能都是透過程式碼自動產生的，有點類似反向的編譯器，程式碼產生器會根據 Kubernetes API 定義的資料規格對個別程式語言可用的客戶端，

而 Kubernetes API 是根據 RESTful APIs 常見的 OpenAPI 的格式所定義的，如果想知道 Kubernetes API 的定義文件到底有多少的話，可以在 GitHub 上找到 OpenAPI 的規格（*https://oreil.ly/3gRIW*），總共超過 4MB 的純文字檔案！ Kubernetes 官方的客戶端都是利用同一套程式碼產生邏輯所發布的，可以在 GitHub（*https://oreil.ly/F39uK*）上找到相關的程式碼。整體來說不太需要自己產生客戶端程式庫來使用，但還是可以了解一下整個程式庫產生的流程。另外需要提到的是，因為大多數的客戶端程式碼都是自動產生的，所以要對這些程式碼直接進行更新或修復是不可能的，因為在下一次自動產生程式碼時就會覆蓋掉這些額外的修改，所以真的要修復這些客戶端的錯誤，必須要對 OpenAPI 的規格進行修改（如果錯誤是發生在規格定義上），或者是對程式碼產生器進行修改（如果錯誤是發生在產生器上），儘管這個流程看似非常複雜，但這是唯一一個可以讓 Kubernetes 客戶端開發人員持續不斷改進 Kubernetes API 的辦法。

那 Kubectl x 呢？

當你開始實作自己的邏輯跟工具來跟 Kubernetes API 互動之後，沒多久你就會想問，這在 `kubectl x` 上是怎麼做到的？大多數的人學習 Kubernetes 都是從 `kubectl`，所以可能會預期 Kubernetes API 跟 `kubectl` 之間可以找到一對一的對應關係。某些指令確實可以直接對應到 Kubernetes 的 API（例如：`kubectl get pods`），但大多數的功能都是由大量的 API 呼叫跟複雜的邏輯來組合成 `kubectl` 的指令。

Kubernetes 從設計的一開始，就持續在客戶端跟伺服器端的功能之間尋求平衡，並探討設計上的利弊。有許多目前 API 伺服器上提供的功能，過去都曾經透過 `kubectl` 實作在客戶端，舉例來說，現在透過 Deployment 在伺服器端做到更新版本的功能，過去也是實作在客戶端的。另外一個類似的就是 `kubectl apply`，直到最近才被整合進伺服器端，過去也是只有客戶端才能操作，我們會在後面的章節討論這個部分的功能。

儘管大部分功能是持續朝著伺服器端的實作方向前進，但還是有許多重要的功能留在客戶端。這些被留下來的功能需要在每一個不同的客戶端程式庫都重新被實作，不同程式語言的客戶端跟 `kubectl` 還是有些落差，但是 Java 有額外實作一個客戶端的模擬器來提供大部分 `kubectl` 的功能。

如果你無法在你所用的程式語言中找到特定的功能，這裡提供一個小技巧，可以在使用 `kubectl` 的時候加上 `--v=10` 的參數。這會開啟詳細的日誌模式，列出所有對 Kubernetes API 的 HTTP 請求跟回覆，你可以利用這個日誌的內容來重建 `kubectl` 的行為。如果有需要更深入的了解 `kubectl` 的行為，可以參考 Kubernetes 原始碼中 `kubectl` 的部分。

開發 Kubernetes API 的工具

現在你已經稍微了解 Kubernetes API 以及客戶端跟伺服器之間如何運作的。接下來的章節，我們將會介紹如何通過 Kubernetes API 的身分認證，以及如何存取資源。最後，我們會以介紹如何透過 operator 來對 Pod 做互動這個比較進階的主題，來結束這個章節。

安裝客戶端程式庫

在開發 Kubernetes API 前，你需要找到對應的客戶端程式庫。我們會採用 Kubernetes 專案提供的官方客戶端來做介紹，市面上也有其他獨立開發的高品質客戶端，但不在本書介紹的範圍。客戶端程式庫目前放在 GitHub 上的 kubernetes-client 儲存庫中：

- Python（*https://oreil.ly/ku6mT*）
- Java（*https://oreil.ly/aUSkD*）
- .NET（*https://oreil.ly/9J8iy*）

每一個專案都包含一份相容性清單，可以在清單中找到不同版本的客戶端對應的 Kubernetes API 版本，並且同時提供個別語言透過套件管理程式（例如 `npm`）安裝程式庫的方式[1]。

Kubernetes API 的認證方式

將 Kubernetes API 開放給全世界存取其排程的資源是非常不安全的。所以，要開發 Kubernetes API 的第一步就是瞭解如何進行身分驗證。因為 API 伺服器本身是基於 HTTP 伺服器所開發的，所以這些身分驗證的方式跟一般 HTTP 的認證方式類似。一開始 Kubernetes 的 API 認證方式是透過基本 HTTP 身分驗證，透過帳號密碼的組合來實現，但是這個方法已經被現代的身分認證架構給淘汰了。

如果你曾經透過 `kubeclt` 指令來跟 Kubernetes 互動的話，可能沒有思考過身分認證的細節，幸運的是，大部分的客戶端程式庫都將身分認證做得非常易於使用，但是對 Kubernetes 身分認證有基礎的瞭解，對於後續除錯會非常有幫助。

通常我們有兩種方式來讓 `kubectl` 或者客戶端取得身分認證的資訊：從 kubeconfig 設定檔案取得，或者從叢集內運作的 Pod 中取得。

如果程式碼不是運作在叢集內的話，就需要 kubeconfig 檔來提供必要的身分驗證資訊。預設客戶端會從 *${HOME}/.kube/config* 目錄，或者環境變數 `$KUBECONFIG` 找尋設定檔。如果 `KUBECONFIG` 環境變數存在的話，會是優先使用的設定檔路徑。kubeconfig 設定檔包含一切連線 Kubernetes API 所需的資訊。每一個客戶端都包含使用預設路徑或另外指定的路徑，來簡易存取 kubeconfig 的方法：

Python

```
config.load_kube_config()
```

Java

```
ApiClient client = Config.defaultClient();
Configuration.setDefaultApiClient(client);
```

1 我們為了精簡版面沒有包含 JavaScript（*https://oreil.ly/8mw5F*）的範例，但是目前 JavaScript 的版本還是有持續的在開發中。

.NET

```
var config = KubernetesClientConfiguration.BuildDefaultConfig();
var client = new Kubernetes(config);
```

大多數雲端供應商的身分認證，都是透過額外的執行檔來產生 token，這些執行檔多伴隨雲端供應商的命令列工具一同安裝，當你撰寫程式碼來呼叫 Kubernetes API 的同時，也要記得確保這些額外的執行檔可以在程式碼運行的環境中所呼叫來取得 token

若程式碼是運行在 Kubernetes 叢集中的 Pod 上，可以直接取得與 Pod 關聯的服務帳戶，包含 token 與憑證資訊的檔案，它們會在 Kubernetes 建立 Pod 的時候透過磁碟區掛載到 Pod 中。在 Kubernetes 叢集中，API 伺服器通常有固定的 DNS 名稱，常見為 `kubernetes`，因為所有需要的資訊都已經存放在 Pod 中，客戶端不需要透過 kubeconfig 來取得身分資訊，可以簡單的呼叫「叢集內」客戶端：

Python

```
config.load_incluster_config()
```

Java

```
ApiClient client = ClientBuilder.cluster().build();
Configuration.setDefaultApiClient(client);
```

.NET

```
var config = KubernetesClientConfiguration.InClusterConfig()
var client = new Kubernetes(config);
```

預設跟 Pod 相關聯的服務帳戶通常擁有最小權限（RBAC）。也就是說，通常在 Pod 內運行的程式碼沒辦法真的對 Kubernetes API 進行額外的操作，如果你遇到身分認證的錯誤，可以將服務帳戶更換為叢集中專為程式運作所規劃的角色的專屬服務帳戶

存取 Kubernetes API

大多數人使用 Kubernetes API 的方式都是做基本的操作，像是建立、列表及刪除資源。

因為所有的客戶端都是根據 OpenAPI 的規範自動產生的，它們都遵循類似的模式。在深入了解程式碼之前，有另外幾個 Kubernetes API 的細節需要瞭解。

Kubernetes 的資源可以區分為 namespace 範圍及叢集範圍兩種。*Namespace 範圍*的資源存在於 Kubernetes 的 namespace 中，例如，一個 Pod 或 Deployment 存在於 `kube-system` 的 namespace 中。*叢集範圍*的資源則是存在整個叢集中，最明顯的例子就是 Namespace 資源本身，其他也包含 CustomResourceDefinitions 及 ClusterRoleBindings。能區別這兩個差異非常的重要，因為會關係到你呼叫哪種方法來存取資源。舉例來說，如果要利用 Python 列出 `default` namespace 中的資源，你需要呼叫 `api.list_namespaced_pods('default')`；如果你需要列出所有的 namespace，你需要呼叫 `api.list_namespaces()`。

第二個觀念是要瞭解 *API 群組*。Kubernetes 將所有的資源分群成不同組的 API 群組，通常透過 `kubectl` 互動的時候都不會發現這個設計，但是可能會注意到 YAML 檔案中的規格中會定義 `apiVersion` 這個欄位。在開發 Kubernetes API 的工具的時候，需要特別注意這些分群，因為通常不同群組的 API 有著各自的客戶端來存取資源。舉例來說，當你的客戶端需要建立一個 Deployment 的資源的時候（目前這個資源存在於 `apps/v1` 這個群組與版本），你需要建立一個新的 `AppsV1Api()` 物件，透過這個客戶端才知道要如何跟這個群組內的 API 進行溝通。後續章節會提供範例介紹如何建立 API 群組的客戶端。

將所有的元素放在一起：透過 Python、Java、.NET 列出並建立 Pods

終於準備好寫一些程式碼了，建立一個客戶端物件，然後用這個物件來列出「default」namespace 中的 Pod，這裡提供三種不同語言的範例：

Python

```
config.load_kube_config()
api = client.CoreV1Api()
pod_list = api.list_namespaced_pod('default')
```

Java

```
ApiClient client = Config.defaultClient();
Configuration.setDefaultApiClient(client);
CoreV1Api api = new CoreV1Api();
V1PodList list = api.listNamespacedPod("default");
```

.NET

```
var config = KubernetesClientConfiguration.BuildDefaultConfig();
var client = new Kubernetes(config);
var list = client.ListNamespacedPod("default");
```

當你了解如何列出，讀取，並刪除物件後，下一個常見的任務就是建立新的物件。建立物件的 API 呼叫方式應該淺而易見（例如：Python 會呼叫 create_namespaced_pod），但是事實上又比想像中再稍微複雜一些。

下列是建立 Pod 不同語言的範例：

Python

```
container = client.V1Container(
     name="myapp",
     image="my_cool_image:v1",
 )


pod = client.V1Pod(
    metadata = client.V1ObjectMeta(
      name="myapp",
    ),
    spec=client.V1PodSpec(containers=[container]),
)
```

Java

```
V1Pod pod =
    new V1PodBuilder()
        .withNewMetadata().withName("myapp").endMetadata()
        .withNewSpec()
          .addNewContainer()
            .withName("myapp")
            .withImage("my_cool_image:v1")
          .endContainer()
        .endSpec()
        .build();
```

.NET

```
var pod = new V1Pod()
{
    Metadata = new V1ObjectMeta{ Name = "myapp", },
    Spec = new V1PodSpec
    {
        Containers = new[] {
          new V1Container() {
            Name = "myapp", Image = "my_cool_image:v1",
          },
        },
    }
 };
```

建立並修改物件

當你探索 Kubernetes 的客戶端 API 實作，會發現有三種不同方式可以操作資源，分別是建立、取代、補丁。這三種動詞分別代表不同的資源操作：

建立

　如同名稱，這個操作直接建立新的物件，但是如果遇到已經存在的物件會失敗。

取代

　這個代表現有的資源會被完全取代，完全不會顧慮原有的資源是否存在。當你使用取代的時候，請提供完整的資源定義欄位。

補丁

　這個方法會修改現有的資源，保留沒有被變更的欄位，當使用補丁的方法實作，你需要使用特殊的補丁資源，而不是完整的資源定義檔（例如：Pod）。

要透過補丁修改一個資源非常複雜，大多數的情境都直接用取代的比較簡單。但是有些特殊的情況，尤其是大型的資源定義可能會占用比較多的網路及 API 伺服器資源，這時候透過補丁的方式會比較有效率。除此之外，同一時間一個資源可以被多個不同的使用者透過補丁修改，而不用擔心修改衝突，減少額外的負擔。

要透過補丁修改 Kubernetes 的資源，你需要建立一個用來描述需要改變資源的補丁物件，Kubernetes 支援三種補丁格式：JSON Patch、JSON Merge Path 及策略合併補丁（strategic merge patch）。前兩種補丁格式為 RFC 標準，可以在其他地方也看到，第三種則是 Kubernetes 特別開發的補丁格式。每種格式有各自的好處跟壞處，接下來的範例我們會使用最淺顯易懂的 JSON Patch 的格式。

我們來看看怎麼增加 Deployment 的副本數到三個：

Python

```
deployment.spec.replicas = 3

api_response = api_instance.patch_namespaced_deployment(
    name="my-deployment",
    namespace="some-namespace",
    body=deployment)
```

Java

```
// JSON-patch 格式的固定字串
static String jsonPatch =
  "[{\"op\":\"replace\",\"path\":\"/spec/replicas\",\"value\":3}]";

V1Deployment patched =
          PatchUtils.patch(
              V1Deployment.class,
              () ->
                  api.patchNamespacedDeploymentCall(
                      "my-deployment",
                      "some-namespace",
                      new V1Patch(jsonPatchStr),
                      null,
                      null,
                      null,
                      null,
                      null),
              V1Patch.PATCH_FORMAT_JSON_PATCH,
              api.getApiClient());
```

.NET

```
var jsonPatch = @"
[{
    ""op"": ""replace"",
    ""path"": ""/spec/replicas"",
    ""value"": 3
}]";

client.PatchNamespacedPod(
  new V1Patch(patchStr, V1Patch.PatchType.JsonPatch),
  "my-deployment",
  "some-namespace");
```

上述的每一個範例，都會將 Deployment 資源的副本數量修改成三個。

觀察 Kubernetes API 的改變

Kubernetes 中的資源是宣告形式的，代表的是系統的期望狀態。要讓這些期望狀態成真，需要有程式不斷的關注這些資源的變化，並且在發現變化後對叢集內的資源進行實際的調整。

也是因為這種運作模式，這些用來偵測變化的程式經常需要對 Kubernetes API 進行查詢，並且在觀察到變化後進行實際上的修改，最簡單的做法就是透過輪詢（polling）機制做到。**輪詢**機制的作法就是在固定間格時間（例如每 60 秒），不斷的對 Kubernetes API 進行列表查詢，然後程式碼再對所有感興趣的資源進行處理。儘管這樣的程式碼寫起來很輕鬆，但是對於客戶端跟 API 伺服器都會帶來一些壞處。輪詢機制有非必要的延遲，例如說每一次的查詢都是固定的間隔週期，因此在每次輪詢後發生的變更必須要等待下一個週期才會發現。除此之外，輪詢機制也會對 API 伺服器帶來壓力，因為伺服器必須不斷的回覆那些沒有被改變的資源。許多的客戶端都是從輪詢機制開始設計，但是同時間有太多客戶端都要對 API 伺服器進行輪詢的時候，就有可能對伺服器造成超載並且增加處理的延遲。

要解決這個問題， Kubernetes API 提供**關注**（*watch*）機制，又稱為事件模式。要使用**關注**模式，可以透過跟 API 伺服器註冊一個想關注的變化，跟輪詢不同的是，API 伺服器會主動的在偵測到變化的時候送出通知。某些特定的作法下，客戶端會對 HTTP API 伺服器進行 GET 查詢並持續等待伺服器回應，HTTP 請求底層的 TCP 連線會在關注的期間持續保持開啟，伺服器會持續將變更的通知透過這個串流回傳到客戶端（但沒有結束這個串流）。

從程式開發的角度來看，**關注**機制其實提供了事件導向的開發模式，從迴圈內不斷的輪詢資訊，改成一系列的回呼（callback）程式。下面我們提供使用關注機制的範例：

Python

```
config.load_kube_config()
api = client.CoreV1Api()
w = watch.Watch()

for event in w.stream(v1.list_namespaced_pods, "some-namespace"):
  print(event)
```

Java

```
    ApiClient client = Config.defaultClient();
    CoreV1Api api = new CoreV1Api();

    Watch<V1Namespace> watch =
        Watch.createWatch(
            client,
            api.listNamespacedPodCall(
                "some-namespace",
                null,
                null,
```

```
                null,
                null,
                null,
                Integer.MAX_VALUE,
                null,
                null,
                60,
                Boolean.TRUE);
            new TypeToken<Watch.Response<V1Pod>>() {}.getType());

    try {
      for (Watch.Response<V1Pod> item : watch) {
        System.out.printf(
          "%s : %s%n", item.type, item.object.getMetadata().getName());
      }
    } finally {
      watch.close();
    }
```

.NET

```
var config = KubernetesClientConfiguration.BuildConfigFromConfigFile();
var client = new Kubernetes(config);

var watch =
  client.ListNamespacedPodWithHttpMessagesAsync("default", watch: true);
using (watch.Watch<V1Pod, V1PodList>((type, item) =>
{
  Console.WriteLine(item);
}
```

在上述的三個範例中，我們沒有採用持續輪詢的方式，而是等待關注 API 將變化的內容回呼使用者定義的函式來進行操作，這同時降低了 Kubernetes API 的負擔跟延遲。

與 Pod 進行互動

Kubernetes API 也同時提供可以直接跟叢集內 Pod 中應用程式互動的方法，`kubectl` 的工具提供幾個指令來跟 Pod 互動，例如 `logs`、`exec`、`port-forward`，這些功能也可以在程式碼中實作。

因為 `logs`、`exec`、`port-forward` 並非標準的 RESTful API，程式庫中需要額外的邏輯才能處理這幾個功能，因此不見得每一個客戶端的行為會完全一致。所以很可惜，只能去了解每一個程式語言的實作差異。

我們在取得 Pod 的 log 的時候，需要決定是取得當下的 log 快照，或者想要持續的串流 log 的資訊。如果選擇串流 log 資訊（相對應的 `kubectl logs -f...`），會對 API 伺服器建立一個持續開啟的連線，然後 Pod 中新的 log 就會持續串流到客戶端。如果不是選擇串流的話，就只會收到當前的 log。

下面提供讀取及串流 log 的方法：

Python

```
config.load_kube_config()
api = client.CoreV1Api()
log = api_instance.read_namespaced_pod_log(
  name="my-pod", namespace="some-namespace")
```

Java

```
V1Pod pod = ...; // some code to define or get a Pod here
PodLogs logs = new PodLogs();
InputStream is = logs.streamNamespacedPodLog(pod);
```

.NET

```
IKubernetes client = new Kubernetes(config);
var response = await client.ReadNamespacedPodLogWithHttpMessagesAsync(
    "my-pod", "my-namespace", follow: true);
var stream = response.Body;
```

另一個常見的任務是在 Pod 中執行某個指令並且取得輸出的結果，你可以透過 `kubectl exec ...` 指令來做到。底層的實作方式是透過 WebSocket 建立一個到伺服器的連線，WebSocket 會在單一 HTTP 連線中提供多重資料串流（這個案例中是 `stdin`、`stdout` 及 `stderr`）。如果你沒有使用過 WebSocket 的經驗的話，不用擔心，客戶端程式庫會處理好跟 WebSocket 的互動細節。

下面提供在 Pod 中執行 `ls /foo` 指令的範例：

Python

```
cmd = [ 'ls', '/foo' ]
response = stream(
    api_instance.connect_get_namespaced_pod_exec,
    "my-pod",
    "some-namespace",
    command=cmd,
    stderr=True,
    stdin=False,
```

```
        stdout=True,
        tty=False)
```

Java

```
ApiClient client = Config.defaultClient();
Configuration.setDefaultApiClient(client);
Exec exec = new Exec();
final Process proc =
  exec.exec("some-namespace",
            "my-pod",
            new String[] {"ls", "/foo"},
            true,
            true /*tty*/);
```

.NET

```
var config = KubernetesClientConfiguration.BuildConfigFromConfigFile();
IKubernetes client = new Kubernetes(config);
var webSocket =
    await client.WebSocketNamespacedPodExecAsync(
      "my-pod", "some-namespace", "ls /foo", "my-container-name");
var demux = new StreamDemuxer(webSocket);
demux.Start();
var stream = demux.GetStream(1, 1);
```

除了在 Pod 中執行指令之外，也可以對網路連線進行連接埠轉送（port-forward）到本地端。如同 exec，連接埠轉送也是透過 WebSocket 來達成。你可以自行決定要如何運用這個轉送的連接埠，可以簡單的利用字串送出請求並且等待回覆，或者可以建立一個完整的代理伺服器（如同 kubectl port-forward 的作法）來轉送請求到容器內，

不論你打算怎麼運用這個連線，你可以參考下列範例：

Python

```
pf = portforward(
    api_instance.connect_get_namespaced_pod_portforward,
    'my-pod', 'some-namespace',
    ports='8080',
)
```

Java

```
PortForward fwd = new PortForward();

List<Integer> ports = new ArrayList<>();
int localPort = 8080;
```

```
int targetPort = 8080;
ports.add(targetPort);
final PortForward.PortForwardResult result =
    fwd.forward("some-namespace", "my-pod", ports);
```

.NET

```
var config = KubernetesClientConfiguration.BuildConfigFromConfigFile();
IKubernetes client = new Kubernetes(config);
var webSocket = await client.WebSocketNamespacedPodPortForwardAsync(
  "some-namespace", "my-pod", new int[] {8080}, "v4.channel.k8s.io");
var demux = new StreamDemuxer(webSocket, StreamType.PortForward);
demux.Start();
var stream = demux.GetStream((byte?)0, (byte?)0);
```

每個上面的範例都會將本地端的 8080 連接埠轉送到 Pod 的 8080 連接埠，程式碼會透過連接埠轉送的通道傳遞資料流，你可以利用這個資料串流來發送或接收資訊。

總結

Kubernetes API 提供具有豐富又強大功能的開發工具給開發者，用你覺得熟悉且適合的語言撰寫應用程式，跟世界上其他的 Kubernetes 使用者分享編排 API 的強大能力。當你覺得用腳本呼叫 `kubectl` 來達成任務已經不能滿足的時候，Kubernetes 的客戶端提供一個方便存取 API 的途徑來撰寫 operator、監控程式、新的使用者介面，或者任何你能想到的功能。

第十九章

提升 Kubernetes 中應用程式的安全性

在生產環境中透過 Kubernetes 提供應用程式安全的平台是非常重要的，還好 Kubernetes 內建許多不同的安全性 API 來建構一個安全的運作環境。真正的挑戰是如何在不同的安全性 API 中挑選合適的來使用，這些安全性 API 其實蠻繁雜的，也代表要真正設定到想要的安全狀態有些許挑戰。

要在 Kubernetes 中設定 Pod 的安全性，需要了解兩個重要的概念：防禦的深度以及最小權限原則。**防禦的深度**是指包含 Kubernetes 在內電腦系統中每一層系統的安全管制措施。**最小權限原則**則是讓運作的程式僅取得必要資源的存取權限。這兩個概念都不是終點，但是在電腦系統演進的過程中持續發揮作用。

在這個章節中，我們會一同探索 Kubernetes 安全性相關的 API，以及如何將這些安全性原則套用到 Pod 的程式中。

瞭解 SecurityContext

Pod 安全性配置的核心是 SecurityContext，這個欄位包含許多安全性相關的欄位可以套用在容器或 Pod 層級。下面提供一些 SecurityContext 可以控制的安全性設定：

- 使用者權限以及存取控制（例如：設定 User ID 及 Group ID）。
- 僅供讀取的根目錄檔案系統。

- 容許權限提升。
- Seccomp、AppArmor、SELinux 檔案及標籤指定。
- 是否利用特殊權限執行。

範例 19-1 是 Pod 的 SecurityContext 設定：

範例 *19-1　kuard-pod-securitycontext.yaml*

```
apiVersion: v1
kind: Pod
metadata:
  name: kuard
spec:
  securityContext:
    runAsNonRoot: true
    runAsUser: 1000
    runAsGroup: 3000
    fsGroup: 2000
  containers:
    - image: gcr.io/kuar-demo/kuard-amd64:blue
      name: kuard
      securityContext:
          allowPrivilegeEscalation: false
          readOnlyRootFilesystem: true
          privileged: false
      ports:
        - containerPort: 8080
          name: http
          protocol: TCP
```

你可以在這個範例中發現 Pod 跟容器層級都可以設定 SecurityContext，許多不同的安全性設定都可以同時套用在這兩個層級。假設同時設定這兩個層級的安全性，容器階層的設定會優先生效。我們來研究一下上面這個範例中 Pod 的規格，以及它們各自的效果是什麼：

`runAsNonRoot`

Pod 或容器必須要用非 root 身分運作，如果容器是用 root 身分的話會無法順利啟動，通常用非 root 身分運行是最佳實踐，因為有許多漏洞都是利用容器內錯誤設定的 root 身分來對底層作業系統進行破壞。可以利用 PodSecurityContext 及 SecurityContext 來做設定。kuard 容器映像檔是透過 Dockerfile（*https://oreil.ly/4IZI7*）設定執行的使用者為「nobody」。再次提醒容器內使用非 root 使用者是最佳實踐，但有時候你的容器映像檔是從其他來源複製的，可能沒有設定好容器運作的使用者，所以需要自行延伸原始的 Dockerfile 來更換使用者。這個方法並非每次都有效，因為還需要考慮應用程式本身的需求。

`runAsUser`/`runAsGroup`

儘管容器映像檔的 Dockerfile 可能已經定義了運行的使用者，這個設定依舊會覆蓋容器內程序執行的使用者或群組。

`fsgroup`

指定 Kubernetes 將檔案系統掛載到 Pod 磁碟區中所有檔案的群組資訊，額外的欄位 `fsGroupChangePolicy` 可以改變掛載時的行為。

`allowPrivilegeEscalation`

設定容器內的程序是否可以提升到更高的權限，這是常常遇到的攻擊手法，所以記得一定要將這個設定為 false。另外也要特別注意，當我們設定欄位 `privileged: true` 的時候，這個設定也會被強制設定為 true。

`privileged`

將容器運行在特權模式，這個模式會將容器運作的權限調整成底層系統的運行權限。

`readOnlyRootFilesystem`

將容器的根檔案系統設定為唯讀模式，這也是另一個常見的攻擊手法，所以最好設定成啟動狀態，任何應用程式產生的資料或日誌都可以透過額外掛載的磁碟區來存取。

範例中的這些欄位並非完整的安全控制清單，但至少是開始使用 SecurityContext 一個不錯的起點，後續的章節會提供更多的資訊。

我們可以將這個範例檔案儲存為 *kuard-pod-securitycontext.yaml* 並且建立 Pod，接下來展示 SecurityContext 如何應用到運行中的 Pod。用下列指令建立 Pod：

```
$ kubectl create -f kuard-pod-securitycontext.yaml
pod/kuard created
```

接著你可以啟動一個命令列來確認 kuard 容器程序運行時的 user ID 及 group ID：

```
$ kubectl exec -it kuard -- ash
/ $ id
uid=1000 gid=3000 groups=2000
/ $ ps
PID   USER     TIME  COMMAND
```

```
    1 1000      0:00 /kuard
   30 1000      0:00 ash
   37 1000      0:00 ps
/ $ touch file
touch: file: Read-only file system
```

我們可以看到剛剛運行的命令列環境 ash 的使用者為 user ID（uid） 1000，group ID（gid） 3000，以及檔案系統掛載為 group 2000，也可以發現 kuard 的程序同樣使用 Pod 的 SecurityContext 所定義的 user 1000 運作，最後我們也可以確定目前的檔案系統無法建立任何新的檔案，因為是設定為唯讀狀態。如果你將這些設定套用在你目前的應用程式上，就是在提升安全性之路上一個好的開始。

接下來我們介紹 SecurityContext 提供的其他安全控制項目，可以提供更詳細的權限及安全性控制項目。首先，我們介紹 SecurityContext 提供的作業系統層級安全性控制項目，很重要的是這些控制項目跟容器底層主機作業系統息息相關。也就是說，這些設定只會針對執行在 Linux 作業系統上的容器有效，而在同樣可以運行 Kubernetes 的 Windows 作業系統則無效。下列是 SecurityContext 所提供的核心作業系統控制項目：

Capabilities

允許為應用程式運作增加或移除額外的權限組。例如，你的應用程式可能會修改底層作業系統的網路設定，與其將 Pod 設定成特權容器（讓容器獲得底層主機的 root 權限），你可以為容器增加特定的能力（capability），讓容器內的應用程式可以獲得對底層主機的網路進行設定（這邊會用到 NET_ADMIN 能力），這也是遵循最小權限原則的一種展現。

AppArmor

控制程式可以存取的檔案權限，AppArmor 設定檔可以透過 Pod 規格中的 annotation 套用在容器上，設定的方法為 container.apparmor.security.beta.kubernetes.io/<container_name>: <profile_ref>，<profile ref> 可以接受的值包含 runtime/default、localhost/<path to profile>，及 unconfined，預設值為 unconfined，等同於沒有套用任何設定檔。

Seccomp

Seccomp（secure computing） 設定檔允許建立系統呼叫（syscall）的過濾器，這些過濾器可以允許或禁止特定的系統呼叫，來減少 Linux kernel 暴露給 Pod 中程序的影響範圍。

SELinux

定義檔案及程序的存取權限。SELinux 利用標籤組合來建立安全環境（跟 Kubernetes 的 SecurityContext 是不同的兩個設定）來控制程序可以存取的範圍，預設 Kubernetes 會為每一個容器取得一個隨機的 SELinux 環境，但你也可以利用 SecurityContext 來指定。

AppArmor 跟 secomp 都可以設定執行階段的預設設定檔。每個使用預設 AppArmor 及 seccomp 設定檔的容器運行階段都經過詳細的規劃，透過移除已知容易造成漏洞的檔案權限及系統呼叫來減少攻擊面積。這些預設值很少影響應用程式的運作，但卻是提升安全性不錯的開始。

要示範這些安全控制項如何被套用在 Pod 上，我們可以使用一個由 Jess Frazelle 所撰寫的工具 amicontained（*https://oreil.ly/6ubkU*）（意「我被關住了嗎？」）。將範例 19-2 的 Pod 規格儲存為 *amicontained-pod.yaml*，Pod 中的第一個容器沒有套用 SecurityContext，可以顯示 Pod 被套用的預設安全控制項目，留意你的輸出可能跟書本上的範例有些許的不同，因為不同的 Kubernetes 發布版本跟代管服務供應商會使用不同的預設值。

範例 *19-2　amicontained-pod.yaml*

```
apiVersion: v1
kind: Pod
metadata:
  name: amicontained
spec:
  containers:
    - image: r.j3ss.co/amicontained:v0.4.9
      name: amicontained
      command: [ "/bin/sh", "-c", "--" ]
      args: [ "amicontained" ]
```

建立 amicontainer Pod：

```
$ kubectl apply -f amicontained-pod.yaml
pod/amicontained created
```

我們可以看一下 Pod 的日誌來瞭解一下 amicontained 工具輸出了什麼：

```
$ kubectl logs amicontained
Container Runtime: kube
Has Namespaces:
        pid: true
```

```
        user: false
AppArmor Profile: docker-default (enforce)
Capabilities:
        BOUNDING -> chown dac_override fowner fsetid kill setgid setuid
        setpcap net_bind_service net_raw sys_chroot mknod audit_write
        setfcap
Seccomp: disabled
Blocked Syscalls (21):
        SYSLOG SETPGID SETSID VHANGUP PIVOT_ROOT ACCT SETTIMEOFDAY UMOUNT2
        SWAPON SWAPOFF REBOOT SETHOSTNAME SETDOMAINNAME INIT_MODULE
        DELETE_MODULE LOOKUP_DCOOKIE KEXEC_LOAD FANOTIFY_INIT
        OPEN_BY_HANDLE_AT FINIT_MODULE KEXEC_FILE_LOAD
Looking for Docker.sock
```

從上面的輸出結果，我們可以發現 AppArmor 的執行階段預設值被套用，我們也看得到預設可以執行的系統能力，以及 seccomp 是被關閉的狀態，最後，我們可以看到有 21 個系統呼叫預設是禁止的。現在有了可以參考的基準點，我們來嘗試修改 Pod 規格來套用 seccomp、AppArmor 以及系統能力這些安全控制項目。根據範例 19-3 建立一個稱為 *amicontained-pod-securitycontext.yaml* 的檔案。

範例 *19-3　amicontained-pod-securitycontext.yaml*

```yaml
apiVersion: v1
kind: Pod
metadata:
  name: amicontained
  annotations:
    container.apparmor.security.beta.kubernetes.io/amicontained: "runtime/default"
spec:
  securityContext:
    runAsNonRoot: true
    runAsUser: 1000
    runAsGroup: 3000
    fsGroup: 2000
    seccompProfile:
      type: RuntimeDefault
  containers:
    - image: r.j3ss.co/amicontained:v0.4.9
      name: amicontained
      command: [ "/bin/sh", "-c", "--" ]
      args: [ "amicontained" ]
      securityContext:
        capabilities:
            add: ["SYS_TIME"]
            drop: ["NET_BIND_SERVICE"]
        allowPrivilegeEscalation: false
```

```
        readOnlyRootFilesystem: true
        privileged: false
```

首先我們需要先移除當前的 amicontained Pod

```
$ kubectl delete pod amicontained
pod "amicontained" deleted
```

接著我們可以建立一個套用 SecurityContext 的 Pod。我們特別指定使用 AppArmor 及 seccomp 的預設設定檔，除此之外，我們也修改一些可以進行的系統能力：

```
$ kubectl apply -f amicontained-pod-securitycontext.yaml
pod/amicontained created
```

讓我們再次看看 amicontained Pod 的日誌輸出內容：

```
$ kubectl logs amicontained
Container Runtime: kube
Has Namespaces:
        pid: true
        user: false
AppArmor Profile: docker-default (enforce)
Capabilities:
        BOUNDING -> chown dac_override fowner fsetid kill setgid setuid setpcap
        net_raw sys_chroot sys_time mknod audit_write setfcap
Seccomp: filtering
Blocked Syscalls (67):
        SYSLOG SETUID SETGID SETPGID SETSID SETREUID SETREGID SETGROUPS
        SETRESUID SETRESGID USELIB USTAT SYSFS VHANGUP PIVOT_ROOT_SYSCTL ACCT
        SETTIMEOFDAY MOUNT UMOUNT2 SWAPON SWAPOFF REBOOT SETHOSTNAME
        SETDOMAINNAME IOPL IOPERM CREATE_MODULE INIT_MODULE DELETE_MODULE
        GET_KERNEL_SYMS QUERY_MODULE QUOTACTL NFSSERVCTL GETPMSG PUTPMSG
        AFS_SYSCALL TUXCALL SECURITY LOOKUP_DCOOKIE VSERVER MBIND SET_MEMPOLICY
        GET_MEMPOLICY KEXEC_LOAD ADD_KEY REQUEST_KEY KEYCTL MIGRATE_PAGES
        FUTIMESAT UNSHARE MOVE_PAGES PERF_EVENT_OPEN FANOTIFY_INIT
        NAME_TO_HANDLE_AT OPEN_BY_HANDLE_AT SETNS PROCESS_VM_READV
        PROCESS_VM_WRITEV KCMP FINIT_MODULE KEXEC_FILE_LOAD BPF USERFAULTFD
        PKEY_MPROTECT PKEY_ALLOC PKEY_FREE
Looking for Docker.sock
```

SecurityContext 的挑戰

如同上面所介紹的，使用 SecurityContext 需要瞭解非常多不同的設定，而且針對每一個 Pod 設定不同的安全控制項也不容易維護。要正確的建立並管理 AppArmor、seccomp 及 SELinux 設定檔並不容易，同時也很容易出錯，應用程式也會因為設定錯誤而導致無法運行。有幾個工具可以為運行中的 Pod 產生 seccomp 設定檔並套用在 SecurityContext

上。其中一個專案稱為 Security Profiles Operator（*https://oreil.ly/grPCN*），讓建立並管理 seccomp 設定檔的流程變得簡單。我們接下來將看看另一個安全性 API，讓管理一個叢集的 SecurityContext 並保持一致變得簡單。

Pod Security

目前我們已經知道如何針對 Pod 及容器管理安全控制項目，接著我們將探討如何大規模的套用這些安全控制項目的參數。Kubernetes 曾經有一個目前已經退役的 PodSecurityPolicy（PSP） API，同時提供驗證（validation ）跟變異（mutation）的功能。驗證功能不會允許 Kubernetes 的資源在沒有設定 SecurityContext 的情況下被寫入叢集。變異的功能則是根據 PSP 的設定，自動修改 Kubernetes 的資源並套用至 SecurityContext。由於 PSP 將要在 Kubernetes v1.25 被淘汰，我們不會深入的探討這個項目。取而代之的是 Pod Security，Pod Security 跟 PSP 的最主要差異是 Pod Security 只有驗證，並不會提供變異的功能，如果你想了解更多關於變異的功能，可以參考本書的第 20 章。

什麼是 Pod Security？

Pod Security 讓你可以宣告幾種不同的 Pod 安全性設定檔，這些設定檔又稱為 Pod 安全標準（Pod Security Standards），並且可以套用在 namespace 層級，Pod 安全標準是由 Pod 規格中安全性相關的欄位與參數所組合而成（不只包含 SecurityContext）。有 baseline、restricted、permissive 三種不同的標準。概念上可以在一個 namespace 中對所有的 Pod 套用安全設定，這三種標準的定義如下：

Baseline

最基本的安全性設定，禁止已知的權限提升。

Restricted

高受限模式，包含所有安全性的最佳實踐，有可能造成應用程式無法順利運作。

Privileged

開放且不受限制。

Pod Security 目前在 Kubernetes v1.23 中依舊為 beta 的功能，未來或許會有些微改變。

每一個 Pod 安全標準，定義了一系列 Pod 規格中的安全性欄位以及允許的參數。接下來我們列出這些標準中用到的一些欄位：

- `spec.securityContext`
- `spec.containers[*].securityContext`
- `spec.containers[*].ports`
- `spec.volumes[*].hostPath`

可以在官方文件（*https://oreil.ly/xPK2p*）中找尋到完整的 Pod 安全標準欄位清單。

每個標準可以用不同模式套用在 namespace 中，下面列出三種可以使用的模式：

Enforce
: 任何違反規範的 Pod 都無法建立。

Warn
: 違反規範的 Pod 可以順利建立，但會在過程中透過警告訊息提示使用者。

Audit
: 違反規範的 Pod 會自動在稽核日誌中產生稽核訊息。

套用 Pod 安全標準

Pod 安全標準透過 label 套用在 namesapce 中：

- 必要欄位：`pod-security.kubernetes.io/<MODE>: <LEVEL>`
- 選填欄位：`pod-security.kubernetes.io/<MODE>-version: <VERSION>`（預設為 latest）

範例 19-4 中，namespace 展示如何對不同種標準採用不同的安全模式，同時使用多種標準來部署規則，可以降低限制帶來的風險，同時稽核哪些程式違反基本或更嚴格的規範，並且在修復這些違反標準的應用程式後，將標準改成 enforce 模式來提升安全性，同時也可以採取特定版本的安全標準，例如：v1.22。這讓安全規範可以隨著 Kubernetes 版本發布更新，但透過指定版本減少對應用程式的影響。範例 19-4 設定 baseline 標準為 enforce 模式，並且將 restricted 標準同時設定 warn 及 audit，所有標準的版本固定在 v1.22。

範例 19-4　*baseline-ns.yaml*

```
apiVersion: v1
kind: Namespace
metadata:
  name: baseline-ns
  labels:
    pod-security.kubernetes.io/enforce: baseline
    pod-security.kubernetes.io/enforce-version: v1.22
    pod-security.kubernetes.io/audit: restricted
    pod-security.kubernetes.io/audit-version: v1.22
    pod-security.kubernetes.io/warn: restricted
    pod-security.kubernetes.io/warn-version: v1.22
```

第一次套用安全政策原本可能是一件困難的任務，但可以透過 Pod 安全性設定的 dry-run 指令，對目前正在執行的程式配合 Pod 安全標準進行簡單的測試，來確認有沒有違反標準：

```
$ kubectl label --dry-run=server --overwrite ns \
  --all pod-security.kubernetes.io/enforce=baseline
Warning: kuard: privileged
namespace/default labeled
namespace/kube-node-lease labeled
namespace/kube-public labeled
Warning: kube-proxy-vxjwb: host namespaces, hostPath volumes, privileged
Warning: kube-proxy-zxqzz: host namespaces, hostPath volumes, privileged
Warning: kube-apiserver-kind-control-plane: host namespaces, hostPath volumes
Warning: etcd-kind-control-plane: host namespaces, hostPath volumes
Warning: kube-controller-manager-kind-control-plane: host namespaces, ...
Warning: kube-scheduler-kind-control-plane: host namespaces, hostPath volumes
namespace/kube-system labeled
namespace/local-path-storage labeled
```

這個指令會對 Kubernetes 叢集內的所有 Pod 進行 Pod 安全標準的掃描，並且在命令列輸出違反標準的警告訊息。

我們來看看 Pod 安全是怎麼運作的。按照範例 19-5 建立一個稱為 *baseline-ns.yaml* 的檔案。

範例 19-5　*baseline-ns.yaml*

```
apiVersion: v1
kind: Namespace
metadata:
  name: baseline-ns
  labels:
```

```
    pod-security.kubernetes.io/enforce: baseline
    pod-security.kubernetes.io/enforce-version: v1.22
    pod-security.kubernetes.io/audit: restricted
    pod-security.kubernetes.io/audit-version: v1.22
    pod-security.kubernetes.io/warn: restricted
    pod-security.kubernetes.io/warn-version: v1.22

$ kubectl apply -f baseline-ns.yaml
namespace/baseline-ns created
```

按照範例 19-6，建立一個 *kuard-pod.yaml* 的檔案。

範例 *19-6　kuard-pod.yaml*

```
apiVersion: v1
kind: Pod
metadata:
  name: kuard
  labels:
    app: kuard
spec:
  containers:
    - image: gcr.io/kuar-demo/kuard-amd64:blue
      name: kuard
      ports:
        - containerPort: 8080
          name: http
          protocol: TCP
```

建立一個 Pod 並且觀察一下指令的輸出結果：

```
$ kubectl apply -f kuard-pod.yaml --namespace baseline-ns
Warning: would violate "v1.22" version of "restricted" PodSecurity profile:
allowPrivilegeEscalation != false (container "kuard" must set
securityContext.allowPrivilegeEscalation=false), unrestricted capabilities
(container "kuard" must set securityContext.capabilities.drop=["ALL"]),
runAsNonRoot != true (pod or container "kuard" must set securityContext.
runAsNonRoot=true), seccompProfile (pod or container "kuard" must set
securityContext.seccompProfile.type to "RuntimeDefault" or "Localhost")
pod/kuard created
```

在上面的輸出結果中，你可以發現 Pod 成功地建立了，但同時也顯示這個 Pod 違反了 Pod 安全標準的 restricted 安全設定檔，並且將違反的項目一同輸出提供參考。因為我們同時設定了稽核模式，所以也可以看到稽核日誌中相對應的訊息。

```
{"kind":"Event","apiVersion":"audit.k8s.io/v1","level":"Metadata","auditID":"...
```

Pod 安全是一個用來管理 namespace 層級安全性的良好工具，套用正確的安全性原則來防止違反規範的 Pod 被建立，這充滿彈性且內建許多原則可供選擇，對於未來新版本的原則改動也不會影響到應用程式的執行運作。

服務帳戶管理

服務帳戶 Kubernetes 中用來提供 Pod 中應用程式身分識別的資源，RBAC 可以套用在服務帳戶上來控制能透過 Kubernetes API 存取的資源，可以參考第 14 章來瞭解更多細節。如果你的應用程式並不需要存取 Kubernetes API，應該要移除存取權限來確保遵循最小安全性原則。預設情況下，Kubernetes 會為每個 namespace 建立一個預設的服務帳戶，並且套用在 namespace 上的每一個 Pod，這個服務帳戶的 token 資訊會自動被 Pod 掛載並用來存取 Kubernetes API。如果要取消這個預設的行為，你需要在服務帳戶的組態中新增 `automountServiceAccountToken: false`。範例 19-7 展示如何進行這項設定，這個設定僅能個別套用在 namespace 層級。

範例 *19-7　service-account.yaml*

```
apiVersion: v1
kind: ServiceAccount
metadata:
  name: default
automountServiceAccountToken: false
```

服務帳戶經常在規劃 Pod 安全性時被忽略，但是卻是可以直接存取 Kubernetes API 的途徑。如果沒有謹慎的規劃 RBAC，有機會成為被攻擊的漏洞。瞭解如何透過調整服務帳戶的 token 來限制 Kubernetes API 的存取是很重要的。

角色權限控制（RBAC）

在討論 Pod 安全性的章節如果不提到 Kubernetes 的角色權限控制，那就太說不過去了，相關資訊可以在第 14 章找到，並且運用第 14 章的知識來加強應用程式的安全性。

執行階段類別（RuntimeClass）

Kubernetes 透過容器執行階段介面（Container Runtime Interface, CRI）對節點底層作業系統進行互動，建立並且標準化這個介面，讓不同的容器執行階段得以存在整個生態系中，容器執行階段提供不同等級的隔離措施。根據不同的實作方式，可以提供可靠的安全性保證，有許多專案像是 Kata Containers、Firecracker 及 gVisor 個別基於不同的隔離機制，有的透過巢狀虛擬化技術，其他則是更複雜的系統呼叫過濾器來實作。這些對於安全與隔離的保證，可以讓 Kubernetes 管理者更有彈性地針對不同的應用程式選擇合適的執行階段。舉例來說，如果你的應用程式需要在非常安全的環境運作，就可以特別針對這個 Pod 選擇不同的容器執行階段，

可以透過 RuntimeClass API 來指定容器的執行階段，使用者可以選擇叢集中支援的執行階段。圖 19-1 描述 RuntimeClass 是如何運作的。

不同的 RuntimeClass 需要由叢集管理員設定，且可能需要透過特定的 `nodeSelectors` 或 `tolerations` 設定來確保執行在正確的節點上。

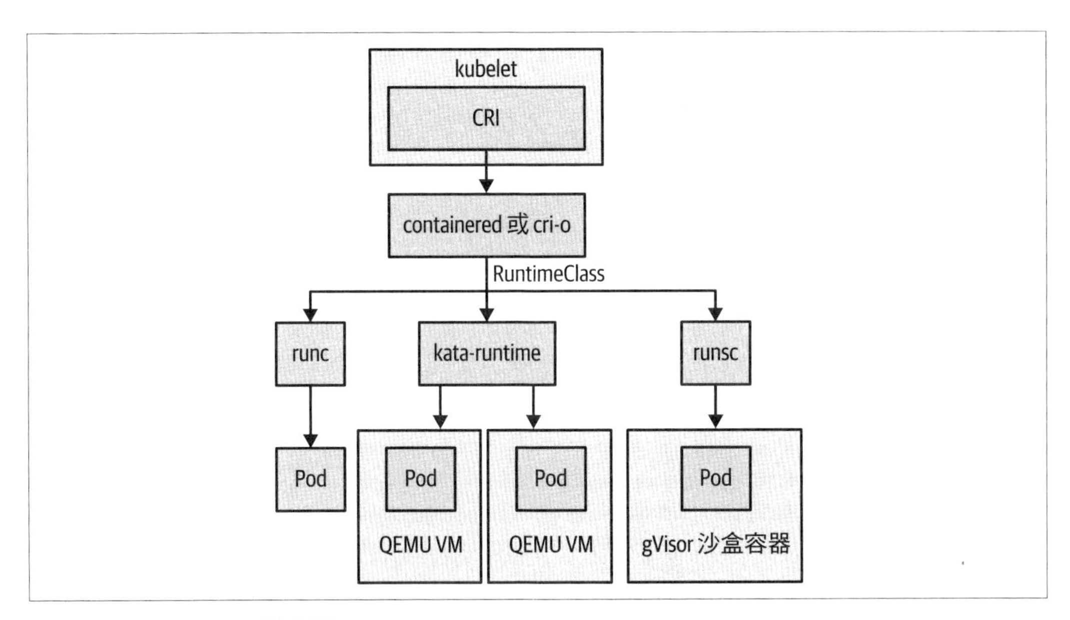

圖 19-1　`RuntimeClass` 流向圖

可以在 Pod 規格中透過 `runtimeClassName` 來選擇執行階段類別，範例 19-8 提供如何設定 Pod 規格來選擇 RuntimeClass：

範例 *19-8　kuard-pod-runtimeclass.yaml*

```
apiVersion: v1
kind: Pod
```

```
metadata:
  name: kuard
  labels:
    app: kuard
spec:
  runtimeClassName: firecracker
  containers:
    - image: gcr.io/kuar-demo/kuard-amd64:blue
      name: kuard
      ports:
        - containerPort: 8080
          name: http
          protocol: TCP
```

執行階段類別提供使用者選擇不同的容器執行階段，來提高安全性隔離。使用執行階段類別可以幫助增進應用程式整體的安全性，尤其是針對那些處理敏感資訊或不受信任的程式碼的應用程式。

網路政策（Network Policy）

Kubernetes 也提供網路政策 API（Network Policy API）來建立進入或離開應用程式的網路政策。網路政策原則上利用標籤來選擇特定的 Pod，並且控制這些 Pod 可以存取那些 Pod 或網路端點（endpoint）Kubernetes 內建的控制器並沒有針對網路原則（例如進入流量原則）進行實作，也就是說，當你建立網路政策的資源但沒有安裝相對應的控制器的話，這個原則就不會真正在叢集中被控制或執行。網路政策資源的實作通常是透過網路的外掛模組來達成，例如 Calico、Cilium 及 Weave Net。

網路政策資源是設定在 namespace 層級，並且透過 `podSelector`、`policyTypes`、`ingress`、`egress` 選擇器來組成，其中唯一必要的選擇器是 `podSelector`，如果 `podSelector` 欄位是空的話，這個原則會套用在 namespace 中的所有 Pod 上。這個欄位同時也可以透過 `matchLabels` 區塊來定義，如同 Service 的資源一樣，透過不同的標籤組合挑選特定的 Pod 群。

使用網路政策的時候，有些特性可能需要注意。如果 Pod 符合網路政策資源定義的範圍，所有進入跟離開的通訊都需要個別被定義好，否則通訊會被阻擋；如果 Pod 同時符合多個網路政策資源，這些原則會疊加在一起；如果 Pod 沒有符合任何的網路政策，則流量會直接允許，這樣的設計是為了讓新的應用程式可以逐漸的套用網路安全原則。如果你想預設阻擋所有流量的話，也可以在每個 namespace 中都定義預設阻擋的規則，範例 19-9 展示如何設定預設組的的原則來套用到每個 namespace 中。

範例 *19-9　networkpolicy-default-deny.yaml*

```
apiVersion: networking.k8s.io/v1
kind: NetworkPolicy
metadata:
  name: default-deny-ingress
spec:
  podSelector: {}
  policyTypes:
  - Ingress
```

接下來我們將透過一系列的範例，來展示如何透過網路政策以提高應用程式的安全性。首先我們先用下列指令建立一個測試用的 namespace：

```
$ kubectl create ns kuard-networkpolicy
namespace/kuard-networkpolicy created
```

根據範例 19-10 的內容建立一個稱為 *kuard-pod.yaml* 的檔案。

範例 *19-10　kuard-pod.yaml*

```
apiVersion: v1
kind: Pod
metadata:
  name: kuard
  labels:
    app: kuard
spec:
  containers:
    - image: gcr.io/kuar-demo/kuard-amd64:blue
      name: kuard
      ports:
        - containerPort: 8080
          name: http
          protocol: TCP
```

在 `kuard-networkpolicy` namespace 中建立 `kuard` 的 Pod

```
$ kubectl apply -f kuard-pod.yaml \
  --namespace kuard-networkpolicy
pod/kuard created
```

透過 service 暴露 `kuard` 的 Pod，

```
$ kubectl expose pod kuard --port=80 --target-port=8080 \
  --namespace kuard-networkpolicy
pod/kuard created
```

現在你可以透過 `kubectl run` 來執行一個 Pod，並且測試是否可以在沒有套用任何網路政策的情況下存取 kuard Pod。

```
$ kubectl run test-source --rm -ti --image busybox /bin/sh \
  --namespace kuard-networkpolicy
如果沒有看到命令列的話，可以嘗試按一下 Enter。
/ # wget -q kuard -O -
<!doctype html>

<html lang="en">
<head>
  <meta charset="utf-8">

  <title><KUAR Demo></title>
...
```

我們可以成功的從測試端的 Pod 連上 kuard Pod。現在套用預設的全部阻擋原則然後再次測試看看，根據範例 19-11 的內容建立一個稱為 *networkpolicy-default-deny.yaml* 的檔案。

範例 *19-11　networkpolicy-default-deny.yaml*

```
apiVersion: networking.k8s.io/v1
kind: NetworkPolicy
metadata:
  name: default-deny-ingress
spec:
  podSelector: {}
  policyTypes:
  - Ingress
```

套用預設的禁止網路政策：

```
$ kubectl apply -f networkpolicy-default-deny.yaml \
  --namespace kuard-networkpolicy
networkpolicy.networking.k8s.io/default-deny-ingress created
```

接著我們測試一下是否還可以從測試 Pod 連線到 kuard Pod：

```
$ kubectl run test-source --rm -ti --image busybox /bin/sh \
  --namespace kuard-networkpolicy
If you don't see a command prompt, try pressing enter.
/ # wget -q --timeout=5 kuard -O -
wget: download timed out
```

由於預設阻擋的網路政策，我們沒辦法再從測試 Pod 存取 kuard Pod。建立一個允許測試 Pod 存取 kuard Pod 的網路政策，根據範例 19-12 的內容建立一個稱為 *networkpolicy-kuard-allow-test-source.yaml* 的檔案，

範例 *19-12　networkpolicy-kuard-allow-test-source.yaml*

```
kind: NetworkPolicy
apiVersion: networking.k8s.io/v1
metadata:
  name: access-kuard
spec:
  podSelector:
    matchLabels:
      app: kuard
  ingress:
    - from:
      - podSelector:
          matchLabels:
            run: test-source
```

套用網路政策：

```
$ kubectl apply \
  -f code/chapter-security/networkpolicy-kuard-allow-test-source.yaml \
  --namespace kuard-networkpolicy
networkpolicy.networking.k8s.io/access-kuard created
```

再次測試現在是否可以透過測試 Pod 存取 kuard Pod：

```
$ kubectl run test-source --rm -ti --image busybox /bin/sh \
  --namespace kuard-networkpolicy
If you don't see a command prompt, try pressing enter.
/ # wget -q kuard -O -
<!doctype html>

<html lang="en">
<head>
  <meta charset="utf-8">

  <title><KUAR Demo></title>
...
```

利用下列指令來刪除 namespace：

```
$ kubectl delete namespace kuard-networkpolicy
namespace "kuard-networkpolicy" deleted
```

套用網路政策提供應用程式額外的安全層級，並且持續增強防禦的深度以及遵循最小安全性原則。

服務網格

採用服務網格也是提升應用程式安全性的一個方法，透過存取原則，可以根據服務的通訊協定設定相關的原則。舉例來說，你可以定義原則來允許 ServiceA 存取 ServiceB 的 HTTPS 443 連接埠，同時，服務網格也會實作服務跟服務間的加密（mTLS）。也就是說，除了通訊被加密之外，服務的身分也可以被識別。如果想知道更多服務網格相關的資訊，以及如何透過這些功能來提高應用程式的安全性，可以參考第 15 章。

安全性評估工具

有許多開源的工具可以用來評估 Kubernetes 叢集的一系列安全指標，來判斷目前的設定是否符合最基本的安全標準，其中一個工具稱為 kube-bench（*https://oreil.ly/TnUlm*）。kube-bench 可以對 Kubernetes 進行 CIS（*https://oreil.ly/VvUe5*）安全性評估，像是 kubebench 這類執行 CIS 安全標準的評估工具，並不是專門用在評估 Pod 的安全性上，但是卻可以檢查出叢集本身的錯誤設定，以及提供建議的解決方案。可以透過下列指令來運行 kube-bench：

```
$ kubectl apply -f https://raw.githubusercontent.com/aquasecurity/kube-bench...
job.batch/kube-bench created
```

接著可以透過下列指令，查看 Pod 日誌中輸出的評估結果以及解決方案：

```
$ kubectl logs job/kube-bench
[INFO] 4 Worker Node Security Configuration
[INFO] 4.1 Worker Node Configuration Files
[PASS] 4.1.1 Ensure that the kubelet service file permissions are set to 644...
[PASS] 4.1.2 Ensure that the kubelet service file ownership is set to root  ...
[PASS] 4.1.3 If proxy kubeconfig file exists ensure permissions are set to  ...
[PASS] 4.1.4 Ensure that the proxy kubeconfig file ownership is set to root ...
[PASS] 4.1.5 Ensure that the --kubeconfig kubelet.conf file permissions are ...
[PASS] 4.1.6 Ensure that the --kubeconfig kubelet.conf file ownership is set...
[PASS] 4.1.7 Ensure that the certificate authorities file permissions are   ...
[PASS] 4.1.8 Ensure that the client certificate authorities file ownership  ...
[PASS] 4.1.9 Ensure that the kubelet --config configuration file has permiss...
[PASS] 4.1.10 Ensure that the kubelet --config configuration file ownership ...
[INFO] 4.2 Kubelet
[PASS] 4.2.1 Ensure that the anonymous-auth argument is set to false (Automated)
[PASS] 4.2.2 Ensure that the --authorization-mode argument is not set to    ...
```

```
[PASS] 4.2.3 Ensure that the --client-ca-file argument is set as appropriate...
[PASS] 4.2.4 Ensure that the --read-only-port argument is set to 0 (Manual)
[PASS] 4.2.5 Ensure that the --streaming-connection-idle-timeout argument is...
[FAIL] 4.2.6 Ensure that the --protect-kernel-defaults argument is set to   ...
[PASS] 4.2.7 Ensure that the --make-iptables-util-chains argument is set to ...
[PASS] 4.2.8 Ensure that the --hostname-override argument is not set (Manual)
[WARN] 4.2.9 Ensure that the --event-qps argument is set to 0 or a level    ...
[WARN] 4.2.10 Ensure that the --tls-cert-file and --tls-private-key-file arg...
[PASS] 4.2.11 Ensure that the --rotate-certificates argument is not set to  ...
[PASS] 4.2.12 Verify that the RotateKubeletServerCertificate argument is set...
[WARN] 4.2.13 Ensure that the Kubelet only makes use of Strong Cryptographic...

== Remediations node ==
4.2.6 If using a Kubelet config file, edit the file to set protectKernel...
If using command line arguments, edit the kubelet service file
/etc/systemd/system/kubelet.service.d/10-kubeadm.conf on each worker node and
set the below parameter in KUBELET_SYSTEM_PODS_ARGS variable.
--protect-kernel-defaults=true
Based on your system, restart the kubelet service. For example:
systemctl daemon-reload
systemctl restart kubelet.service

4.2.9 If using a Kubelet config file, edit the file to set eventRecordQPS...
If using command line arguments, edit the kubelet service file
/etc/systemd/system/kubelet.service.d/10-kubeadm.conf on each worker node and
set the below parameter in KUBELET_SYSTEM_PODS_ARGS variable.
Based on your system, restart the kubelet service. For example:
systemctl daemon-reload
systemctl restart kubelet.service
...
```

利用 kube-bench 這類的工具來進行 CIS 評估，可以幫助瞭解 Kubernetes 叢集是否符合安全標準並且採取應對的措施。

映像檔安全性

Pod 安全性另一個很重要的部分，是確保 Pod 中運行的程式碼跟應用程式是安全的。確保應用程式的程式碼是否安全是一個非常複雜的議題，超出本章節的範圍。不過最基本的容器映像檔安全，可以從確保容器儲藏庫對映像檔進行**靜態掃描**，來確保有沒有已知的安全漏洞開始。另外，在映像檔啟動之後也可以利用工具來做執行階段的掃描，判斷是否有安全性漏洞，並且監測是否有可疑的行為，例如入侵行為。許多開源及商用軟體都有提供這類的掃描工具，除了安全性掃描之外，透過移除非必要的依賴套件來減少容器映像檔的內容也可以有效減少掃描出來的雜訊。最後，映像檔安全性是採取持續交付很好的理由，因為這樣可以在發現漏洞時不斷的修正並重新部署映像檔。

總結

這個章節中，我們提到了許多安全性相關的 API 以及資源用來提升應用程式的安全性，透過不斷強化的防禦深度以及最小安全性原則，可以慢慢的改善 Kubernetes 叢集的安全基準。開始練習改善安全性永遠不嫌晚，本章提供所有 Kubernetes 中擁有的安全控制知識協助你持續強化安全。

第二十章

Kubernetes 的政策與管理（Policy and Governance）

到目前為止，本書介紹了不同的 Kubernetes 資源種類，每個都有其目的性。不需要太久的時間，Kubernetes 叢集中的資源就會從少量單一的微服務應用程式，成長成數以千計的完整分散式系統。可以想像一下，一個生產環境的叢集要管理上千個資源，是多有挑戰的一件事。

這章我們將介紹政策與管理（policy and governance）。**政策**（*Policy*）資源是控制 Kubernetes 可以設定的規範跟狀態參數組合。**管理**（*Governance*）資源提供 Kubernetes 叢集上所有資源的驗證及強制執行組織政策的能力，例如所有資源都要遵循最佳實踐，符合安全原則，或者遵循公司標準。不論使用情境是什麼，工具都需要有足夠的彈性跟延伸性來配合叢集中定義的組織政策並套用到所有的資源上。

為何政策跟管理很重要？

Kubernetes 中有許多不同種類的政策，舉例來說，網路政策讓你可以控制 Pod 是否可以連結到網路服務跟節點，PodSecurityPolicy 提供 Pod 中的安全性設定，兩者都可以用來控制網路跟容器的執行階段。

但是，你也許會想在 Kubernetes 資源被建立之前就確保遵循政策規範，這也是今天政策跟管理資源可以解決的問題。你可能會想說：「這不就是角色權限控制在做的事嗎？」，但是在本章，你會發現 RBAC 並不足以用來限制特定欄位的值。

接下來我們提供一些叢集管理員常設定的政策：

- 所有容器都必須要從特定的容器儲藏庫取得。
- 所有的 Pod 都必須要有部門名稱跟聯絡人資訊的標籤。
- 所有的 Pod 都必須設定 CPU 跟記憶體的資源上限。
- 所有的 Ingress 主機名稱在叢集中都必須要是唯一的。
- 特定的服務類型務必不能被網際網路存取。
- 容器不能使用特殊權限的連接埠。

叢集管理員會想稽核叢集上的資源、利用 dry-run 來評估政策，或者利用條件組合篩選出沒有套用某些 label 的 Pod，並幫它們補上 label。

對叢集管理員而言，能在不打斷開發者部署應用程式到 Kubernetes 的同時，定義政策並且進行稽核是很重要的。如果開發者自行建立了不符合規範的資源，你需要一個系統來確保取得相關資訊，並且修正這些資源讓整個叢及回到合乎規範的狀態。

讓我們看如何透過 Kubernetes 的延伸功能來達到政策跟管理的目的。

資源申請流程（Admission Flow）

要了解政策跟管理如何確保資源能合乎規定建立在 Kubernetes 叢集中，我們需要先了解這個資源申請的流程在 Kubernetes API 中是怎麼運作的，圖 20-1 介紹了一個 API 請求在 API 伺服器中經歷哪些流程，我們會著重在變異申請、驗證申請以及 webhooks。

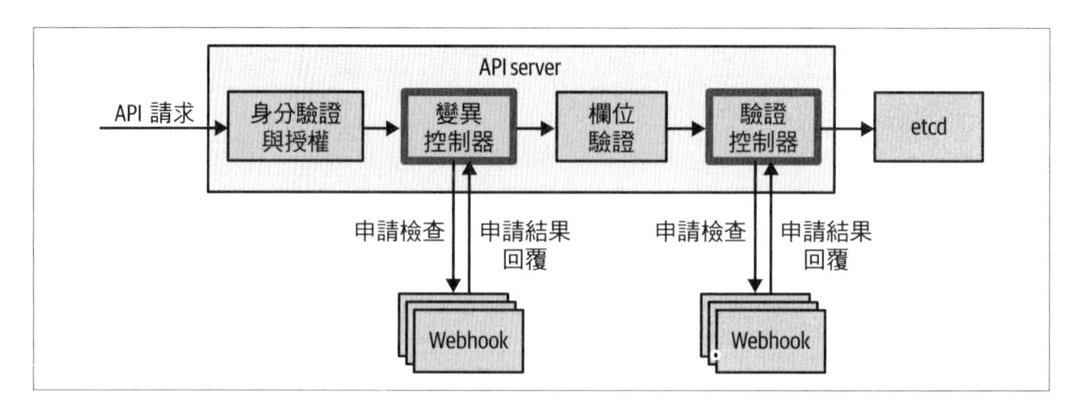

圖 20-1　API 請求在 Kubernetes API 伺服器中的流程

申請控制器在 Kubernetes API 處理 API 請求的時候，會依序進行變異處理或驗證請求內容，最後才寫入資料庫。變異申請控制器允許資源修改，而驗證申請控制器則無法對資源做出修改。有許多不同種類的申請控制器，這個章節會專注在可以動態調整的申請控制器 webhook，叢集管理員可以透過 MutatingWebhookConfiguration 或者 ValidatingWebhookConfiguration 這兩種資源，讓 API 伺服器向這些端點進行請求評估，接著這些端點上的 webhook 會回應「允許」或「拒絕」，讓 API 伺服器判斷是否能將這些資源寫進資料庫。

利用 Gatekeeper 進行政策及管理

讓我們一起看看怎麼設定政策並確保 Kubernetes 上的資源能夠符合規範。Kubernetes 專案並沒有提供任何控制器來確保政策跟管理能被遵循，但是有許多開源方案可以參考，這邊我們使用一個開源生態系的專案稱為 Gatekeeper（*https://oreil.ly/u0deR*）。

Gatekeeper 是為了 Kubernetes 而開發的政策控制器，透過定義好的政策來評估資源是否可以被寫入 Kubernetes 並建立或修改。這些評估流程發生在伺服器端，當 API 請求送到 Kubernetes API 的時候進行檢查。也就是說每個叢集有單獨的處理程序，在伺服器端處理這些政策評估的好處，是可以直接將 Gatekeeper 安裝在現有的 Kubernetes 叢集上，而不需要改動已經存在的開發工具、流程或持續部署工具的設定。

Gatekeeper 使用*自定義資源*（custom resource definitions, CRDs）來告訴 Kubernetes 要如何使用這些資源，也提供叢集管理員利用像是 `kubectl` 的熟悉工具，來操作 Gatekeeper 的資源。除此之外也提供即時、有意義的回饋來告訴使用者為什麼資源被拒絕建立，以及如何修復這個狀況。這些 Gatekeeper 專屬的自定義資源可以儲存在版本控制系統中，並且利用 GitOps 流程來管理。

Gatekeeper 也可以進行資源的*變異處理*（透過定義好的條件對資源進行修改）以及稽核，它的高度可設定性提供細部的控制，例如可以額外調整成僅有某些 namespace 中的特定資源才需要進行評估。

什麼是 Open Policy Agent？

Gatekeeper 的核心是 Open Policy Agent（*https://oreil.ly/nbR5d*），一個具有擴充性的雲原生政策引擎，並且可以讓政策被攜帶到不同的應用程式中，Open Policy Agent（OPA）負責進行所有的政策評估，並且回覆結果是允許還是拒絕，這讓 Gatekeeper 可以獲得政策工具生態系的好處，例如 Conftest（*https://oreil.ly/ElWYE*），讓你可以對寫好的政策進行測試，並實作在持續整合的管線中來部署。

Open Policy Agent 採用被稱為 Rego（*https:// oreil.ly/Ar55f*）的特殊查詢語言，來撰寫所有的政策。Gatekeeper 的核心宗旨是抽象化叢集管理員 Rego 的實作細節， 並提供結構化的 API，來透過 Kubernetes API 對自定義資源進行建立及套用政策。同時也讓你有能力在組織及社群間分享參數化後的政策內容。Gatekeeper 專案刻意將政策庫額外獨立維護，正是為了這個目的（後續章節會介紹到）。

安裝 Gatekeeper

在開始設定政策之前，你需要安裝 Gatekeeper。Gatekeeper 的元件會在 namespace 為 `gatekeeper-system` 的 Pod 上運行，並且同時設定申請控制器的 webhook，

千萬不要在還沒有了解怎麼安全的建立並禁用政策前，就安裝 Gatekeeper 到 Kubernetes 叢集中，同時安裝前也需要確認 YAML 檔中建立的資源是否符合需求。

可以利用 Helm 套件管理員安裝 Gatekeeper：

```
$ helm repo add gatekeeper https://open-policy-agent.github.io/gatekeeper/charts
$ helm install gatekeeper/gatekeeper --name-template=gatekeeper \
  --namespace gatekeeper-system --create-
```

安裝 Gatekeeper 需要有 cluster-admin 的權限，而且也需要注意安裝的版本會有些許的差異，請參考 Gatekeeper（*https://oreil.ly/GvLHc*）官方網站的最新版本資訊。

安裝完成後，可以利用下列指令確認 Gatekeeper 是否順利運作：

```
$ kubectl get pods -n gatekeeper-system
NAME                                           READY   STATUS    RESTARTS   AGE
gatekeeper-audit-54c9759898-ljwp8              1/1     Running   0          1m
gatekeeper-controller-manager-6bcc7f8fb5-4nbkt 1/1     Running   0          1m
gatekeeper-controller-manager-6bcc7f8fb5-d85rn 1/1     Running   0          1m
gatekeeper-controller-manager-6bcc7f8fb5-f8m8j 1/1     Running   0          1m
```

也可以利用這個指令查看 webhook 是如何設定的：

```
$ kubectl get validatingwebhookconfiguration -o yaml
apiVersion: admissionregistration.k8s.io/v1
kind: ValidatingWebhookConfiguration
metadata:
  labels:
    gatekeeper.sh/system: "yes"
```

```
  name: gatekeeper-validating-webhook-configuration
webhooks:
- admissionReviewVersions:
  - v1
  - v1beta1
  clientConfig:
    service:
      name: gatekeeper-webhook-service
      namespace: gatekeeper-system
      path: /v1/admit
  failurePolicy: Ignore
  matchPolicy: Exact
  name: validation.gatekeeper.sh
  namespaceSelector:
    matchExpressions:
    - key: admission.gatekeeper.sh/ignore
      operator: DoesNotExist
  rules:
  - apiGroups:
    - '*'
    apiVersions:
    - '*'
    operations:
    - CREATE
    - UPDATE
    resources:
    - '*'
  sideEffects: None
  timeoutSeconds: 3
      ...
```

在 `rules` 區塊中，我們可以看到所有的資源種類都會被送到 webhook 申請控制器中，這個控制器服務稱為 `gatekeeper-webhook-service` 並安裝在 `gatekeeper-system` namespace 中。任何 namespace 中的資源，只要沒有標記 label `admission.gatekeeper.sh/ignore` 都會進行政策評估。最後，`failurePolicy` 設定為 `Ignore`，意思是開放失敗狀態，也就是說，如果 Gatekeeper 在超時設定的 3 秒內沒有回應的話，資源請求就會被允許。

設定政策

安裝好 Gatekeeper 後，我們可以開始設定政策。首先我們會介紹一個標準的範例來展示叢集管理員如何建立政策。接著我們會透過開發者的角度來建立符合及不符合規範的資源，然後透過延伸這些步驟更進一步地了解背後的細節，並帶領你體驗如何建立一個範例政策來限制容器映像檔只能從單一儲存庫取得。這個範例來自於 Gatekeeper 的政策庫（*https://oreil.ly/ikfZk*）。

首先，為了設定政策，你需要一個稱為 *constraint template* 的自定義資源，通常由叢集管理員設定，範例 20-1 的 constraint template 需要提供容器儲存庫的清單當作 Kubernetes 可以允許的參數值。

範例 *20-1　allowedrepos-constraint-template.yaml*

```
apiVersion: templates.gatekeeper.sh/v1beta1
kind: ConstraintTemplate
metadata:
  name: k8sallowedrepos
  annotations:
    description: Requires container images to begin with a repo string from a
      specified list.
spec:
  crd:
    spec:
      names:
        kind: K8sAllowedRepos
      validation:
        # Schema for the `parameters` field
        openAPIV3Schema:
          properties:
            repos:
              type: array
              items:
                type: string
  targets:
    - target: admission.k8s.gatekeeper.sh
      rego: |
        package k8sallowedrepos

        violation[{"msg": msg}] {
          container := input.review.object.spec.containers[_]
          satisfied := [good | repo = input.parameters.repos[_] ; good = starts...
          not any(satisfied)
          msg := sprintf("container <%v> has an invalid image repo <%v>, allowed...
        }

        violation[{"msg": msg}] {
          container := input.review.object.spec.initContainers[_]
          satisfied := [good | repo = input.parameters.repos[_] ; good = starts...
          not any(satisfied)
          msg := sprintf("container <%v> has an invalid image repo <%v>, allowed...)
        }
```

利用下列指令建立 constraint template：

```
$ kubectl apply -f allowedrepos-constraint-template.yaml
constrainttemplate.templates.gatekeeper.sh/k8sallowedrepos created
```

接著可以建立規範資源（constraint resource）來讓政策生效（依舊是透過叢集管理員來進行），範例 20-2 的約束資源允許容器儲存庫開頭為 `gcr.io/kuar-demo/` 的映像檔在 `default` namesapce 中使用，`enforcementAction` 設定為「禁止」：任何不符合規定的資源都無法被建立。

範例 20-2 *allowedrepos-constraint.yaml*

```
apiVersion: constraints.gatekeeper.sh/v1beta1
kind: K8sAllowedRepos
metadata:
  name: repo-is-kuar-demo
spec:
  enforcementAction: deny
  match:
    kinds:
      - apiGroups: [""]
        kinds: ["Pod"]
    namespaces:
      - "default"
  parameters:
    repos:
      - "gcr.io/kuar-demo/"
```

```
$ kubectl create -f allowedrepos-constraint.yaml
k8sallowedrepos.constraints.gatekeeper.sh/repo-is-kuar-demo created
```

下一步我們建立一些 Pod 來測試政策是否正常運作。範例 20-3 中我們使用 `gcr.io/kuar-demo/kuard-amd64:blue` 的映像檔來建立 Pod，這個符合我們前面步驟中定義的規範。應用程式資源通常是由服務開發者或持續交付流程所建立的。

範例 20-3 *compliant-pod.yaml*

```
apiVersion: v1
kind: Pod
metadata:
  name: kuard
spec:
  containers:
    - image: gcr.io/kuar-demo/kuard-amd64:blue
      name: kuard
      ports:
```

```
      - containerPort: 8080
        name: http
        protocol: TCP

$ kubectl apply -f compliant-pod.yaml
pod/kuard created
```

如果我們建立一個不符合規範的 Pod 會怎麼樣呢？範例 20-4 利用 nginx 映像檔建立一個 Pod，這個並不符合前面我們定義的規範資源。應用程式資源通常是由服務開發者或持續交付流程所建立的。注意範例 20-4 的輸出結果。

範例 *20-4　noncompliant-pod.yaml*

```
apiVersion: v1
kind: Pod
metadata:
  name: nginx-noncompliant
spec:
  containers:
    - name: nginx
      image: nginx

$ kubectl apply -f noncompliant-pod.yaml
Error from server ([repo-is-kuar-demo] container <nginx> has an invalid image
repo <nginx>, allowed repos are ["gcr.io/kuar-demo/"]): error when creating
"noncompliant-pod.yaml": admission webhook "validation.gatekeeper.sh" denied
the request: [repo-is-kuar-demo] container <nginx> has an invalid image
repo <nginx>, allowed repos are ["gcr.io/kuar-demo/"]
```

範例 20-4 展示了不符合規範的資源錯誤訊息，包含了被拒絕的原因以及如何修正問題。叢集管理員可以自行在 constraint template 中定義錯誤訊息。

如果你的規範範圍是 Pod，且透過其他資源建立 Pod，例如 ReplicaSet，Gatekeeper 會返回錯誤，但是這個錯誤並不會直接回應給使用者，而是返回給試圖建立 Pod 的控制器，如果需要看到這些錯誤訊息，要在事件日誌中尋找相對應的資源。

了解規範模板（Constraint Template）

剛剛介紹過常見的範例，接下來我們來深入了解一下範例 20-1 中的規範模板，這個模板允許建立符合容器儲藏庫清單的映像檔的資源。

規範模板中包含 apiVersion 及 kind，是 Gatekeeper 自訂義資源中的一部分，在 spec 的區塊中，你可以看到一個名稱 K8sAllowedRepos: 記得這個名字，因為在建立規範資源的時候會用到這個名稱，同時你也會看到它的格式為字串陣列來供叢集管理員設定。

透過提供容器儲藏庫的清單來允許映像檔來源，同時你也會在 target 區塊看到原始的 Rego 政策定義，這個政策評估 Pod 規格中的容器以及起始容器是否符合容器儲藏庫清單中的名稱開頭，msg 區塊則定義當資源被拒絕建立時，應該提供使用者什麼樣的錯誤訊息。

建立規範（Constraint）

要讓政策生效，需要建立一個規範來提供模板相對應的參數值，有時候一個規範模板會對應到多個規範資源。我們來更深入研究範例 20-2 的規範資源，這個資源只允許映像檔儲藏庫開頭為 *gcr.io/kuar-demo/* 被使用，

你可能會注意到這個規範的 kind 欄位為「K8sAllowedRepos」，這個值定義在規範模板中，同時我們也定義了 enforcementAction 為 「deny」，所有沒有符合規範的資源都會被拒絕建立，enforcementAction 欄位同時也接受「dryrun」、「warn」。「dryrun」利用稽核的功能來測試政策並確認影響範圍。「warn」則是將定義好的錯誤訊息送回給發送請求的使用者，但是允許資源建立或更新。match 區塊則定義這個規範的範圍，這裡是 default namespace 中的所有 Pod。最後，參數區塊中定義的字串陣列是必要的欄位來滿足規範模板。下面這個範例提供當 enforcementAction 設定為「warn」時會遇到的狀況：

```
$ kubectl apply -f noncompliant-pod.yaml
Warning: [repo-is-kuar-demo] container <nginx> has an invalid image repo...
pod/nginx-noncompliant created
```

規範資源只會在資源被建立或更新時檢查，如果應用程式已經運行在叢集中，Gatekeeper 並不會重新檢查這些已經存在的資源，只有當這些資源被建立或更新時才會確認是否符合規範。

這裡提供一個實際的案例：你建立一個只能允許容器從特定儲藏庫建立的政策，所有已經在叢集中運作的應用程式會繼續運作。但是當你將一個應用程式的 Deployment 副本數從 1 調整到 2 時，ReplicaSet 會試著建立新的 Pod，如果這時候 Pod 的容器映像檔並不是從允許的儲藏庫來的時候，Pod 就會被禁止建立。所以先將規範的 enforcementAction 設定為「dryrun」並且確認那些資源會受到這個規範的影響後，再將規範設定為「deny」是非常重要的。

稽核

確認新建立的資源是否符合政策規範只是政策跟管理中的一部分，政策會隨著時間改變，你可以透過 Gatekeeper 來確認所有部署的資源都符合規範。除此之外，或許你已經有一個充滿各種服務的叢集，想安裝 Gatekeeper 來確保所有資源都符合規範，Gatekeeper 提供稽核的功能讓叢集管理員列出叢集中目前不符合規範的清單。

接下來的範例展示稽核功能是如何運作的。我們接下來會更新 `repo-is-kuar-demo` 這個規範，將 `enforcementAction` 設定為「dryrun」（如同範例 20-5 所展示），這讓使用者建立不符合規範的資源，然後我們稍後會展示如何利用稽核功能找出這些不符合規範的資源。

範例 *20-5　allowedrepos-constraint-dryrun.yaml*

```
apiVersion: constraints.gatekeeper.sh/v1beta1
kind: K8sAllowedRepos
metadata:
  name: repo-is-kuar-demo
spec:
  enforcementAction: dryrun
  match:
    kinds:
      - apiGroups: [""]
        kinds: ["Pod"]
    namespaces:
      - "default"
  parameters:
    repos:
      - "gcr.io/kuar-demo/"
```

用下列指令更新規範：

```
$ kubectl apply -f allowedrepos-constraint-dryrun.yaml
k8sallowedrepos.constraints.gatekeeper.sh/repo-is-kuar-demo configured
```

利用下列指令建立不符合規範的 Pod：

```
$ kubectl apply -f noncompliant-pod.yaml
pod/nginx-noncompliant created
```

要透過稽核找出不符合規範的清單，可以用 `kubectl get constraint` 取得某一個規範的 YAML 格式輸出結果：

```
$ kubectl get constraint repo-is-kuar-demo -o yaml
apiVersion: constraints.gatekeeper.sh/v1beta1
```

```
kind: K8sAllowedRepos
...
spec:
  enforcementAction: dryrun
  match:
    kinds:
    - apiGroups:
      - ""
      kinds:
      - Pod
    namespaces:
    - default
  parameters:
    repos:
    - gcr.io/kuar-demo/
status:
  auditTimestamp: "2021-07-14T20:05:38Z"
   ...
  totalViolations: 1
  violations:
  - enforcementAction: dryrun
    kind: Pod
    message: container <nginx> has an invalid image repo <nginx>, allowed repos
      are ["gcr.io/kuar-demo/"]
    name: nginx-noncompliant
    namespace: default
```

在 status 區塊，可以看到 auditTimestamp，這個值是最後一次稽核執行的時間，totalViolations 顯示有多少資源不符合這個規範，violations 區塊則顯示違反規範的清單。我們可以看到 nginx-noncompliant Pod 在違反規範的清單內，並且提供錯誤訊息的詳細資訊。

將規範的 enforcementAction 設定為「dryrun」，並搭配稽核的功能是確認政策可以達到期望影響的強力工具，並且可以透過這個方式建立將資源回歸規範的流程。

變異

目前為止我們介紹了如何使用規範來驗證資源是否符合規定，有沒有想過我們可以直接修改資源來讓它們符合規定呢？我們可以透過 Gatekeeper 的變異功能來做到。這章節的前段我們提到有兩種不同的申請控制器，變異及驗證，Gatekeeper 預設只會部署驗證申請 webhook，但我們可以修改設定，將它同時運作在變異申請 webhook 模式。

Gatekeeper 的變異功能還在測試狀態且有可能會繼續改變，我們將展示 Gatekeeper 接下來會有的能力，本章的安裝步驟並沒有包含如何啟動變異功能，可以參考 Gatekeeper 專案的啟動變異功能（*https://oreil.ly/DQKhl*）來設定。

讓我們透過範例展示變異功能的強大之處。這個範例會將所有 Pod 的 `imagePullPolicy` 設定為「Always」。我們假設 Gatekeeper 已經設定完成並支援變異功能，範例 20-6 定義變異的對象為除了 namespace 為「system」以外的所有 Pod，並且將 `imagePullPolicy` 的值設定為「Always」。

範例 *20-6　imagepullpolicyalways-mutation.yaml*

```
apiVersion: mutations.gatekeeper.sh/v1alpha1
kind: Assign
metadata:
  name: demo-image-pull-policy
spec:
  applyTo:
  - groups: [""]
    kinds: ["Pod"]
    versions: ["v1"]
  match:
    scope: Namespaced
    kinds:
    - apiGroups: ["*"]
      kinds: ["Pod"]
    excludedNamespaces: ["system"]
  location: "spec.containers[name:*].imagePullPolicy"
  parameters:
    assign:
      value: Always
```

建立變異任務（mutation assignment）：

```
$ kubectl apply -f imagepullpolicyalways-mutation.yaml
assign.mutations.gatekeeper.sh/demo-image-pull-policy created
```

現在我們建立一個 Pod，這個 Pod 沒有設定 `imagePullPolicy`，所以預設值為「IfNotPresent」，但是我們預期 Gatekeeper 會將這個欄位修改為「Always」：

```
$ kubectl apply -f compliant-pod.yaml
pod/kuard created
```

使用下列指令來確認 `imagePullPolicy` 是否成功的變異為「Always」：

```
$ kubectl get pods kuard -o=jsonpath="{.spec.containers[0].imagePullPolicy}"

Always
```

變異申請的順序在驗證申請之前，所以可以建立規範來驗證變異是否順利被套用在特定的資源中。

利用下列指令刪除 Pod：

```
$ kubectl delete -f compliant-pod.yaml
pod/kuard deleted
```

利用下列指令刪除變異任務：

```
$ kubectl delete -f imagepullpolicyalways-mutation.yaml
assign.mutations.gatekeeper.sh/demo-image-pull-policy deleted
```

跟驗證不同的地方是，變異提供叢集管理員自動化修正不符合規範資源的手段。

資料複製

當我們在撰寫規範時，可能會想對某一個欄位的值與另外一個資源欄位的值進行比較，針對這個需求的特定範例為：我想要比較 ingress 的主機位置是否在叢集中是唯一的。Gatekeeper 預設只會確認目前資源的欄位，如果需要比較其他資源的欄位資訊來滿足規範，需要額外設定。Gatekeeper 可以針對特定資源設定快取來提供 Open Policy Agent 比較跨資源的欄位，範例 20-7 設定 Gatekeeper 將 Namespace 及 Pod 資源存在快取中。

範例 *20-7　config-sync.yaml*

```
apiVersion: config.gatekeeper.sh/v1alpha1
kind: Config
metadata:
  name: config
  namespace: "gatekeeper-system"
spec:
  sync:
    syncOnly:
      - group: ""
        version: "v1"
        kind: "Namespace"
      - group: ""
```

```
version: "v1"
kind: "Pod"
```

建議只針對需要做政策評估的資源進行快取，否則成千上萬的資源在 OPA 中做快取會需要大量的記憶體，而且有可能存在額外的安全疑慮。

範例 20-8 的規範模板展示如何在 Rego 區塊中比較資訊（這個案例中，確保 ingress 的主機位置是唯一的），具體來說「data.inventory」代表快取資源，是「input」以外的資訊輸入來源，「input」為 Kubernetes API 伺服器在申請流程中送到 Gatekeeper 中提供評估的資源輸入，這個範例基於 Gatekeeper 政策庫（*https://oreil.ly/gGrts*）。

範例 *20-8　uniqueingresshost-constraint-template.yaml*

```
apiVersion: templates.gatekeeper.sh/v1beta1
kind: ConstraintTemplate
metadata:
  name: k8suniqueingresshost
  annotations:
    description: Requires all Ingress hosts to be unique.
spec:
  crd:
    spec:
      names:
        kind: K8sUniqueIngressHost
  targets:
    - target: admission.k8s.gatekeeper.sh
      rego: |
        package k8suniqueingresshost

        identical(obj, review) {
          obj.metadata.namespace == review.object.metadata.namespace
          obj.metadata.name == review.object.metadata.name
        }

        violation[{"msg": msg}] {
          input.review.kind.kind == "Ingress"
          re_match("^(extensions|networking.k8s.io)$", input.review.kind.group)
          host := input.review.object.spec.rules[_].host
          other := data.inventory.namespace[ns][otherapiversion]["Ingress"][name]
          re_match("^(extensions|networking.k8s.io)/.+$", otherapiversion)
          other.spec.rules[_].host == host
          not identical(other, input.review)
          msg := sprintf("ingress host conflicts with an existing ingress <%v>"...
        }
```

資料複製是強而有力的工具可以用來比較 Kubernetes 中的不同資源，我們建議只有政策必須要使用到這個功能的時候再進行設定，如果選擇使用這個功能，也需要將範圍限縮在特定資源上。

指標（Metrics）

Gatekeeper 發布 Prometheus 格式的指標，可以用來持續監控資源規範的狀態，你可以透過參考簡單的指標來確定 Gatekeeper 的健康狀態，例如有多少個規範、規範模板，以及多少請求被送到 Gatekeeper 中進行檢查，

除此之外，政策規範及管理的數據也同樣可供參考：

- 稽核違規的總數。
- 每一種 `enforcementAction` 的規範數量。
- 稽核的週期。

全面自動化的政策及管理流程是理想的目標，所以我們強烈建議你利用外部監控工具來監測 Gatekeeper 的指標，並根據資源是否符合規定這個指標設定警告通知。

政策庫（Policy Library）

Gatekeeper 專案的其中一個核心宗旨，就是建立可在組織間重複使用的政策庫，可分享的政策提供樣板可以參考，讓叢集管理員減少花費在撰寫政策時間並專注在套用這些政策。Gatekeeper 專案提供不錯的政策庫可以使用（*https://oreil.ly/ uBY2h*），其中透過通用的政策庫提供常見的政策，以及透過 *pod-security-policy* 政策庫提供 Gatekeeper PodSecurityPolicy API 的功能。這個政策庫的好處是它永遠在擴展中且開源，所以歡迎貢獻任何自行撰寫的政策供大家使用。

總結

在這章中我們理解政策及管理的概念，以及在 Kubernetes 中建立越來越多資源時這個概念有多重要。我們也同時介紹了 Gatekeeper 專案，一個使用 Open Policy Agent 為基礎且專門為了 Kubernetes 開發的政策控制器，以及如何使用 Gatekeeper 來滿足政策跟管理的需求。從撰寫政策到稽核，現在你具有建立規範滿足需求所需的知識。

第二十一章

多叢集應用程式部署

經歷二十個章節的介紹，我們應該可以想像 Kubernetes 可以是很複雜的主題。經歷每個章節的介紹一路走到這，應該有稍微比過去更加清楚一些，既然將應用程式運行在單獨的 Kubernetes 叢集上已經這麼複雜了，為什麼我們還要增加更多的複雜度將應用程式部署到多個叢集上呢？

事實就是真實世界的使用情境上，大多數的應用程式實際上都需要運行在多個叢集上，有非常多不同理由需要這個設計，但是你的應用程式應該會在這些需求中找到符合的情境。

第一個需求是為了達成冗餘（redundancy）及韌性（resiliency）。不論是在雲端還是自有機房，單獨的資料中心通常代表單點故障的可能性，不論是獵人用光纖練習套住目標，還是因為暴風雪停電，又或是簡單的核心軟體更新，任何在單點運作的應用程式都有可能完全停擺並讓使用者無法存取。在大多數情況下，單獨的 Kubernetes 叢集代表單一地點，也代表單點故障的可能性，

在多數情況下，特別是雲端環境，Kubernetes 叢集是設計為**區域性**（*regional*）的。區域性叢集會分散在多個獨立的區域中，因此在各區的基礎建設個別發生問題時可以免於完全停機。雖然說假設這類型的區域性 Kubernetes 可以提供足夠的韌性而不用考慮為單點故障的來源很誘人，但是任何單獨的 Kubernetes 叢集使用特定版本的 Kubernetes（例如：1.21.3）在升級的時候也有可能導致應用程式無法運作。隨著時間演進，Kubernetes 會逐漸汰換掉 API 或修改 API 的行為。雖然這些改動很罕見，而且 Kubernetes 社群會提早跟社群溝通來減少影響，但是不論再完善的的測試，臭蟲還是有可能隨著時間藏在每個版本中。大多數應用程式生命週期內可能都不會被這些問題影響，但是還是有可能在未來的某一天受到波及，對於多數的應用程式，這是不可承受的風險。

除了對於韌性的需求之外，另一個驅動多叢集部署的理由是，某些產業或應用程式需要強制部署在不同地區。舉例來說，遊戲伺服器就有強大的需求要貼近玩家的區域來減少網路延遲，改善遊戲體驗。其他應用程式也許因為法規的要求，而需要將資料放在特定的地理區域。一個 Kubernetes 叢集通常運作在單一區域，因此如果需要將應用程式部署在特定的地理區域，意味著我們需要將應用程式分散在多個叢集中。

最後，雖然有多種不同的方法來隔離單一叢集中的使用者（例如：namespace、RBAC、節點池——由不同特性的 Kubernetes 節點或為了特定應用程式組合而成節點群的代稱），Kubernetes 叢集還是一個共用的空間。對於某些團隊或產品而言，不同團隊造成應用程式間的相互影響，就算是不小心的，其風險還是難以承受，所以寧可選擇承擔管理多叢集的複雜度。

到了這個節骨眼，你會發現不論是什麼應用程式，都非常有可能在現在或未來需要將應用程式擴展到多個叢集上。這個章節的後續內容會讓你了解怎麼達成這個目標。

在開始之前

在將應用程式部署到多個叢集之前，有著紮實基礎的單叢集部署設定是非常重要的。不可避免的每個人都有一份設定清單，但是這樣的捷徑或問題在多叢集部署的環境下會被放大。另外，要解決十個叢集上基礎建設的根本問題，會比只有一個叢集困難十倍。除此之外，如果增加一個叢集需要大量額外的工作，你可能會抗拒新增叢集，儘管你已經知道上述所有理由，也明白這是對於應用程式來說是正確的選擇。

當我們說「基礎（foundations）」的時候，指的到底是什麼呢？最需要處理好的其實是自動化的部分，這包含應用程式部署的自動化，也包含叢集建立跟管理的自動化。當你只有一個叢集的時候你的設定永遠都是一致的，但是當你增加新的叢集，就需要考慮叢集內每個組件的版本偏移問題，你可能會有不同 Kubernetes 版本的叢集，或者不同版本的監控以及日誌程式，或者更基本的連容器的運作階段版本都不同。所有這些差異都可以視為讓人生更加辛苦的元素。基礎建設的差異讓你的系統變得「怪異」，一個叢集上的知識無法帶到另一個叢集上做管理，也由於這些差異性，有時候問題會隨機發生在不同的地方，維持基礎穩定的關鍵在於確保所有叢集的一致性，

而唯一的方法就是透過自動化來確保其一致性。你可能會想「我每次都是用同樣的方法建立叢集的」，但是經驗告訴我們這並不是事實。下個章節會花不少篇幅討論管理應用程式時基礎建設及程式碼的價值，但是這同樣套用在管理叢集上，別用圖形化介面或命

令列建立你的叢集。或許一開始你會覺得，將所有變化先推到版本控制系統再接著透過 CI/CD 來部署，實在是綁手綁腳，但是穩定的基礎建設能為這個投資帶來很好的收穫。

這在部署叢集的基礎元件時一樣非常有幫助，這些在應用程式部署前需要準備好的元件包含監控、日誌蒐集、安全掃描，它們也需要透過基礎建設及程式碼的工具像是 Helm 來自動化部署並管理。

除了維持所有叢集的設定之外，還有一些同樣必須要保持一致性部分。第一個就是在所有叢集上使用單一的身分識別系統，儘管 Kubernetes 支援單獨利用憑證來做身分驗證，但是我們強烈建議使用全域身分識別系統的整合，例如 Azure Active Directory 或任何其他 OpenID Connect 相容的身分認證供應商。確保每個人在存取所有的叢集時，都使用相同的身分是維持安全最佳實踐的重要角色，並且阻止像是分享憑證這種高度危險的行為。另外多數的身分認證供應商也提供額外的安全控制，像是兩步驟驗證來強化叢集的安全性。

如同身分驗證，確保所有叢集的權限控制一致也非常重要。在大部分的雲端環境中可以使用供應商的 RBAC 服務，RBAC 的角色跟綁定的身分資訊是集中儲存在雲端供應商的系統上，而不是叢集本身，在單一來源上定義 RBAC 可以確保一些失誤，例如忘記新增新的權限控制到其中一個叢集中，或者直接遺漏掉某個叢集沒有在更新權限資訊。不幸的是，如果你為自有機房內的叢集定義 RBAC 權限資訊，狀況會比身分認證來的複雜一點。目前有一些解決方案（例如：Azure Arc for Kubernetes）可以提供自有機房叢集的 RBAC 能力，但如果這個服務無法在你的環境中使用，利用基礎建設及程式碼搭配版本控制來定義並套用權限資訊到所有的叢集也是可行的方案之一。

同樣地，當你需要為叢集定義政策時，能夠讓這些政策存放在單一來源，使用單一儀表板來管理所有叢集的規範狀態也是很重要的。如同 RBAC 的權限控制，雲端供應商通常提供全域服務來統一控管這些政策，但是自有機房則沒有多少選項可供選擇，同樣使用基礎建設及程式碼來管理這些政策可以彌補這個落差，並確保可以在一個地方管理所有的政策設定。

如同為應用程式開發撰寫正確的單元測試及編譯環境，為多個 Kubernetes 叢集設定良好的基礎，來確保應用程式在整個基礎建設中可以穩定運作也是很重要的。在接下來的章節中，我們會討論如何將應用程式建立在多叢集的環境中。

從最上層的負載平衡開始談起

當你開始考慮將應用程式部署到多個地點時，勢必需要思考使用者如何存取這些應用程式，通常我們會從一個網域名稱開始（例如：my.company.com）。我們花了許多時間探討要怎麼建立應用程式並運作在不同的地方，然而更需要注意的是存取這些應用程式的實作方法，因為很顯然的，除了要讓使用者可以存取應用程式，同時設計如何讓使用者存取應用程式可以大幅提高非預期的流量、或者錯誤發生時可以有能力快速的反應並重新轉發流量。

存取應用程式從網域名稱開始，這表示多叢集的負載平衡策略從 DNS 查詢開始，也就是說 DNS 查詢是第一個可以選擇負載平衡政策的地方。傳統的負載平衡做法是透過 DNS 查詢來將流量導向特定的區域，這種方法通常稱為「地理位置 DNS 解析（GeoDNS）」。地理位置 DNS 解析的機制會根據客戶實際所在的地點回應不同的 IP 地址，回覆的 IP 位置通常是最靠近客戶端的區域性叢集。

儘管地理位置 DNS 解析依舊被許多不同的應用程式使用，而且可能也是自有機房的應用程式唯一可用的方法，但同樣它也有一些缺點。第一個是 DNS 結果通常會在網路上的不同地方被快取暫存下來，儘管你可以透過設定 DNS 的存活時間（time-to-live - TTL）來減少這樣的狀況，但還是有許多環境會忽略 TTL 的設定來追求更高的效能。在穩定的環境下，這樣的快取資訊並沒有什麼大問題，因為不考慮 TTL 的話 DNS 也相對的穩定。但是當你需要將流量從一個叢集移動到另一個叢集的時候會變得非常棘手，舉例來說，當你需要回應一個特定資料中心的故障時，在這樣的緊急狀態，如果 DNS 的查詢結果依舊被暫存的話，會延長服務中斷的時間所造成的影響。另外，地理位置 DNS 解析會根據客戶端的 IP 位置猜測使用者的實際所在地，但是也經常發生在不同地區的使用者經過同一個防火牆後，對 DNS 伺服器來說是同樣的 IP 位置而猜錯使用者實際的位置。

除了 DNS 之外另一個在叢集間負載平衡的技術稱為**任播**（*anycast*），在任播網路環境下，一個固定的 IP 位置會從多個地方透過核心路由通訊協定廣播到網際網路。過去我們的認知是一個 IP 位置對應到一台機器。但是在任播網路的環境下，IP 位置其實是一個虛擬位置，這個位置的實際路由到哪邊由你的網路位置決定，流量會根據網路的效能而不是實際地理距離被路由到「最接近（最快）」的地方。通常任播網路的效能會比較好，但並不是所有環境都支援這個技術。

最後要考慮負載平衡的設計是要應用在 TCP 層還是 HTTP 層。目前為止我們只討論了 TCP 層的負載平衡，但是大多數的網頁應用程式利用 HTTP 層的負載平衡會有更多好處。如果你開發的是 HTTP 為基礎的應用程式（近期大多數的應用程式都是這樣設計），選擇全球 HTTP 負載平衡可以得到更多客戶端通訊的資訊，例如，你可以根據瀏覽器的 Cookie 來決定要負載平衡到哪一個後端伺服器。除此之外，因為負載平衡器能解析通訊協定的內容，可以根據 HTTP 請求做出更聰明的路由選擇，而不是像 TCP 負載平衡只是傳遞資訊流。

不論你最後的選擇是什麼，最後服務的位置都會從全球 DNS 端點解析出一組包含多個區域 IP 地址的結果，讓應用程式能夠被存取，這些 IP 位置通常就是前面章節提到的 Kubernetes Service 或 Ingress 資源。一旦使用者的流量進到這些端點後，會在叢集上根據你的設計轉發到對應的應用程式上。

為多叢集環境建立應用程式

當我們選擇好負載平衡的方法後，下一個挑戰是如何解決多叢集環境應用程式的狀態。理想上你的應用程式並不需要保留狀態，或者所有的狀態都是唯讀的。這樣的情況下你並不需要擔心多叢集的應用程式部署，你的應用程式可以獨自運作在不同的叢集上，經過負載平衡器將流量導入不同的叢集就完成任務了。但不幸的是，多數的應用程式必須要確保不同副本之間的應用程式狀態是一致的，如果沒有有效地管理這些狀態，使用者最終的體驗將是混亂且不完整的。

要了解為何多副本之間的狀態差異會影響使用者體驗，我們用簡單的零售商店當作範例。很顯然的，如果只把客戶的訂單存在多叢集中的其中一個，客戶可能會因為負載平衡、或移動到不同的地理位置時存取到不同的叢集，失去這個訂單紀錄而感到不安，所以將使用者狀態複製到不同區域的叢集是很重要的。或許資料複製對於客戶體驗影響的連結是有點模糊的，但是我們可以將這個挑戰簡化成：「我可以自己讀取剛剛寫入的內容嗎？」，或許這時候你會發現答案應該很明顯就是「是」，但是要達到這個目標比想像中要再難一些。考慮下面的情境，當使用者在電腦上下訂單，但是馬上利用手機查詢這個訂單的內容，進入應用程式的流量或許會從兩個不同的網路進入到兩個不同的叢集中，使用者期待可以看到剛剛建立的訂單就是典型資料**一致性**的範例。

一致性決定你如何思考資料複製的方法，我們假設需要資料維持一致，也就是說，我們要能夠在任何時候讀取到相同的資料。但是困難的因素是時間，我們需要多快的確保資料一致性？而我們又要如何在資料不一致的時候獲得錯誤訊息？有兩種資料一致性的模型：**強一致性**，這個模型會確保資料寫入並複製到所有副本後才算成功；**最終一致性**，這個模型寫入後會立刻視為成功，並只保證在未來的某一個時間點資料會複製到其他副本上。有些系統也會提供讓客戶端決定每一個請求要採取哪種一致性模型。舉例來說，Azure Cosmos DB 實作了**有限一致性**，在這個模式下允許在最終一致性的系統中，依舊留有特定條件的舊資料一段時間。Google Cloud Spanner 也允許客戶端選擇是否透過讀取舊資料換取比較好的效能。

或許看起來大家都會直接選擇強一致性模型，因為顯然這是最簡單的作法，確保所有資料在任何地方都是相同的。但是強一致性也需要付出代價，需要花費許多精力來確保資料在寫入的時候複製到其他副本上，同時資料複製失敗時也會導致一開始的資料寫入失敗，強一致性的成本更高，更不容易達到最終一致性所能帶來同時處理多筆交易的好處。最終一致性成本低，可以支援更高流量的寫入負載，但是對應用程式開發者而言比較複雜，也比較有可能讓使用者體驗到特殊情況（edge condition）。許多儲存系統只支援單一併發模型，支援多併發模型的儲存系統通常在建立的時候就需要特別指定，選擇不同種的併發模型會對應用程式的設計產生重大的影響，而且事後也很難再修改。因此程式設計的一開始考慮到多叢集環境時，很重要的一步就是必須要決定好併發模型。

部署並管理多副本的有狀態儲存區是非常複雜的任務，需要一個專門的團隊進行設定、維護與監控。你可以認真地考慮為需要複製的資料使用雲端供應商的儲存服務，讓這些複雜的維運工作交給具有大型團隊的雲端供應商來負責。在自有機房的環境，也可以採用其他專注在提供儲存服務公司的產品來減少團隊的負擔，只有在團隊夠大時投資自行建置儲存服務才比較合理。

當你決定好資料儲存層之後，下一步就是完善應用程式的設計。

最簡單的跨區域模型：完整複製的個體（Replicated Silos）

最簡單的方式讓應用程式散佈在不同叢集跟區域的方法，就是將整個應用程式完整複製到每個區域。不論在哪個叢集內，每一個應用程式的個體都是完全一模一樣的，因為前端有負載平衡器來分佈用戶的請求，你也已經實作了資料複製的功能，確保每個應用程式都有最新狀態，應用程式本身並不需要做太多的改變來支援這個模型。取決於你最終選擇哪一種資料一致性模型，可能會需要處理資料在跨區域同步的過程中有時間差的問題，但只要你選擇的是強一致性，應用程式不需要進行大幅度的重構。

當你按照這個模式設計應用程式的時候，每一個區域都是一個獨立運作的個體。這個區域運作所需的資料都已經在叢集中，所以當請求進入這個區域時，單一叢集就可以應付所有的操作，這個做法最大的好處是減少複雜度，但是總會有一些事情是需要考慮的，而這就是效率問題。

要了解這種區域個體的做法如何影響效率，想像一下你有一個應用程式分佈在世界各地的不同區域，但又必須提供低延遲的服務給使用者，事實是地以位置上的不同區域有些人口密度高，有些人口密度低，假設每個叢集都是完整運作的區域個體，則每一個個體的大小都必須符合最大的地理區域來確保它可以正常運作，這個結果就是地區性的叢集擁有超過所需服務客戶的容量而導致成本太高。減少開支最顯而易見的解決方法就是針對比較小的地區減少應用程式所需的資源數量，或許看起來調整應用程式的大小是很簡單的，但有可能會遇到效能瓶頸或其他需求（例如：一定要維持最少三個副本）。

將原本獨立運作在一個叢集的應用程式分佈到多個叢集上，完整複製的個體設計是最容易達成的，但也要了解這背後是需要付出成本的，尤其是一開始可能看起來可以長久運行，但隨著時間還是有可能需要對應用程式進行重構。

資料分片（Sharding）：按區域分割資料

當應用程式不斷成長，將區域完整個體複製到全世界不同區域時會遇到一個困難點，資料複製的成本變得高昂且浪費，雖然說把資料複製到世界各地對高可靠度來說是好事，但是並不是應用程式的所有資訊都需要坐落在每個叢集內，使用者大多數都只會存取某一些地理範圍內的資料。

除此之外，當你的應用程式朝全世界發展的同時，可能會遇到法規的限制必須要將部分資料存在使用者所在地，不同的國家跟考量也會增加額外的限制來影響使用者資料存放的地點。這些種種的需求意味著最後都需要考慮將資料按照地區分片。資料按照地區分片顧名思義就是根據應用程式的所在地，只存放該區域所需的資料，當然這個會在很大程度上影響應用程式的設計。

我們利用範例來看看是怎麼運作的，想像你有一個應用程式分別部署在六個區域的叢集（A、B、C、D、E、F），我們將應用程式的資料集分割成三個子集合的分片（1、2、3）。

Our data shard deployment then might look as follows:

	A	B	C	D	E	F
1	✓	-	-	✓	-	-
2	-	✓	-	-	✓	-
3	-	-	✓	-	-	✓

每個資料分片都存放在兩個區域來達到冗餘的目的，但是每個區域的叢集只會存放三分之一的資料，也就是說你需要為服務增加額外的路由層到正確的叢集存取資料，這個路由層負責決定使用者的請求應該要轉發到本地或是跨區域的資料分片。

直接在客戶端的程式庫中實作這個路由邏輯或許看似理想，但是我們強烈建議利用分開的微服務進行資料路由。新增微服務看似增加許多複雜度，其實是提供抽象層來簡化設計。與其讓應用程式中的每個服務都需要處理資料路由的議題，你有一個獨立的服務將這些邏輯封裝，其他應用程式都只需要對單一資料服務進行存取即可，應用程式切割成微服務後在多叢集的環境提供了高度的彈性。

更好的彈性：微服務路由

當我們從區域複製的個體，一直討論到多叢集應用程式的部署，其中提到多叢集環境如何影響成本跟效率，但是還有其他因素會影響整個系統的靈活性。當你在建立完整複製的個體時，實際上是建立一個大型的系統（monolithic），而這個是原本容器跟 Kubernetes 想要打破的概念。同時，這個模式也強迫應用程式中的每個微服務隨著區域的數量成長。

如果你的應用程式非常的小巧，或許這個設計很合理，但是當你的服務逐漸成長，尤其是當你的服務開始被多個其他服務所依賴的時候，這種大型系統的做法會大幅影響應用程式的靈活性。如果一個應用程式的部署範圍包含了整個叢集以及 CI/CD 流程，等同於強迫每一個團隊利用同樣的流程來排程並更新應用程式，不論這個流程是否合適。

這邊提供一個範例，假設你有一個大型應用程式需要部署到三個叢集，另外還有一個小型的應用程式正在開發中，要求這個小型應用程式的團隊立刻跟上大型應用程式的規模並不合理，但若應用程式的設計太過死板，這就是一定會發生的事情。

比較好的做法是，將應用程式中的每個微服務都視為開放給用戶直接存取的服務來設計，或許某些微服務並不會真的面對到使用者，但是最好還是根據本章前段的描述提供全球負載平衡器，並且各自管理自己的資料複製服務。不論目的及用途為何，不同的微服務應該要各自獨立，當服務呼叫其他不同的服務時，負載平衡器的運作方式應該要跟處理外部流量的方式相同。有了這一個抽象層，每個團隊都可以擁有自己的多叢集服務，並且隨需要擴張，如同面對單一叢及一般。

當然，應用程式中的每個微服務都這麼做的話會對團隊帶來一定程度的負擔，也同時會增加維運負載平衡器以及跨區域的網路流量成本。如同軟體設計的概念，總是需要在效能跟複雜度之間找出平衡，你需要評估應用程式的特性並且在對的地方加入必要的區隔來設立好服務的範圍，並且同時思考要將那些服務組合成一個可以複製的個體。如同在單一叢集中的微服務，設計會隨著應用程式的成長及改變慢慢調整，當你在設計應用程式的時候，將這些概念放在心裡可以避免在未來應用程式成長時進行大規模的重構。

總結

儘管將應用程式部署到多個叢集增加許多複雜度，但是隨著使用者的期許以及其他需求會使得這些複雜的設計成為應用程式建置過程中的必要條件。設計應用程式時，從基礎建設一路到應用程式的規劃都支援多叢集部署的環境，可以有效地增加應用程式的可靠度，並且大幅降低未來隨著應用程式成長需要進行的高成本重構。多叢集部署最重要的一塊拼圖，就是如何有效的管理並設定每個叢集內的應用程式，不論你的應用程式是區域性還是多叢集部署，接下來的章節都可以確保你可以快速並且可靠的部署應用程式。

第二十二章

整理你的應用程式

到目前為止，本書介紹了許多 Kubernetes 中部署應用程式的元件，包含了如何把應用程式打包成為容器，把容器放到 Pod 中，使用 ReplicaSet 複製 Pod，以及每週更新應用程式。我們甚至討論過如何部署保有狀態的真實世界應用程式，然後把它們變成一個集合部署在分散式的系統上。但是我們一直都還沒有從實際的角度討論過整個流程，像是我們該如何規劃、分享、管理、更新這些應用程式的設定，本章將著重在這個部分。

引導我們的原則

在我們真正開始討論如何規劃應用程式的設定之前，應該思考一下達成這個目的的目標是什麼。對於在 Kubernetes 上開發雲端為基礎的應用程式時，我們考慮的目標是可靠度跟靈活度，但是進入更深一層的細節，究竟這個目標是如何影響應用程式部署跟維護的設計呢？接下來的章節描述幾個原則可以在設計整個結構的時候用來參考：

- 檔案系統是所有的依據
- 程式碼審查確保改動的穩定性
- 功能切換參數用來控制不同階段程式的更新及退版

檔案系統是所有的依據

當你剛開始接觸 Kubernetes 時，如同我們在書中的介紹一樣，我們通常透過一些指令來直接操作叢集，像是以 `kubectl run` 或 `kubectl edit` 來建立並編輯 Pod 或其他叢集中執行的物件。就算我們開始研究如何使用 YAML 或 JSON 檔，也只是把它當作一次性的用途來修改叢集的狀態，而實際上在線上環境中，這些檔案也應該能夠呈現應用程式及叢集的狀態。

除了觀察叢集中的設定，像是 etcd 中的資料來當作依據，更有效的方式是透過檔案系統中 YAML 檔的物件來做為依據，而 Kubernetes 叢集中部署的 API 物件則是存放在檔案系統中 YAML 檔的結果。

有許多原因可以用來驗證這些論點。第一個也是最重要的一點，就是這種方式可以最大幅度地將你的叢集視為不可變的架構。隨著將應用程式設計成雲端為主的架構，我們越來越習慣應用程式的容器是不可變的，但是對於底層的叢集的基礎架構卻不一定這麼想。如同我們將應用程式放在不可變的容器中的理由一般，叢集的基礎架構也應該是不可變的，如果你的叢集使用網路上如雪花般四處分散下載而來的 YAML 檔所組成的話，很有可能跟你用 bash 腳本建立的虛擬機一樣危險。

除此之外，利用檔案系統來管理叢集的狀態可以讓不同團隊成員協作更加簡單。利用版本控制系統來編輯叢集的狀態可以讓整個過程更加清楚，例如遇到資源衝突的時候是如何處理的，以及不同的人編輯的歷史紀錄。

上述動機的總和使第一個原則成為最重要的原因是我們可以說，所有部署在 *Kubernetes* 中的應用程式跟設定都是先從檔案系統中的檔案所開始的，API 的物件只是叢集中根據檔案系統產生的映射。

程式碼審核的角色

程式碼審核在不久前才成為一個新穎的概念，但是現在我們知道，在程式碼送進應用程式之前，經過不同的人進行審核，是一個確保程式品質及可靠度的最佳做法。

而我們也驚訝的發現，同樣的方式應用在部署應用程式的組態檔上非常有效，程式碼審核同樣確保應用程式組態檔的品質及可靠度。想一想，其實程式碼審核對於可靠的服務部署設定也非常重要。根據過去的經驗，多數的服務中斷都來自於自己造成的一些簡單失誤，像是打錯字之類產生無法預期的結果，確保任何組態檔的更改都有兩個以上的人看過，可以大幅度的降低這類型的錯誤。

因此，第二個原則的重點放在應用程式設定檔的結構設計必須要能夠呈現目前叢集上的運作狀態，並且在所有變動被真正套用之前可以被審核。

應用程式功能閘

一旦你的應用程式以及設定檔放進版本控制系統中之後，最常遇到的問題是這樣要如何對照不同程式碼倉庫之間的關聯。你應該使用同樣的程式碼倉庫來存放應用程式原始碼和設定嗎？對於一些小型的專案或許可行，但是對於較大的專案通常把設定檔分開會比較好。就算是同一個人負責設計和部署應用程式，通常程式的設計者跟應用程式的部署者所關注的焦點不同，這樣的差異足以將應用程式的程式碼跟部署的設定檔分開。

但如果是這樣設計的話，我們該如何將程式碼中的新功能，與實際上應用程式部署到生產環境的設定檔做連結呢？應用程式的功能閘（feature gates）就是一個重要的角色。

想法是這樣，當新的功能在程式碼中進行開發後，將新的功能全部包在一個程式功能切換參數中（或稱為**功能閘**），功能閘類似這樣：

```
if (featureFlags.myFlag) {
    // Feature implementation goes here
}
```

這樣做有許多好處，首先，你可以在功能被部署生產之前提早將程式碼準備好，這讓你在開發新功能的過程中更容易與程式碼倉庫中的 `HEAD` 對齊，而不需要在功能正式上線之前進行大量可怕的衝突排除。

利用功能閘的做法代表你只需要對應用程式的設定檔改變一個簡單的參數就可以控制整個功能的啟用與否。這樣我們可以確保生產環境的改變是非常清楚的，而且在應用程式運作出現問題的時候可以很輕易的退版並關閉相關功能。

使用程式功能切換參數不但簡化線上環境的除錯過程，也確保關閉功能的時候不用將整個應用程式的還原成較舊的版本，而使得新版本中其他應用程式的改進及除錯都一起被移除。

第三個原則是將程式碼的新功能包在功能切換參數之中，並在程式碼放進版本控制之後預設是關閉的，只有透過程式碼審核的組態檔來啟用。

使用版本控制系統來管理應用程式

現在我們決定檔案系統的狀態應該要能夠成為叢集狀態的依據，下一個重要的問題就是，到底要怎麼在檔案系統中擺放這些設定檔。很顯然的，檔案系統使用階層式的目錄，版本控制系統又有標籤跟分支的功能，所以這個章節將把這兩種特性組合在一起來管理應用程式。

檔案系統的架構

透過這個小節，我們會解釋如何在檔案系統中擺放單一叢集的單一應用程式的設定，後續的章節會介紹如何使用參數來給多個應用程式的執行個體來使用。如果一開始就把檔案系統的架構設計好是很簡單的，但是如同你在版本控制中改動應用程式中套件的位置一樣，如果你在事後才回頭修改應用程式部署的組態檔架構，它的複雜程度跟所需的成本可能讓你選擇放棄。

首先可以選擇用來組織應用程式設定檔的，是使用應用程式的元件來切割（像是：前端程式、後端佇列程式等等）。一開始使用這種方法也許看起來大材小用，因為同一個團隊控制所有的元件，但是當團隊逐漸成長，最後這些功能勢必會慢慢分開由不同的小組來管理。

因此，假設一個應用程式有一個前端並使用兩個服務，檔案結構會類似這樣：

```
frontend/
service-1/
service-2/
```

應用程式的設定組態儲存在各別的資料夾中，每一個 YAML 檔可以直接對應到叢集中物件的狀態。檔案名稱同時結合服務的名稱及物件的種類是個不錯的方法。

儘管 Kubernetes 允許你將不同的物件放在同一個 YAML 檔中，但是我們通常盡可能避免這種方式。將數個物件放在一起的唯一理由是它們在概念上相同。如何決定什麼物件應該被放在一個 YAML 檔中，可以參考設計應用程式時定義一個類別或結構時所用的原則，如果放在同一個檔案中的並不是同一個概念的物件，或許應該考慮分開。

因此，使用前面的範例來延伸，檔案結構應該長這樣：

```
frontend/
   frontend-deployment.yaml
   frontend-service.yaml
   frontend-ingress.yaml
service-1/
   service-1-deployment.yaml
   service-1-service.yaml
   service-1-configmap.yaml
...
```

管理週期性的版本更新

那我們要怎麼樣管理多個版本呢？能夠回頭查看上一個版本的應用程式部署設定非常有幫助。同樣的，在應用程式的組態檔不斷的更新的同時，留下穩定版本的組態也非常方便。

所以，如果能同時保有不同版本的應用程式組態對我們來說會非常有用。有兩種方法可以使用，一個是透過版本控制系統，一個是透過檔案系統。第一種我們介紹的是使用標籤、分支跟版本控制系統的功能，這使用起來非常方便，因為就跟你平常在使用版本控制系統一樣，而且資料夾結構也會比較簡單。另一種方法則是將組態檔根據不同版本複製成不同的資料夾，這種方法非常直觀，所有版本的組態都一目了然。

事實上這兩種方法並沒有太大的差異，純粹是選擇一種團隊比較習慣的方式，所以在最後做出決定之前，你可以先跟你的團隊成員好好討論一下。

利用分支及標籤做版本控制

當你使用分支跟標籤來管理不同版本的組態檔時，稍早小節內介紹的資料夾結構可以沿用。當你需要發布一個新的版本的時候，可以直接用版本控制系統建立一個標籤（例如：`git tag v1.0`），標籤代表各個版本的應用程式所使用的組態檔，而 `HEAD` 則代表組態檔在版本控制系統中的演進。

更新發布版本的組態檔時會有點複雜，但是做法跟平常使用版本控制系統的差異並不大。首先，你提交組態檔的改變到版本控制系統的 `HEAD`，接著你在標籤 `v1.0` 建立一個新的分支稱為 `v1`，然後你 cherry-pick 想要的更動到發布版本的分支（`git cherry-pick` *<edit>*），然後你將這個分支的標籤更新為 `v1.1` 來代表一個新的發布版本。這個做法可以參考圖 22-1。

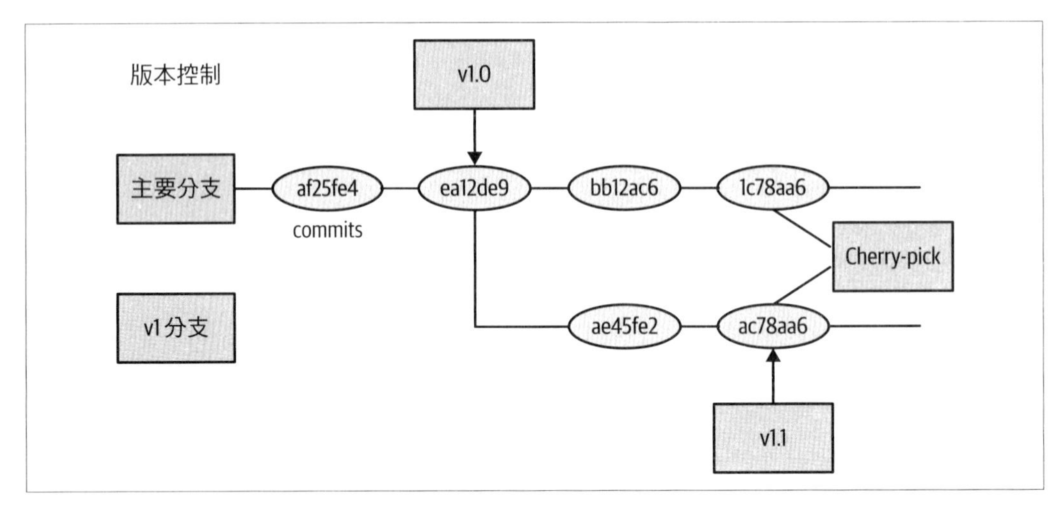

圖 22-1 Cherry-pick 流程

常見的錯誤是 cherry-pick 一個修訂版本到發布版本的分支，但是只有套用在最新的版本上，我們建議可以將修訂版本套用到所有正在使用的發布版本上，以確保你需要退板時這些修訂都還是有效的。

利用資料夾做控制版本

另一種版本控制的方法是使用檔案系統的特性，這種作法將每一個版本的組態檔放在各別的目錄中。舉例來說，你的應用程式資料夾結構可能長這樣：

```
frontend/
  v1/
    frontend-deployment.yaml
    frontend-service.yaml
  current/
    frontend-deployment.yaml
    frontend-service.yaml
service-1/
  v1/
     service-1-deployment.yaml
     service-1-service.yaml
  v2/
     service-1-deployment.yaml
     service-1-service.yaml
```

```
    current/
      service-1-deployment.yaml
      service-1-service.yaml
  ...
```

也就是說，每一個版本的組態檔放在同一個階層下各自的資料夾內。所有的部署都是使用 HEAD 而不是特定的標籤或版本號，當你需要新增一個組態檔時，你只需要在當下的目錄進行編輯即可。

如果你需要發布一個新的版本，你可以複製**當前**的目錄成為一個新的發布版本。

而遇到需要發布程式錯誤修訂的版本時，你需要修改所有相關版本的 YAML 檔案，並發出一個 pull request。這比使用 cherry-pick 的方法要稍微簡單一點，在使用上看起來會比較直觀，因為相較於 cherry-pick 各個不同的版本，這個做法在一個變更中會列出所有版本的更動。

規劃適合開發、測試、部署的應用程式檔案架構

除了考慮週期性版本更新的應用程式檔案架構之外，你可能也會希望你的架構可以同時用來針對敏捷開發、品質測試以及可以被安全的部署，這讓程式開發者可以快速的開發並測試分散式的應用程式，並且安全的將程式部署到客戶的手上。

目標

關於部署及測試，我們關注兩個目標，第一個是開發者應該要可以輕易地開發新功能。在多數的案例中，開發者通常針對單一元件進行開發，而這個元件可以跟叢集中的其他微服務溝通，所以對開發者來說，可以在自己的環境中開發，同時也能跟其他服務溝通是很重要的。

另一個目標則是將應用程式規劃好，讓它能在部署前進行準確的測試，這對於程式可以同時保有快速更新及高度穩定性來說非常重要。

版本發布的不同階段

要達成上述兩點目標，我們應該要能夠將稍早提到的發布版本與版本控制的不同階段相對應，這些不同的階段分別是：

`HEAD`
: 應用程式修改後最後的一份組態檔。

開發（*Development*）
: 大致上穩定但還沒有準備好發布的版本，適合開發者建立新的功能。

測試（*Staging*）
: 提供測試的版本，除了發現問題之外不會再做變動。

金絲雀（*Canary*）
: 第一個發布到使用者手上的版本，用來測試真實世界的流量是否有問題，並且讓使用者嘗試下一個版本的新功能。

發布版本（*Release*）
: 當前線上的生產版本。

使用 development 標籤（development tag）

不論你是使用檔案系統還是版本控制系統，來管理你的發布版本，開發階段都應該透過版本控制系統的標籤來分辨，這是因為開發的過程通常非常快速，且為了穩定性通常只比 `HEAD` 稍微落後。

當你在開發階段時，一個新的 `development` 標籤新增到版本控制系統中，然後透過自動化的流程將這個標籤往前移動。在週期性的版本更新中，`HEAD` 通常會通過自動化的整合測試，如果測試通過，`development` 標籤就會自動移動到 `HEAD` 的位置。因此，開發者在部署本地環境時，可以持續追蹤最近的變動，開發者也可以同時假設這個部署的組態檔至少通過特定的煙霧測試（smoke test）。這個做法可以參考圖 22-2。

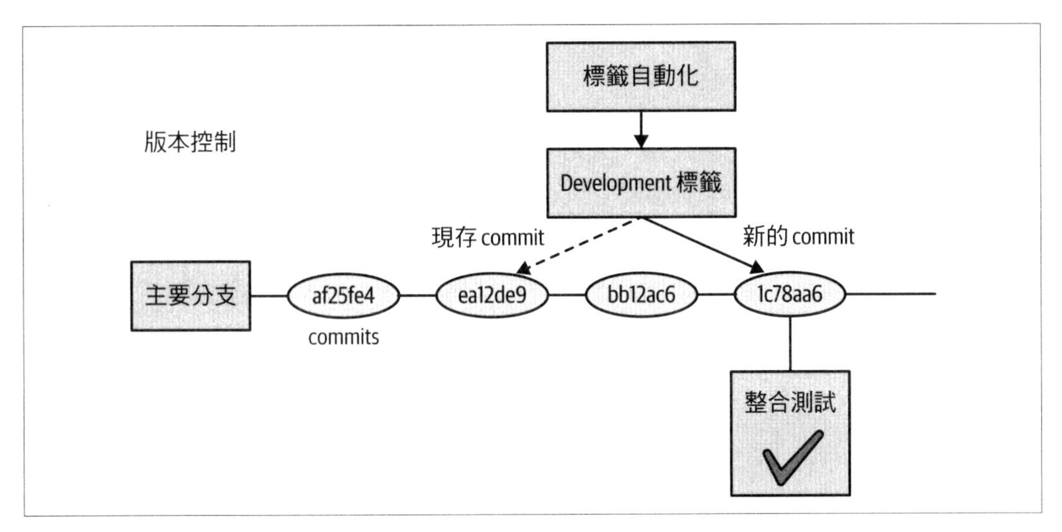

圖 22-2　開發標籤流程

對應版本到不同的開發階段

或許不同開發階段各自擁有一組新的組態看似非常誘人，但是事實上，如同二維陣列般的版本跟開發階段對應表會把整件事情搞得非常複雜難懂。因此正確的做法應該是把版本跟開發階段做直接的對應。

不論你使用檔案系統還是版本控制系統來呈現不同版本的組態檔案，建立一個開發階段到版本的對照表並不難。在檔案系統的例子中，你可以使用符號連結（sybolic link）來對應開發階段的名稱跟版本號：

```
frontend/
   canary/ -> v2/
   release/ -> v1/
   v1/
     frontend-deployment.yaml
...
```

如果使用版本控制系統，可以單純使用額外的標籤來標示這些合適的版本。

不論你的選擇是哪一種，發布版本的管理可以使用前面所描述的方式，在適當的時候將不同的開發階段不斷的往新版本移動，也就是說同時會有兩個步驟進行著，一個是決定新的版本，第二個則是確認版本是在哪一個應用程式的開發階段。

使用模板來為應用程式提供參數

做好版本跟開發階段的對應表後，你會發現很難將對應表維持相同，但同時，維持環境一致又非常的重要。個別版本環境的差異可以像滾雪球一般變得難以控制，假設你的測試環境跟你的生產環境不同，你有辦法信任在測試環境上進行的負載測試品質嗎？為了確保你的環境盡可能地維持一致，使用參數來調整環境是非常有用的。我們可以使用**模板**來建立大量參數化的環境，透過有限的參數來產生最終的組態檔。一個共用的模板就可以滿足大部分的組態檔需求，然後在一定的範圍內使用不同的參數檔，這樣可以很清楚的分辨不同的環境。

使用 Helm 及模板

有許多種不同的做法可以把組態檔參數化，通常他們都會將檔案分成**模板**，也就是一些由變數組成的組態檔，以及個別的**參數**檔可以套用到模板中的變數組合成最後的組態檔。除了參數之外，大多數的模板語言也允許為沒有設定值的變數提供預設值。

接下來的範例我們將介紹如何使用 Kubernetes 的套件管理工具——Helm（*https://helm.sh*）來將組態檔參數化。不論不同模板語言的使用者怎麼說，大部分的模板語言其實都雷同，如同程式語言，要選擇哪一種端看你個人或團隊的喜好而決定。因此，接下來介紹使用 Helm 的方法，也同樣適用在你選擇的模板語言上。

Helm 的模板語言使用「雙大括號」來撰寫，如同範例：

```
metadata:
  name: {{ .Release.Name }}-deployment
```

這裡的意思是 `Release.Name` 會被替換成這個 deployment 的名稱，

要將參數傳到模板中，你可以使用一個 *values.yaml* 檔，看起來會像這樣：

```
Release:
  Name: my-release
```

參數替換後，可以看到結果如下：

```
metadata:
  name: my-release-deployment
```

參數化後的資料夾結構

現在知道要怎麼將你的組態檔參數化了，但我們該怎麼整合前面所提到的資料夾結構呢？我們不再將個別的發布版本透過指標連結到不同的開發階段，而是將開發階段跟參數檔案整合在一起。舉例來說，我們有下面這樣的資料夾結構：

```
frontend/
  staging/
    templates -> ../v2
    staging-parameters.yaml
  production/
    templates -> ../v1
    production-parameters.yaml
  v1/
    frontend-deployment.yaml
    frontend-service.yaml
  v2/
    frontend-deployment.yaml
    frontend-service.yaml
...
```

使用版本控制來做的話整個資料夾看起來差不多，但是個別的參數檔及開發階段會改成放在組態檔的根目錄：

```
frontend/
  staging-parameters.yaml
  templates/
    frontend-deployment.YAML
...
```

在世界各地部署你的應用程式

現在你有不同的版本對應到不同的開發階段，最後一步則是將你的組態檔規劃成可以部署到世界各地的環境中，但千萬不要以為這種方法只能使用在大規模的應用程式，它可以被用在兩個到世界各地上百個區域中。在雲端環境中，當整個區域中斷時，你只能選擇部署到多個區域（並且管理它們）來減少使用者服務中斷的時間。

全球部署的架構

通常，一個 Kubernetes 叢集只會部署在單一區域，同時一個 Kubernetes 叢集預期也只會有一套完整的應用程式運行。所以，全球化的部署會包含許多個不同的 Kubernetes 叢集，每一個都有自己的一套應用程式組態。如何建立全球部署的應用程式不在本章的範圍內，尤其像是跨區資料複製同步這種比較複雜的主題，我們會將重點放在如何在檔案系統中管理這些全球化部署的應用程式組態檔。

概念上，每一個區域的組態檔如同開發週期中不同的階段。因此，增加不同區域的組態檔跟新增一個開發週期的方法類似，舉例來說，除了：

- 開發版本
- 準線上版本
- 金絲雀版本
- 線上版本

你可能會有：

- 開發版本
- 準線上版本
- 金絲雀版本
- 美東版本
- 美西版本
- 歐洲版本
- 亞洲版本

在資料夾中區分這些版本組態的方法，會像是這樣：

```
frontend/
  staging/
    templates -> ../v3/
    parameters.yaml
  eastus/
    templates -> ../v1/
    parameters.yaml
  westus/
    templates -> ../v2/
    parameters.yaml
  ...
```

如果你選擇使用版本控制跟標籤，則資料夾會類似這樣：

```
frontend/
  staging-parameters.yaml
  eastus-parameters.yaml
  westus-parameters.yaml
  templates/
    frontend-deployment.yaml
...
```

使用這種資料夾結構，你可以每一個新的區域都使用新的標籤，並且使用該標籤版本的組態檔來部署服務。

實作全球部署

現在全世界每一個區域都有自己的組態檔，衍生的問題變成你該如何更新不同區域的組態檔。使用多個區域最主要的目的是確保服務的高可靠度跟可用狀態。雖然說將問題架構在雲端或資料中心的服務中斷上是很合理的，但事實上大多數的服務中斷都發生在新版本的軟體發布之後。因此，服務高可靠度的關鍵在於限制「全面性」的變動。也就是說，當你在不同區域發布新的版本時，最好是小心地在不同區域之間一個一個循序漸進的釋出，以確保你有辦法在第一個區域發布之後進行驗證並增加信心，接著才往下一個區域更新。

全球化的軟體更新相較於單一指令一次更新來說，比較像是一個工作流程，一開始你先在測試環境上發布新版，並且更新到最新的版本，接著再慢慢更新到每一個區域。但是你該如何組織這些不同的區域，而你又該花多少時間驗證每一個區域的部署呢？

你可以使用一些工具，像是 GitHub Actions（*https://oreil.ly/BhWxi*）來自動化這些部署流程，它提供了宣告式的語法來定義工作流程並且存放在版本控制系統中。

從一個區域換到下一個區域部署中間所需要等待的時間取決於你的應用程式「平均發生問題」所需的時間，這個時間通常代表新版本的程式發布後，發現問題（如果有的話）所需要的平均時間。很顯然的，發現每一個不同的問題需要不同長度的時間，所以你需要了解**平均**所需要的時間。管理大規模的應用程式或許是個商業機會，但是並非必要，所以你可能會想要等到應用程式出錯率降低到你覺得舒服時，才開始往下一個區域移動。有時候你可以從應用程式平均出錯時間乘以兩到三倍當作一個起點，但一切還是取決於應用程式本身。

要決定區域的更新順序之前，你需要先了解每一個區域特性。舉例來說，你可能會有高流量的區域跟低流量的區域，根據應用程式的性質，也許有一些功能在某些地理區域特別受歡迎，你需要仔細考量這些特性，來決定新版本發布的時程表。你可能會想要先從流量低的區域開始更新，這樣可以確保發生問題的時候可以控制受影響的範圍，這並不是絕對的規則。有些早期的問題常常很嚴重，在你第一個區域更新之後立刻就會顯現出來，所以，減少使用者受到的類似問題的影響比較合理。接著，你可以開始更新到高流量的區域，一旦你成功的透過低流量的區域驗證新版的應用程式是正常的，你就可以開始測試大規模流量的環境下是否會出現問題，要這麼做唯一的辦法是將應用程式發布到單一的高流量區域。當你成功的讓應用程式在高低流量都經過驗證後，就可以肯定你的程式準備好部署到世界各地了。不過，如果每個區域都有一些差異，你可能會希望減緩部署的節奏，確保不同地理區域都測試過，然後才大量部署。

當你決定好發布新版本的時程表後，確保每一次的新版本發布都能夠按照同樣的時程表進行是很重要的，不論這個更新是大還是小。很多服務中斷的原因都來自於人們急於修改一些程式的問題而加速發布的時程表，或者人們相信這是「安全的」。

全球部署的儀表板跟監控

當你在開發小規模的程式時，或許會覺得監控跟儀表板是一個很奇怪的概念；但是當應用程式規模成長到中型甚至大型的時候，你可能會發現有不同的版本部署在不同的區域中，會發生這樣的狀況有許多不同的可能性（例如：版本部署失敗、被中斷、或者遇到特定區域的問題），如果你不小心地追蹤這些問題，最後可能會如雪球般變得難以控制這些分散在世界各地不同版本的應用程式。除此之外，客戶可能會問你某一個問題處理好了沒，而這個問題最後變成「這個版本部署了嗎？」

因此，開發一個可以一眼告訴你不同區域部署版本的儀錶板變得不可或缺，同時也可以警告你當前有太多不同版本的應用程式正同時被使用著。最好的辦法是控制同時在線上的版本不要超過三個，一個用來測試，一個用來更新，一個是原本在線上準備被取代的版本，任何超過這個數量的線上版本都是在給自己找麻煩。

總結

這個章節簡單的介紹了如何在 Kubernetes 上管理軟體的版本，開發階段跟不同區域的叢集，這邊提到有效組織應用程式的基本觀念，是利用檔案系統、程式碼審核來確保更動的品質，並且利用程式功能參數來控制新功能的啟用跟關閉。

無論如何，本章提到的作法應該能夠給你一些啟發跟參考，但並非只能用這種方法來實作。了解書中提到的做法之後，跟你現有的應用程式環境做一些整合，找出最適合的使用方式。請記住，當你決定應用程式在資料夾中的架構時，你同時也在為了接下來數年的使用流程訂定標準。

建立自己的 Kubernetes 叢集

對 Kubernetes 的體驗通常在公有雲上的虛擬世界 ，瀏覽器或終端機是最接近叢集的地方，然而在裸機上構建 Kubernetes 叢集，對於實體機上是非常有幫助的經驗。同樣地，沒什麼能比真實拔掉節點上的電源或網路，並看到 Kubernetes 如何恢復應用程式，更能說服你 Kubernetes 的實用性。

建立自己的叢集看起來既是項艱鉅又昂貴工作，但幸運地，它都不是。透過利用低成本系統單晶片（system-on-chip），以及社群為了讓 Kubernetes 更容易安裝在上面而做了很多功夫，這表示著可以在幾個小時內，建立小型 Kubernetes 叢集。

在下面的說明中，這裡專注於構建樹莓派叢集，但稍加修改後就能用相同的方法來處理各種單板機。

零件清單

第一件事就是為你的叢集組裝這些零件。這裡所有的範例中，會假設一組四個節點叢集。如果你想要，也可以建立一組三個節點的叢集，或甚至一百個節點的叢集，但是我們會用四個為例。首先，需要購買（或跟別人要）構建叢集所需的各種零件。

以下是購物清單，這是撰寫本書當時的價格，可能跟你現在購買的價格略有差異：

1. 四個樹莓派 4 代，至少 2 GB 的記憶體——180 美金
2. 四個 SDHC 記憶卡，至少 8GB（一定要買 high-quality 的！）——30-50 美金
3. 四條 12 英吋 Cat.6 的乙太網路線——10 美金
4. 四條 12 英寸的 USB-A 轉 Micro USB 充電連接線——10 美元
5. 一個 5 埠 10/100 乙太網路交換器——10 美金
6. 一個 5 孔 USB 充電器——25 美金
7. 一個可以放四個樹莓派的機殼——40 美金（或自己做）
8. 一條 USB 電源連接線，用於網路交換器（選用）——5 美金

整個叢集總計約 300 美金，你可以只構建一組三節點的叢集就好了，再捨去機殼和 USB 電源連接線，能夠將費用降到 200 美金（雖然機殼和線纜，可以讓整個樹莓派看起來比較整齊）。

千萬不要省記憶卡的錢。低階記憶卡的不穩定會影響叢集。如果省錢，那麼買一張容量較小，但是是要 high-quality 的記憶卡。high-quality 的 8GB 記憶卡，現在每個約 7 美金左右。

一旦準備好這些零件就可以開始著手構建 kubernetes 叢集了。

你準備一個能夠讀取 SDHC 記憶卡的裝置。如果沒有，那你需要購買一個 USB 的 SDHC 讀卡機。

燒錄映像檔

Ubuntu 20.04 映像檔預設支援樹梅派 4 代，且也是常見用來運行 Kubernetes 的作業系統，最簡單的安裝方法可以參考樹梅派專案網站的使用樹梅派映像檔製作器（*https://oreil.ly/ 4s8Wa*）：

- macOS（*https://oreil.ly/g7Lzw*）
- Windows（*https://oreil.ly/Y7CD3*）
- Linux（*https://oreil.ly/u4YvC*）

利用映像檔製作器將 Ubuntu 20.04 寫入每一張記憶卡內，Ubuntu 不會是製作器預設的映像檔，但你可以修改選項來選取。

第一次開機

首先要做的就是將 API 伺服器開機。組裝叢集，並決定哪個是 API 伺服器。接著需要插入記憶體卡、將螢幕傳輸線插入 HDMI 輸出接口，然後將鍵盤插入 USB 接口上。

接下來，接上電源，啟動電路板。

利用用戶名 **ubuntu**，和密碼 **ubuntu** 登錄。

應該對樹莓派（或任何新裝置）的第一件事就是改預設密碼。每個安裝程式的預設密碼，那些圖謀不軌的人都清楚知道。這會讓你的設備在網際網路中變得不安全。請將預設密碼改掉！

對叢集中的每個節點重複這些步驟。

設定網路配置

接下來是設定 API 伺服器的網路。設定 Kubernetes 叢集的網路非常複雜，在接下來的範例中，我們設定單台機器透過無線網路連到網際網路，利用乙太網路連接叢集網路並提供 DHCP（動態主機設定協定）伺服器來提供叢集中其餘的節點 IP 位置。網路架構如下圖所示：

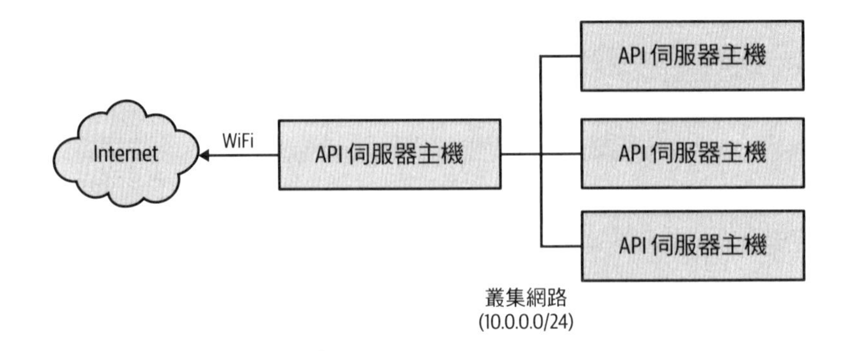

決定哪一台主機用來運行 API 伺服器及 etcd 服務。通常比較容易記住的辦法就是利用堆疊中最底層的那台節點當作 API 伺服器，但利用標籤來標示也是一個方法，

要啟用這兩個服務，可以編輯 */etc/netplan/50-cloud-init.yaml*，如果檔案不存在，可以自行建立，檔案內容可以參考下列範例：

```
network:
    version: 2
    ethernets:
        eth0:
            dhcp4: false
            dhcp6: false
            addresses:
            - '10.0.0.1/24'
            optional: true
    wifis:
        wlan0:
            access-points:
                <your-ssid-here>:
                    password: '<your-password-here>'
            dhcp4: true
            optional: true
```

這個設定會將主要的乙太網路介面設定在固定的 IP 位置 10.0.0.1 並且將 WIFI 介面連接至你的 WIFI 環境，接著需要透過 `sudo netplan apply` 來套用更新設定。

重開機來取得 10.0.0.1 的 IP 位置，你可以利用 `ip addr` 這個指令來觀察並驗證 `eth0` 的 IP 位置，同時也可以驗證網際網路是否暢通。

接著我們將安裝 DHCP 伺服器到這台 API 伺服器中，這樣可以為叢集內的其他節點分配 IP 位置，執行：

```
$ apt-get install isc-dhcp-server
```

然後按以下方法，設定 DHCP 伺服器（檔案為於 */etc/dhcp/dhcpd.conf*：

```
# 設定域名，基本上可以任意設定
option domain-name "cluster.home";

# 範例預設使用 Google DNS，你也可以用 ISP 所提供的 DNS 取代
option domain-name-servers 8.8.8.8, 8.8.4.4;

# 我們使用 10.0.0.X 作為子網路
subnet 10.0.0.0 netmask 255.255.255.0 {
    range 10.0.0.1 10.0.0.10;
    option subnet-mask 255.255.255.0;
    option broadcast-address 10.0.0.255;
    option routers 10.0.0.1;
}
default-lease-time 600;
max-lease-time 7200;
authoritative;
```

另外還需要編輯 */etc/defaults/isc-dhcp-server* 以將 `INTERFACES` 環境變數改設置為 `eth0`。利用 `sudo systemctl restart isc-dhcp-server`，重啟 DHCP 伺服器。現在主節點應該分配到一組 IP 位址了。可以將第二台設備，用乙太網路接到交換器來測試。第二台設備，應該會從 DHCP 得到 10.0.0.2 的 IP 位址。

請記得，編輯 */etc/hostname*，將名稱修改為 `node-1`。要讓 Kubernetes 可以正常使用網路，你也必須要設定 `iptables` 來橋接網路流量，建立一個檔案在 */etc/modules-load.d/k8s.conf* 並且只需要包含純文字 `br_netfilter`，這樣會讓 kernel 啟動 `br_netfilter` 模組。

接著你需要啟動一些 `systemctl` 參數，讓網路橋接與地址轉換（NAT），以正常啟動 Kubernetes 的網路，並且同時也讓其他節點可以存取網際網路。建立一個檔案 */etc/sysctl.d/k8s.conf* 並新增內容：

```
net.ipv4.ip_forward=1
net.bridge.bridge-nf-call-ip6tables=1
net.bridge.bridge-nf-call-iptables=1
```

接著編輯 */etc/rc.local*（或其他相同功能的檔案）並增加 iptables 的規則將 eth0 的流量轉發到 wlan0（反之亦然）：

```
iptables -t nat -A POSTROUTING -o wlan0 -j MASQUERADE
iptables -A FORWARD -i wlan0 -o eth0 -m state \
  --state RELATED,ESTABLISHED -j ACCEPT
iptables -A FORWARD -i eth0 -o wlan0 -j ACCEPT
```

此時，基本的網路設定應該完成了。將剩下兩塊樹莓派接上電源開機（應該看到它們分配 10.0.0.3 和 10.0.0.4 的 IP 位址）。編輯每台機器上的 */etc/hostname* 檔，分別命名為 node-2 和 node-3。

首先驗證檔案 */var/lib/dhcp/dhcpd.leases*，然後用 SSH 連接至節點（記得更改預設密碼）。檢查節點是否可以連接到外部網際網路。

進階技巧

網路設定還有一些技巧，能夠更輕鬆地管理叢集。首先是編輯每台機器上的 */etc/hosts*，以將名稱映射到正確的地址。在每台機器上新增：

```
...
10.0.0.1 kubernetes
10.0.0.2 node-1
10.0.0.3 node-2
10.0.0.4 node-3
...
```

現在可以使用這些名稱連接到這些機器。

第二是，設置無密碼 SSH 登入。執行 ssh-keygen，然後將 *$HOME/.ssh/id_rsa.pub* 檔，複製到 node-1、node-2 和 node-3 中的 */home/ubuntu/.ssh/authorized_keys*。

安裝容器執行階段

在安裝 Kubernetes 之前，你需要安裝容器執行階段。有許多不同的執行階段可以選擇，但大多數採用的是 Docker 的 containerd，在 Ubuntu 的套件管理員中就有提供 containerd，不過版本會有一點老舊，雖然會多一點步驟，但我們建議直接從 Docker 專案安裝。

第一步是設定 Docker 的儲存庫並安裝套件到你的系統中：

```
# 一些前置步驟
sudo apt-get install ca-certificates curl gnupg lsb-release

# 安裝 Docker 的憑證金鑰
curl -fsSL https://download.docker.com/linux/ubuntu/gpg | sudo gpg --dearmor \
-o /usr/share/keyrings/docker-archive-keyring.gpg
```

最後一部，建立 */etc/apt/sources.list.d/docker.list* 並寫入下列內容：

```
deb [arch=arm64 signed-by=/usr/share/keyrings/docker-archive-keyring.gpg] \
https://download.docker.com/linux/ubuntu   focal stable
```

現在你可以安裝 Docker 儲存庫的應用程式，可以利用下列指令安裝 `containerd.io`，要注意安裝的是 Docker 套件中的 `containerd.io` 而不是 Ubuntu 預設套件中的 `containerd`：

```
sudo apt-get update; sudo apt-get install containerd.io
```

到這邊，`containerd` 已經安裝完成，但是還須調整設定檔，因為預設套件提供的設定檔並不能供 Kubernetes 使用：

```
containerd config default > config.toml
sudo mv config.toml /etc/containerd/config.toml

# 重開來讓設定生效
sudo systemctl restart containerd
```

現在容器執行階段安裝完成，接著可以安裝 Kubernetes 了。

安裝 Kubernetes

這時候，所有節點應該已經上線、有 IP 位址，並且能夠連到網際網路。是時候在所有節點上，安裝 Kubernetes 了。利用 SSH，在所有節點上執行以下指令 `kubelet` 和 `kubeadm` 工具。

首先，為套件加入加密金鑰：

```
# curl -s https://packages.cloud.google.com/apt/doc/apt-key.gpg \
| sudo apt-key add -
```

然後將套件來源加入到儲存庫列表中：

```
# echo "deb http://apt.kubernetes.io/ kubernetes-xenial main" \
  | sudo tee /etc/apt/sources.list.d/kubernetes.list
```

最後執行更新，並安裝 Kubernetes 工具。為慎重起見，也會更新系統上的所有套件：

```
# sudo apt-get update
$ sudo apt-get upgrade
$ sudo apt-get install -y kubelet kubeadm kubectl kubernetes-cni
```

配置叢集

在 API 伺服器的節點（運行 DHCP，並連到外部網路的節點）上，執行：

```
$ sudo kubeadm init --pod-network-cidr 10.244.0.0/16 \
        --apiserver-advertise-address 10.0.0.1 \
        --apiserver-cert-extra-sans kubernetes.cluster.home
```

請注意，要設定的是內部 IP 位址，而不是外部位址。

最終，這會輸出一行將節點加入叢集的指令。像是這樣：

```
$ kubeadm join --token=<token> 10.0.0.1
```

透過 SSH 進入到每個節點，並執行這個指令。

當完成這些工作後，應該能夠運作了。執行以下指令查看你的叢集：

```
$ kubectl get nodes
```

配置叢集的網路

現在有 node 級別的網路配置，但還是需要配置 Pod 到 Pod 的網路。由於叢集中的所有 node，都運作在相同的乙太網路上，因此可以在主機內核中設定正確的路由規則。

管理這個最簡單的方式是使用 CoreOS 推出的 Flannel 工具（*https://oreil.ly/ltaOv*），目前由 Flannel 專案（*https://oreil.ly/RHfMH*）支援。Flannel 支援多種的路由模式，這裡會使用 `host-gw` 模式。可以從 Flannel 頁面（*https://github.com/coreos/flannel*）下載範例組態設定：

```
$ curl https://oreil.ly/kube-flannelyml \
  > kube-flannel.yaml
```

CoreOS 提供的預設使用 `vxlan` 模式，要解決這個問題，在所有機器上，用你偏好的編輯器打開這個組態檔，以 `host-gw` 替換 `vxlan`。

也可以使用 sed 來處理：

```
$ curl https://oreil.ly/kube-flannelyml \
  | sed "s/vxlan/host-gw/g" \
  > kube-flannel.yaml
```

一旦更新 *kube-flannel.yaml*，就可以建立 Flannel 網路配置：

```
$ kubectl apply -f kube-flannel.yaml
```

這會建立兩個物件，一個用於配置 Flannel 的 ConfigMap，另一個是運行 Flannel 常駐程式的 DaemonSet。可以用以下方式查看：

```
$ kubectl describe --namespace=kube-system configmaps/kube-flannel-cfg
$ kubectl describe --namespace=kube-system daemonsets/kube-flannel-ds
```

總結

這時候，應該在你的樹莓派上有 Kubernetes 的叢集了。這對於了解 Kubernetes 來說非常有幫助。分配一些工作，打開 UI，試著利用重啟機器或斷開網路來破壞叢集。

索引

※ 提醒您：由於翻譯書排版的關係，部分索引名詞的對應頁碼會和實際頁碼有一頁之差。

A

B

C

D

E

F

G

H

I

J

K

L

M

N

O

P

R

S

T

U

W

Z

關於作者

Brendan Burns 在軟體產業短暫的就職開始了他的職涯，隨後攻讀機器人學博士，專注於擬人機器手臂的運動規劃。後來，他擔任計算機科學教授一段短暫的時間，最後回到西雅圖加入 Google，在網頁搜尋基礎架構團隊，負責低延遲索引。在 Google 期間，他與 Joe Beda 和 Craig McLuckie 一起建立了 Kubernetes 專案。Brendan 目前是 Microsoft Azure 的技術總監。

Joe Beda 的職涯從 Microsoft 的 Internet Explorer 部門開始（當時的他年輕而青澀）。在 Microsoft 的 7 年以及 Google 的 10 年中，Joe 專注於 GUI 框架、即時語音、即時聊天、網路電話、廣告領域的機器學習和雲端計算。值得一提的是，在任職於 Google 期間，Joe 是 Google Compute Engine 團隊中的成員，並與 Brendan Burns 和 Craig McLuckie 一起開發了 Kubernetes。他與 Craig 共同成立一間名為 Heptio 的新創公司，並將其賣給 VMware。他現在是 VMware 的首席工程師。他很自豪地說西雅圖是他的家。

Kelsey Hightower 目前是 Google 的首席開發者大使（developer advocate），負責 Google Cloud Platform。他曾幫助開發和改善許多 Google Cloud 產品，包括 Google Kubernetes Engine、Cloud Functions 和 Apigee 的 API Gateway。大部分時間 Kelsey 都與全球財富 1000 強企業的高層和開發人員一起度過，幫助他們了解和利用 Google 技術和平台來發展業務。Kelsey 是個強大的開源貢獻者，維護著有助於軟體開發人員和運維人員構建和部署雲端原生的應用程式的專案。他是一位有才的作家和主題演講者，也因輔導 Kubernetes 社群而首次獲得 CNCF 最佳大使獎（Top Ambassador award）。他是位導師也是一名技術顧問，幫助創辦人將他們的願景變為現實。

Lachlan Evenson 是 Azure 開源團隊的資深軟體經理，目前是版本發布的主導人，活躍於 Kubernetes 社群中並擔任指導委員會成員，Lachlan 有多個雲端原生專案的深度維運知識，其中也花費了許多時間在雲端原生生態系貢獻開源專案。

出版記事

本書封面上的動物是大西洋斑紋海豚（Atlantic white-sided dolphi），學名為 *Lagenorhynchus acutus*。顧名思義，這隻斑紋海豚兩側有白斑，從眼睛上方延伸到背鰭下方。牠是最大的海豚物種之一，分佈在整個北大西洋。

斑紋海豚是社交型動物，通常在約 60 條的大型群落生活，但其群落大小會根據地理和可獲得食物性質而不同，這個群落稱為 pod。牠們主要吃魚類。牠們有時會合作捕捉魚群，有時也會獨自覓食。牠們主要是靠回聲定位來尋找獵物，這與聲納相似。這種海洋哺乳動物以鯡魚、鯖魚和魷魚為主要的食物。

斑紋海豚的平均壽命在 22-27 歲之間。雌性的斑紋海豚每 2–3 年僅交配一次，其妊娠期為 11 個月。年幼的海豚通常出生於六月或七月，並在 18 個月後離乳。海豚具有高度智慧，牠們有很高的腦與體重比（在海生哺乳動物中居於首位），有悲傷、合作和解決問題等複雜的社交行為。

在 O'Reilly 所出版書籍中，封面上的動物多半都已瀕臨絕種；牠們對世界而言都是很重要的。

本書封面插圖由 Karen Montgomery 繪製的黑白雕刻畫，源自 *British Quadrupeds*。

Kubernetes 建置與執行 第三版

作　　者：Brendan Burns, Joe Beda, Kelsey Hightower, Lachlan Evenson
譯　　者：謝智浩(Scott)
企劃編輯：蔡彤孟
文字編輯：江雅鈴
設計裝幀：陶相騰
發 行 人：廖文良

發 行 所：碁峰資訊股份有限公司
地　　址：台北市南港區三重路 66 號 7 樓之 6
電　　話：(02)2788-2408
傳　　真：(02)8192-4433
網　　站：www.gotop.com.tw
書　　號：A739
版　　次：2023 年 03 月三版
建議售價：NT$580

國家圖書館出版品預行編目資料

Kubernetes 建置與執行 / Brendan Burns, Joe Beda, Kelsey Hightower, Lachlan Evenson 原著；謝智浩譯. -- 三版. -- 臺北市：碁峰資訊, 2023.03
面；　公分
譯自：Kubernetes: up and running, 3rd ed.
ISBN 978-626-324-434-4(平裝)
1.CST：軟體研發　2.CST：作業系統
312.54　　112001439

讀者服務

- 感謝您購買碁峰圖書，如果您對本書的內容或表達上有不清楚的地方或其他建議，請至碁峰網站：「聯絡我們」\「圖書問題」留下您所購買之書籍及問題。(請註明購買書籍之書號及書名，以及問題頁數，以便能儘快為您處理)
http://www.gotop.com.tw

- 售後服務僅限書籍本身內容，若是軟、硬體問題，請您直接與軟體廠商聯絡。

- 若於購買書籍後發現有破損、缺頁、裝訂錯誤之問題，請直接將書寄回更換，並註明您的姓名、連絡電話及地址，將有專人與您連絡補寄商品。